U0393039

UML 建模 设计与分析

标准教程（2013-2015版）

■ 王菁 赵元庆 等编著

清华大学出版社

北 京

内 容 简 介

本书全面介绍了使用 UML 进行软件设计、分析与开发的知识。全书共包含 18 章，内容涉及面向对象的分析方法和设计方法，面向对象分析的三层设计，现实开发模型中所存在的问题，用例图、类图、对象图和包图，活动图，通信图、时间图、状态机图、组件图和部署图，UML 的核心语义、UML 的体系结构以及面向对象约束语言等，最后两章通过具体的案例详细介绍如何使用 UML 中的模型图对系统建模。本书内容全面、实例丰富，适合作为高校相关专业和社会培训教材，也可以作为软件设计人员和开发人员的参考资料。

图书在版编目（CIP）数据

UML 建模、设计与分析标准教程（2013—2015 版）/ 王菁，赵元庆等编著. —北京：清华大学出版社，2013.7（2019.8 重印）
（清华电脑学堂）
ISBN 978-7-302-31872-9

Ⅰ. ①U…　Ⅱ. ①王…　②赵…　Ⅲ. ①面向对象语言-程序设计-教材　Ⅳ. ①TP312

中国版本图书馆 CIP 数据核字（2013）第 070996 号

责任编辑：冯志强
封面设计：李晓春
责任校对：胡伟民
责任印制：丛怀宇

出版发行：清华大学出版社
　　　　　网　　　址：http://www.tup.com.cn, http://www.wqbook.com
　　　　　地　　　址：北京清华大学学研大厦 A 座　　　　邮　　　编：100084
　　　　　社 总 机：010-62770175　　　　　　　　　　邮　　　购：010-62786544
　　　　　投稿与读者服务：010-62776969，c-service@tup.tsinghua.edu.cn
　　　　　质 量 反 馈：010-62772015，zhiliang@tup.tsinghua.edu.cn
印 装 者：清华大学印刷厂
经　　销：全国新华书店
开　　本：185mm×260mm　　印　张：22.5　　字　数：565 千字
版　　次：2013 年 7 月第 1 版　　　　　　印　次：2019 年 8 月第 7 次印刷
定　　价：39.80 元

产品编号：050574-01

前　　言

20 世纪 90 年代，人们推出了许多不同的面向对象设计和分析方法。这些不同的面向对象的方法具有不同的建模符号体系，这些不同的符号体系极大地妨碍了软件的设计人员、开发人员和用户之间的交流。因此，有必要在分析、比较不同的建模语言以及总结面向对象技术应用实践的基础上，建立一个标准的、统一的建模语言。UML 就是这样的建模语言，UML 在 1997 年 11 月 17 日被对象管理组织 OMG 采纳为基于面向对象技术的标准建模语言。统一建模语言 UML 不仅统一了面向对象方法中的符号表示，而且在其基础上进一步发展，并最终被统一为被人们所接受的标准。

UML 相当适合于以体系结构为中心的、用例驱动的、迭代式和渐增式的软件开发过程，其应用领域颇为广泛，除了可用于具有实时性要求的软件系统建模以及处理复杂数据的信息系统建模外，还可用于描述非软件领域的系统。

UML 适用于系统开发过程中从需求分析到完成测试的各个阶段：在需求分析阶段，可以用用户模型视图来捕获用户需求；在分析和设计阶段，可以用静态结构和行为模型视图来描述系统的静态结构和动态行为；在实现阶段，可以将 UML 模型自动转换为用面向对象程序设计语言实现代码。

本书主要内容

本书以渐进的顺序来介绍 UML，从需求分析开始，然后再构建和部署系统。

第 1 章介绍 UML 入门的基础知识。本章首先介绍面向对象的分析方法和设计方法，介绍现实软件开发模式所面临的问题，然后介绍面向对象分析的工具和方法——UML，最后简单介绍统一过程 RUP 的知识。

第 2 章介绍什么是用例图，主要包含用例图的构成、用例间的关系、用例描述以及如何使用用例图建模等内容。

第 3 章介绍 UML 中类图的基本概念，重点介绍了类图的概念、表示方法、接口以及类图中常用的几种关系，如泛化关系、关联关系、依赖关系、实现关系以及聚合关系和组合关系等。

第 4 章介绍对象图和包图的相关内容，包括对象图的概念、表示方法和类图的区别以及包图的概念、表示方法、包之间的关系与类图的区别等。

第 5 章介绍活动图的概念、组成元素和控制结点，还介绍了活动图与状态图之间的不同点。

第 6 章介绍顺序图的作用、定义、构成、使用以及创建方法等内容。

第 7 章介绍系统交互的动态视图——通信图，包括通信图的含义、构成、消息对象、消息迭代以及顺序图和通信图的比较等。

第 8 章介绍与时间图有关的内容，包括时间图的构成、时间约束和时间图的替换表示法等。

第 9 章介绍 UML 中属于行为图之一的状态机图，重点介绍状态机图的构成、标记符、转移、组合状态以及如何建模等内容。

第 10 章介绍交互结构图与交互概况图的内容。

第 11 章介绍组件图和部署图的概念、构成、组件间和部署间的关系以及如何建模等。

第 12 章介绍 RUP 的二维空间、核心工作流程以及十大开发要素等。

第 13 章介绍如何将 UML 模型映射到关系型数据库，其内容主要涉及模型结构的映射和模型功能的映射两部分。

第 14 章介绍 UML 的核心语义以及 UML 的体系结构。

第 15 章介绍对象约束语言的概念，对象约束语言的结构、语法、表达式和数据类型等内容，最后介绍集合和约束的使用。

第 16 章以面向对象的代表语言——C++为例介绍 UML 模型转换为实现的原理和方法，包括实现类，泛化的实现、类之间各种关系的实现以及接口等。

第 17 章介绍如何使用 UML 进行建模绘制不同的图，如用例图、类图、顺序图和组件图等。

第 18 章介绍如何使用 UML 绘制网上购物系统的相关模型图，通过本章的介绍，使读者更全面、更快速地了解 UML 中各种模型图的功能和建模步骤。

本书特色

本书是一本完整介绍 UML 在软件设计和开发过程中应用的教程，在编写过程中我们精心设计了丰富的实例，以帮助读者顺利学习本书内容。

- ❏ **理论紧密结合实践**　全书提供了 3 个完整的分析案例，通过示例分析、设计过程讲解 UML 的应用知识。
- ❏ **图文并茂**　UML 理论知识比较抽象，本书绘制了大量 UML 图，帮助读者直观理解抽象内容。
- ❏ **网站互动**　我们在网站上提供了本书案例和扩展内容的资料链接，便于读者继续学习相关知识；授课教师也可以下载本书教学课件和其他教学资源。
- ❏ **思考与练习**　简答题测试读者对各章内容的掌握程度；分析题理论结合实际，引导读者深入掌握 UML 理论知识。

读者对象

本书在多家院校成熟教案以及自编教材的基础上整合编写，全面介绍使用 UML 进行软件设计、分析与开发的知识，适合作为普通高校计算机专业教材，也可以作为软件设计人员和开发人员的参考资料。

本书作者均从事软件分析、开发和教学工作，拥有丰富的 UML 开发案例。参与本书编写的除了封面署名人员外，还有王敏、马海军、祁凯、孙江玮、田成军、刘俊杰、赵俊昌、王泽波、张银鹤、刘治国、何方、李海庆、王树兴、朱俊成、康显丽、崔群法、孙岩、倪宝童、王立新、王咏梅、辛爱军、牛小平、贾栓稳、郭磊、杨宁宁、郭晓俊、方宁、王黎、安征、亢凤林、李海峰等人。由于时间仓促、水平有限，疏漏之处在所难免，欢迎读者朋友登录清华大学出版社的网站 www.tup.com.cn 与我们联系，帮助我们改进提高。

编　者

目　　录

第1章

UML 入门

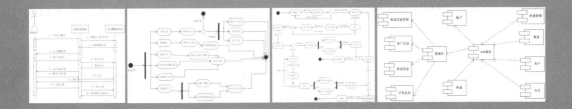

　　从 20 世纪 80 年代末到 90 年代中出现了一大批面向对象的分析与设计方法。各种形式的方法相互之间各不相同，它们之间的差异为面向对象程序开发方法的发展和应用带来了不便。在这种情况下，UML 应运而生。UML 是软件和系统开发的标准建模语言，它主要以图形的方式对系统进行分析、设计。UML 解决了多种面向对象分析、开发与设计时的差异，是一种专用于系统建模的语言，而且还为开发人员与客户之间，以及开发人员之间的沟通与理解架起了"桥梁"。

　　作为本书的第一章将从 UML 的诞生背景开始介绍，使读者了解 UML 出现的必要性，以及对 UML 有一个全面、整体的认识。

本章学习要点：

- ➢ 理解面向对象中对象的概念
- ➢ 了解面向对象开发
- ➢ 熟悉面向对象的主要特性
- ➢ 了解面向对象的三层和三种模型
- ➢ 了解 UML 出现的前提
- ➢ 熟悉 UML 的 4 层体系结构
- ➢ 了解常用 UML 建模工具
- ➢ 熟悉 UML 中的视图、图、事物、关系和通用机制
- ➢ 了解什么是 RUP 及与 UML 的关系

1.1 认识面向对象

为了解决开发大型软件系统的复杂性和可维护性，在过去的几十年中出现了许多开发方法，像瀑布开发方法、螺旋式开发方法、迭代式开发方法等。

面向对象是一种新兴程序设计和开发方法，其基本思想是使用对象、类、封装、继承、关联、消息等基本概念来对系统进行分析与设计。

1.1.1 面向对象简介

面向对象（Object Oriented，OO）是计算机界关心的重点，也是 20 世纪 90 年代软件开发方法的主流。

面向对象的核心是对象，它是系统中用来描述客观事物的一个实体，它是构成系统的一个基本单位。一个对象由一组属性和对这组属性进行操作的一组服务组成。从更抽象的角度来说，对象是问题域或实现域中某些事物的一个抽象，它反映该事物在系统中需要保存的信息和发挥的作用；它是一组属性和有权对这些属性进行操作的一组服务的封装体。客观世界是由对象和对象之间的联系组成的。对象的特点如下所述。

❑ **万物皆为对象**

现实世界中的所有事物都视为对象，例如一幢楼、一辆自行车、一台办公桌、一个人和一只小猫等，这些都是具体的对象。

❑ **对象都是唯一的**

在现实世界中，每个对象都是与众不同的，就像是"世界上没有两个完全相同的人"一样的道理。

❑ **对象具有属性和行为**

例如一位超市的顾客具有姓名、年龄、体重等属性，同时也具有购物、结账等行为。

❑ **对象具有状态**

状态是指某一时刻对象的各个属性的取值。因为对象的属性并不是一直不变的，例如一位顾客的姓名和年龄等属性。

❑ **对象都属于某个类别**

每个对象都是某个类别的实例。例如收银员布兰妮和顾客朱丽叶是两个不同的实例，一个是收银员类的实例，一个是顾客类的实例。同一个类的所有实例都具有相同的属性，只不过属性的取值不一定相同，例如，布兰妮和朱丽叶都有姓名、年龄、体重等属性，但是这些属性的值不一定相同。

面向对象可以分为面向对象的分析（Object Oriented Analysis，OOA）、面向对象的设计（Object Oriented Design，OOD）和面向对象的编程（Object Oriented Programming，OOP），并且涉及到数据库系统、交互式界面、应用平台、分布式系统和网络管理结构等领域。

1. 面向对象的分析

OOA 就是应用面向对象方法进行系统分析。OOA 是面向对象方法从编程领域向分析领域发展的产物。从根本上讲，面向对象是一种方法论，不仅仅是一种编程技巧和编程风格，而且是一套可用于软件开发全过程的软件工程方法，OOA 是其中的第一个环节。OOA 的基本任务是运用面向对象方法，从问题域中获取需要的类和对象，以及它们之间的各种关系。

2．面向对象的设计

OOD 指面向对象设计，在软件设计生命周期中发生于 OOA 后期或者之后。在面向对象的软件工程中，OOD 是软件开发过程中的一个大阶段，其目标是建立可靠的、可实现的系统模型；其过程是完善 OOA 的成果，细化分析。其与 OOA 的关系为：OOA 表达了"做什么"，而 OOD 则表达了"怎么做"，即分析只解决系统"做什么"，不涉及"怎么做"，而设计解决"怎么做"的问题。

3．面向对象的编程

OOP 就是使用某种面向对象的语言，实现系统中的类和对象，并使得系统能够正常运行。在理想的 OO 开发过程中，OOP 只是简单地使用编程语言实现了 OOA 和 OOD 分析和设计模型。

1.1.2　面向对象开发简介

在过去很长的时间内，使用面向对象开发的大多数人都专注于编程语言，而且文档的重点也都停留在实现上，而不是分析和设计。最初在解决传统开发语言中那些不灵活的问题时，面向对象编程语言显示出强大的威力。但是对于软件工程来说，这种专注可以说是某种意义上的倒退——因为它过度注重实现机制，而不是它们所支持的底层思维过程。

面向对象开发方法的原则是鼓励软件开发者在软件生命周期内应用其概念来工作和思考。只有较好地识别、组织和理解了应用领域的内在概念，才能有效表达出数据结构和函数的细节。

面向对象开发只有到了最后几个阶段才不是独立于编程语言的概念过程。所以可以将面向对象开发看作是一种思维方式，而不是一种编程技术。它的最大好处在于帮助规划人员、开发者和客户清晰地表达抽象的概念，并将这些概念互相传达。它可以充当规约、分析、文档、接口以及编程的一种媒介。

为了加深读者对面向对象开发的理解，下面将它与传统的软件开发作比较。面向对象的开发方法把完整的信息系统看成对象的集合，用这些对象来完成所需要的任务。对象能根据情况执行一定的行为，并且每个对象都有自己的数据。而传统开发方法则把系统看成一些与数据交互的过程，这些数据与过程隔离保存在不同文件中，当程序运行时，就创建或修改数据文件。图 1-1 显示了面向对象开发与传统软件开发之间的区别。

过程通过接收输入的数据，然后对它进行处理，随后保存数据或输出数据。面向对象则是通过接收消息来更新它的内部数据。这些差别虽然看起来简单，但对于整个系统的分析、设计和实现来说却非常重要。

在传统的结构化分析和设计中，开发人员也使用图形模型，如数据流图（DFD）用来表示输入、输出和处理，还要建立实体关系图（ERD）以表示有关存储数据的详细资料。它的设计模型主要由结构图等构成。

而在面向对象开发中，因为需要描述不同的对象，所以面向对象开发中所建立的模型不同于传统的模型。例如，面向对象开发不仅需要用数据和方法来描述建模，还需要用模型来描述对象之间的交互。面向对象开发中使用 UML 来构造模型。

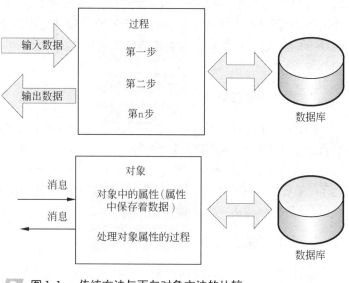

图 1-1　传统方法与面向对象方法的比较

1.1.3　面向对象的主要特性

为了使读者进一步理解面向对象的概念，本节将逐一介绍面向对象的核心特性。

1. 抽象

"物以类聚，人以群分"是指把众多的事物进行归纳和分类，也是人们在认识客观世界时经常采用的思维方法。而在这里分类所依据的原则是抽象。

抽象（Abstract）就是忽略事物中与当前目标无关的非本质特征，更充分地注意与当前目标有关的本质特征。从而找出事物的共性，并把具有共性的事物划为一类，得到一个抽象的概念。

例如，在设计一个学生管理系统的过程中以学生李华为例时，就只关心他的学号、班级、成绩等，而忽略他的身高、体重等信息。因此，抽象性是对事物的抽象概括和描述，实现了客观世界向计算机世界的转化。将客观事物抽象成对象及类是比较难的过程，也是面向对象方法的第一步。例如，将学生抽象成对象及类的过程如图 1-2 所示。

图 1-2　抽象过程示意图

2．封装

封装（Encapsulation）是指把对象的属性和行为结合成一个独立的单位，并尽可能隐蔽对象的内部细节。例如图 1-2 中的学生类就实现了封装。

通常来说封装有两个含义：一是把对象的全部属性和行为结合在一起，形成一个不可分割的独立单位，对象的属性值（除了公有的属性值）只能由这个对象的行为来读取和修改；二是尽可能隐蔽对象的内部细节，对外形成一道屏障，与外部的联系只能通过外部接口实现。

封装的信息隐蔽作用反映了事物的相对独立性，可以只关心它对外所提供的接口，即能做什么，而不注意其内部细节，即怎么提供这些服务。例如，对于一台冰箱，我们不需要知道它具体的实现细节，怎样使用电能控制温度的冷藏与保鲜。我们只要知道，怎么打开冰箱，怎么调整温度，怎样存储食品即可。

3．继承

客观事物既有共性，也有特性。如果只考虑事物的共性，而不考虑事物的特性，就不能反映出客观世界中事物之间的层次关系，不能完整地、正确地对客观世界进行抽象描述。运用抽象的原

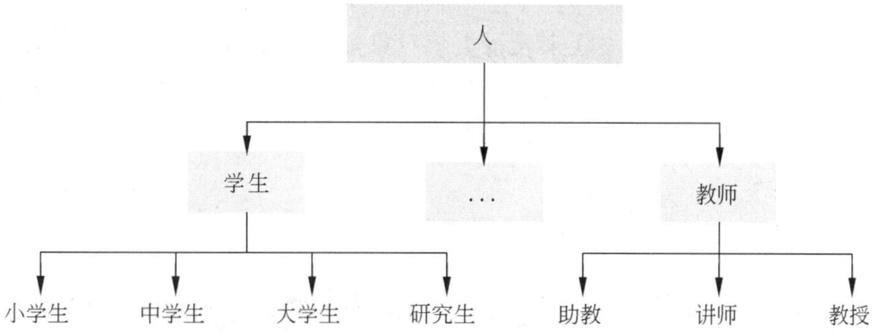

图 1-3 类的继承示意图

则就是舍弃对象的特性，提取其共性，从而得到适合一个对象集的类。

如果在这个类的基础上，再考虑抽象过程中被舍弃的一部分对象的特性，则可形成一个新的类。这个新类具有前一个类的全部特征，是前一个类的子集，形成一种层次结构，即继承结构，如图 1-3 所示。

4．多态

面向对象设计借鉴了客观世界的多态性，体现在不同的对象收到相同的消息时产生多种不同的行为方式。

例如，在一般类"几何图形"中定义了一个行为"绘图"，但并不确定执行时到底画一个什么图形。特殊类"椭圆"和"多边形"都继承了几何图形类的绘图行为，但其功能却不同，一个是要画出一个椭圆，另一个是要画出一个多边形。这样一个绘图的消息发出后，椭圆、多边形等类的对象接收到这个消息后各自执行不同的绘图函数。如图 1-4 所示，这就是多态性的表现。

類：Shape
行为：Draw

类：Ellipse
行为：Draw

类：Rectangle
行为：Draw

图 1-4 多态性示意图

提 示

继承性和多态性的结合，可以生成一系列虽类似但独一无二的对象。由于继承性，这些对象共享许多相似的特征；由于多态性，针对相同的消息，不同对象可以有独特的表现方式，实现特殊化的设计。

5. 关联

在现实世界中事物不是孤立的、互相无关的，而是彼此之间存在着各种各样的联系。例如在一个学校中，有教师、学生、教室等事物，他们之间存在着某种特定的联系。在面向对象的方法中，用关联来表示类或对象集合之间的这种关系。在面向对象中，常把对象之间的连接称为链接，而把存在在对象连接的类之间的联系称为关联。

根据参加关联的对象之间数量上的约束，关联可以分为一对一、一对多、多对多 3 种关联情况。

6. 聚合

现实世界中既有简单的事物，也有复杂的事物。当人们认识比较复杂的事物时，常用的思维方法为：把复杂的事物分解成若干个比较简单的事物。在面向对象的技术中像这样将一个复杂的对象分解为几个简单对象的方法称为聚合。

聚合是面向对象方法的基本概念之一。它指定了系统的构造原则，即一个复杂的对象可以分解为多个简单对象。同时它也表示为对象之间的关系：一个对象可以是另一个对象的组成部分。同时该对象也可以由其他对象构成。

7. 消息

消息是指对象之间在交互中所传递的通信信息。当系统中的其他对象需要请求该对象执行某个操作时，就向其发送消息，该对象接收消息并完成指定的操作，然后把操作结果返回到请求服务的对象。

一个消息一般应该含有如下信息：接收消息的对象、请求该对象提供的服务、输入信息和响应信息。

UML 建模、设计与分析标准教程（2013—2015 版）

1.1.4 面向对象中的 3 层

面向对象的开发中，通常把面向对象系统中相互联系的所有对象分成 3 层：界面表示层、业务逻辑层和数据访问层，区分层次的目的是为了"高内聚、低耦合"的思想。他们的作用如下。

❑ **数据访问层**

主要是对原始数据（数据库或者文本文件等存放数据的形式）的操作层，而不是指原始数据，也就是说，是对数据的操作，而不是数据库，具体为业务逻辑层或表示层提供数据服务。

❑ **业务逻辑层**

主要是针对具体的问题的操作，也可以理解成对数据层的操作，对数据业务逻辑处理，如果说数据层是积木，那逻辑层就是对这些积木的搭建。

❑ **表示层**

简单来说就是展现给用户的界面，即用户在使用一个系统时的所见所得，像菜单、按钮和输入框等都属于这一层。

如图 1-5 所示是在图书管理系统中添加学生和借书信息操作时的三层过程。

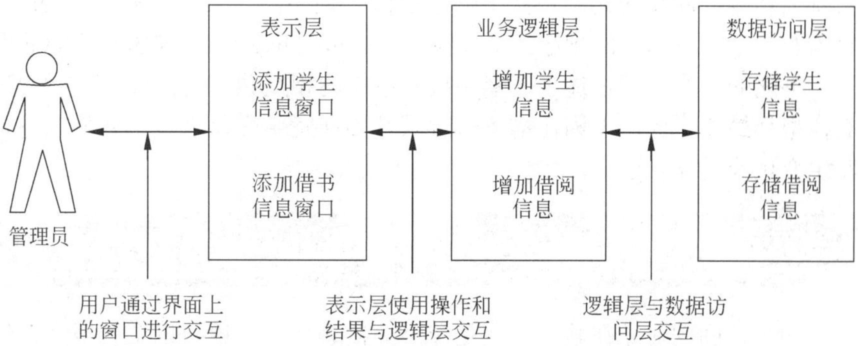

从图 1-5 中可以看出，管理员和图形用户界面

图 1-5 图书管理系统 3 层分析

（表示层）交流，图形用户界面一般由包含表示对象的窗口组成，窗口中包含按钮、菜单、工具栏的窗体。用户不能直接和业务逻辑层交互，而是通过鼠标和键盘对用户界面进行操作，使表示层与业务逻辑层交互。

当业务逻辑层中的对象需要保存实现持久化时，就需要使用数据库实现对象的持久性，即保存对象中的数据。每个过程需要为每个逻辑类定义一个单独的数据访问层，以便处理数据和保存有用的信息。

> **提 示**
>
> 这 3 层构成了系统的物理模型，在构造系统模型过程中开发人员会使用 UML 语言作为建造模型的工具。下节将介绍与此对应的 3 种模型。

1.1.5 面向对象中的 3 种模型

使用 3 种模型从不同的视角来描述系统，他们分别是描述系统内部对象及其关系的类模型，描述对象生命历史的状态模型，以及描述对象之间交互行为的交互模型。每种模型都会在开发的所有阶段中得到应用，并随着开发过程的进行获得更多的细节。对系统的完整描述需要所有这 3 种视角的模型。

1. 类模型

类模型（Class Model）描述了系统内部对象及其关系的静态结构。类模型界定了软件开发的上下文，它包含类图。类图（Class Diagram）的结点是类，弧表示类间的关系。

2. 状态模型

状态模型（State Model）描述了对象随着时间发生变化的那些方面。状态模型使用状态图确定并实现控制。状态图（State Diagram）的结点是状态，弧是由事件引发的状态间的转移。

3. 交互模型

交互模型（Interaction Model）描述系统中的对象如何协作以完成更为广泛的任务。交互模型自用例开始，用例随后会用顺序图和活动图详细描述。用例（Use Case）关注系统的功能，即系统为用户做了哪些事情。顺序图（Sequence Diagram）显示交互的对象以及发生交互的时间顺序。活动图（Activity Diagram）描述重要的处理步骤。

上述的 3 个模型描述了一套完整的系统的相互独立的部分，但它们又是交叉相连的。类模型是最基本的，因为在描述何时以及如何发生变化之前，要先描述是哪些内容正在发生变化或转化。

1.2　现实软件开发模式的问题

如今，面向对象在软件行业是一个非常著名的术语，以至于很多人们以为面向对象是现代科学发展到一定程度才出现的研究成果。

其实在面向对象兴起之前，编程都是以过程为中心，例如结构化设计方法。然而，系统已经到达了超越其处理能力的复杂性极点。有了对象，能够通过提升抽象级别来构建更大的、更复杂的系统，这才是面向对象编程兴起的真正原因。然而面向对象也不是万能的，本节将简单介绍使用面向过程与面向对象时出现的问题。

1.2.1　面向过程

面向过程方法认为我们的世界是由一个个相互关联的小系统组成的。例如人体的DNA，整个人体就是由这样的小系统依据严密的逻辑组成的，环环相扣、井然有序。面向过程方法还认为每个小系统都有着明确的开始和明确的结束，开始和结束之间有着严谨的因果关系。只要将这个小系统中的每一个步骤和影响这个小系统走向的所有因素都分析出来，就能完全定义这个系统的行为。

所以如果要分析这个世界，并用计算机来模拟它，首要的工作是将这个过程描绘出来，把它们的因果关系都定义出来；再通过结构化的设计方法，将这些过程进行细化，

UML 建模、设计与分析标准教程（2013—2015 版）

形成可以控制的、范围较小的部分。通常，面向过程的分析方法是找到过程的起点，然后顺藤摸瓜，分析每一个部分，直至达到过程的终点。这个过程中的每一部分都是过程链上不可分割的一环。

例如五子棋，面向过程的设计思路就是首先分析问题的步骤：①开始游戏，②黑子先走，③绘制画面，④判断输赢，⑤轮到白子，⑥绘制画面，⑦判断输赢，⑧返回步骤2，⑨输出最后结果。把上面每个步骤用分别的函数来实现，问题就解决了。

面向过程的困难出在认识方法上。将世界视为过程的这个方法本身蕴涵着一个前提假设，即这个过程是稳定的，这样才有分析的基础，所有的工作成果都依赖于对这个过程的步步分析。同时，这种步步分析的过程分析方法还导致另一个结果，即过程中的每一步都是预设好的，有着严谨的因果关系。而现实是一切都无时无刻不在发生着变化，系统所依赖的因果关系变得越来越脆弱。所以面向过程已经面临了太多的困难，世界的复杂性和频繁变革已经不是面向过程可以轻易应付的了。

针对面向过程的问题，需要重新寻找一个方法，以能够将复杂的系统转化成一个可以控制的小单元。这个方法的转换就像：如果一次性生产一辆汽车太困难，可以将汽车分解为很多零件，分步制造，再依据预先设计好的接口把它们安装起来，形成最终的产品。这正是一种面向对象的方法。与过程方法不同的是，汽车不再被看作一个一次成型的整体，而是被分解成了许多标准的功能部件来分步设计制造。当需要生产其他型号汽车时，可以通过变更标准零部件来迅速生产一款新车型。

1.2.2　面向对象

面向对象的设计则是从另外的思路来解决问题。例如，同样是五子棋可以分为黑白双方，这两方的行为是一模一样的；棋盘系统，负责绘制画面；规则系统，负责判定诸如犯规、输赢等。第一类对象（玩家对象）负责接受用户输入，并告知第二类对象（棋盘对象）棋子布局的变化，棋盘对象接收到了棋子的变化就要负责在屏幕上面显示出这种变化，同时利用第三类对象（规则系统）来对棋局进行判定。

可以明显地看出，面向对象是以功能来划分问题，而不是步骤。同样是绘制棋局，这样的行为在面向过程的设计中分散在了很多步骤中，很可能出现不同的绘制版本，因为通常设计人员会考虑到实际情况进行各种各样的简化。而面向对象的设计中，绘图只可能在棋盘对象中出现，从而保证了绘图的统一。

功能上的统一保证了面向对象设计的可扩展性。例如要加入悔棋的功能，如果要改动面向过程的设计，那么从输入到判断到显示这一连串的步骤都要改动，甚至步骤之间的循序都要进行大规模调整。如果是面向对象的话，只用改动棋盘对象就行了，棋盘系统保存了黑白双方的棋谱，简单回溯就可以了，而显示和规则判断则不用顾及，同时整个对对象功能的调用顺序都没有变化，改动只是局部的。

当然，面向对象也并非完美的事情，抽象是面向对象的精髓所在，同时也是面向对象的困难所在。实际上，要想解决这个问题，需要以下几种方法。

❑ 一种把现实世界映射到对象世界的方法。
❑ 一种从对象世界描述现实世界的方法。

❏ 一种验证对象世界行为是否正确反映了现实世界的方法。

幸运的是，UML 所代表的面向对象分析设计方法解决了这些问题。在下一节首先了解一下 UML 出现的背景知识。

1.3 UML 的诞生背景

从 20 世纪 70 年代末期面向对象运动兴起以来，到现在为止面向对象已经成为了软件开发中最重要的方法。在上一节中提出了面向对象带来的困难，它的发展也不是一帆风顺。

面向对象的兴起是从编程领域开始的。第一种面向对象语言 Smalltalk 的诞生宣告了面向对象开始进入软件领域。最初，人们只是为了改进开发效率，编写更容易管理、能够重用的代码，在编程语言中加入了封装、继承、多态等概念，以求得代码的优化。但分析和设计仍然是以结构化的面向过程方法为主。

在实践中，人们很快就发现了问题：编程需要的对象不但不能够从设计中自然而然地推导出来，而且强调连续性和过程化的结构化设计与事件驱动型的离散对象结构之间有着难以调和的矛盾。由于设计无法自然推导出对象结构，使得对象结构到底代表了什么样的含义变得模糊不清；同时，设计如何指导编程，也成为了困扰在人们心中的一大疑问。

为了解决这些困难，一批面向对象的设计方法（OOD 方法）开始出现，例如 Booch86、GOOD（通用面向对象开发）、HOOD（层次化面向对象设计）、OOSE（面向对象结构设计）等。这些方法可以说是如今面向对象方法的奠基者和开拓者，它们的应用为面向对象理论的发展提供了非常重要的实践和经验。同时这些方法也是相当成功的，在不同的范围内拥有着各自的用户群。

然而，虽然解决了从设计到开发的困难，随着应用程序的进一步复杂，需求分析成为比设计更为重要的问题。这是因为人们虽然可以写出漂亮的代码，却常常被客户指责不符合需要而推翻重来。事实上如果不符合客户需求，再好的设计也等于零。于是 OOA（面向对象分析）方法开始走上了舞台，其中最为重要的方法便是 UML 的前身，即：由 Booch 创造的 Booch 方法，由 Jacobson 创造的 OOSE 方法，以及由 Rumbaugh 创造的 OMT 方法。这些方法虽然各不相同，但它们的共同理念却是非常相似的。于是 3 位面向对象大师决定将他们各自的方法统一起来，在 1995 年 10 月推出了第一个版本，称为"统一方法"（Unified Method 0.8）。随后，又以"统一建模语言"（Unified Modeling Language）UML 1.0 的正式名称提交到 OMG（对象管理组织），在 1997 年 1 月正式成为一种标准建模语言。之所以改名，是因为 UML 本身并没有包含软件方法，而仅是一种为软件设计提供开发说明的语言。

如上所述 UML 是一种建模用的语言，而所有的语言都是由基本词汇和语法两个部分构成的，UML 也不例外。UML 定义了一些建立模型所需的、表达某种特定含义的基本元素，这些元素称为元模型，相当于语言中的基本词汇，例如用例、类等。另外，UML 还定义了这些元模型互相之间关系的规则，以及如何用这些元素和规则绘制图形以建立模型来映射现实世界；这些规则和图形称为表示法或视图（View），相当于语言中的语法。

学习 UML 就像学习任何一种语言一样，无非是掌握基本词汇的含义，再掌握语法，通过语法将词汇组合起来形成一篇有意义的文章。UML 与其他自然语言和编程语言在原理上并无多大差别，无非是 UML 这种语言是用来写说明文档的，用自然世界和计算机逻辑都能够理解的表达方法来说明现实世界。

1.4 认识 UML

在前面了解了面向过程和面向对象开发方法面临的问题，以及 UML 出现的背景。本节将对 UML 进行更多的介绍，像 UML 的发展历史，其重要组成元素以及建模流程等。

1.4.1 UML 发展历史

由于 Booch 方法和 OMT 方法都已经独自成功地发展成为世界上主要的面向对象方法，因此 Grady Booch 和 Jim Rumbaugh 于 1994 年 10 月共同合作把他们的工作统一起来。

1995 年成为"统一方法（Unified Method）"0.8 版。之后 Ivar Jacobson 加入，吸取了他的用例（Use Case）思想于 1996 年成为"统一建模语言"0.9 版。

1997 年 1 月，UML 版本 1.0 被提交给 OMG 组织，作为软件建模语言标准化的候选。随后一些重要的软件开发商和系统集成商成为"UML 伙伴（UML Partners）"，其中有 Microsoft、IBM 和 HP。经过应用并吸收了开发商和其他诸多意见，于 1997 年 9 月再次提交给 OMG 组织，11 月 7 日正式被 OMG 采纳作为业界标准。

2001 年，UML 1.4 这一版本被核准推出。2003 年 UML 2.0 标准版发布，UML 2.0 建立在 UML 1.x 基础之上，大多数的 UML 1.x 模型在 UML2.0 中都可用。但 UML2.0 在结构建模方面有一系列重大的改进，包括结构类、精确的接口和端口、拓展性、交互片断和操作符以及基于时间建模能力的增强。

UML 版本变得比较慢，主要是因为建模语言的抽象级别更高，所以相对而言实现语言如 C#、Java 等版本变化更加频繁。2010 年 5 月发布了 UML 2.3。在 2012 年 1 月 UML 2.4 的所有技术环节已经完成，目前只需等待进入 OMG 的投票流程，然后将发布为最新的 UML 规约。同时 UML 也被 ISO 吸纳为标准：ISO/IEC 19501 和 ISO/IEC 19505。

1.4.2 UML 统一的作用

UML 的中文含义为统一建模语言，"统一"在 UML 中具有特殊的作用和含义，主要体现在如下几个方面。

❏ 在以往出现的方法和表示法方面，UML 合并了许多面向对象方法中被普遍接受的概念，对每一种概念 UML 都给出了清晰的定义、表示法和有关术语。使用 UML 可以对已有的各种方法建立的模型进行描述，并比原来的方法描述得更好。

❏ 在软件开发的生命期方面，UML 对于开发的要求具有无缝性，开发过程中的不同阶段可以采用相同的一整套概念和表示法，在同一个模型中它们可以混合使用，而不必去转换概念和表示法。这种无缝性对迭代的增量式软件开发至关重要。

- 在应用领域方面，UML 适用于各种领域的建模，包括大型的、复杂的、实时的、分布的、集中式数据或计算的、嵌入式的系统等。
- 在实现的编程语言和开发平台方面，UML 可应用于运行各种不同的编程实现语言和开发平台的系统。
- 在开发过程方面，UML 是一种建模语言，不是对开发过程的细节进行描述的工具。就像通用程序设计语言可以进行许多风格的程序设计一样。
- 在内部概念方面，在构建 UML 元模型的过程中，应特别注意揭示和表达各种概念之间的内在联系。试图用多种适用于已知和未知情况的办法把握建模中的概念，这个过程会增强对概念及其适用性的理解。这不是统一各种标准的初衷，但却是统一各种标准最重要的结果之一。

1.4.3 UML 体系结构

UML 从 4 个抽象层次上对建模语言的概念、模型元素和结构等进行了全面的定义，并规定了相应的表示方法和图形符号，他们分别如下。

- **元元模型层（Metameta Model）** 位于结构的最上层，组成 UML 最基本的元素"事物（Thing）"，代表要定义的所有事物。
- **元模型层（Meta Model）** 组成了 UML 的基本元素，包括面向对象和面向组件的概念。这一层的每个概念都是元元模型层中"事物"的实例。
- **模型层（Model）** 组成了 UML 的模型，这一层中的概念都是元模型层中概念的实例化。该层的模型通常叫作类模型（Class Model）或类型模型（Type Model）。
- **用户模型层（User Model）** 该层的每个实例都是模型层和元模型层概念的实例。该层中模型通常叫作对象模型（Object Model）或实例模型（Instance Model）。

上述 4 层体系结构定义了 UML 的所有内容，具体来说 UML 的核心是由视图（Views）、图（Diagrams）、模型元素和通用机制组成。

- **视图** 视图是表达系统的某一个方面特征的 UML 建模元素的子集，它并不是具体的图，是由一个或多个图组成对系统某个角度的抽象。建造完整系统时，通过定义多个反映系统不同方面的视图，才能做出完整、精确的描述。
- **图** 图由各种图片组成，用于描述一个视图内容，图并不仅仅是一个图片。而是在某一个抽象层上对建模系统的抽象表示。UML 中共定义了 9 种基本图，结合这些图可以描述系统所有的视图。
- **模型元素** UML 中模型元素包括事物和事物之间的联系。事物描述了面向对象概念，如类、对象、消息和关系等。事物之间的联系能够把事物联系在一起，组成有意义的结构模型。常见的联系包括关联关系、依赖关系、泛化关系、实现关系和聚合关系等。
- **通用机制** 通用机制用于为模型元素提供额外信息，如注释、模型元素的语义等，同时它还提供扩展机制，允许用户对 UML 语言进行扩展，以便适应特殊的方法、组织或用户。

1.4.4 建模工具

UML 语言与其他编程语言一样，都需要借助一个工具来辅助用户更好地使用它。目前应用最广泛的 UML 建模工具主要有 3 种，分别是：Visio、Rose 和 Enterprise Architect，下面分别介绍他们。

1．Visio

Visio 是由 Microsoft 公司出品的专业绘图工具，它有助于 IT 和商务专业人员轻松地可视化、分析和交流复杂信息。Visio 提供了各种模板，像业务流程的流程图、网络图、工作流图、数据库模型图和软件图，这些模板可用于可视简化业务流程、跟踪项目和资源、绘制组织结构图、映射网络、UML 图、绘制建筑地图以及优化系统。

Visio 的最大特点就是操作简单、容易上手，目前最新版本为 Visio 2010。

2．Rose

通常情况下，人们认为 Rose 是 UML 的代名词，这是因为 Rose 从一出现就是非常专注、有效且成功的建模工具，但它是基于 UML 1.4 标准的。

IBM 收购 Rose 工具之后，在 Eclipse 环境上构建了新的建模平台，它包含了 UML 2 的开源参考实现。IBM Rational Software Architect、Rational Software Modeler 和 Rational Systems Developer 是基于较新的平台的。这些产品提供了超过 Rose 所具有的建模和自动化功能。

3．Enterprise Architect

Enterprise Architect（EA）和 Rational Rose 类似，是著名的 UML 工具之一，是澳大利亚 Sparx Systems 公司（网址：www.sparxsystems.com.au）的产品，目前最新版本为 9.1。

EA 是一个全功能的、基于 UML 的 Visual CASE(Computer Aided Software Engineering) 工具，主要用于业务流程建模、系统分析和设计、构建和维护软件系统，并可广泛用于各种建模需求。最新 EA 版本支持最新的 UML 2.1 标准，提供所有 UML 图表。EA 的功能覆盖了软件开发周期的各过程，从前期原始需求收集、业务建模、需求分析、软件设计、代码生成、逆向工程、测试跟踪、后期维护等。EA 支持从前期设计到部署和维护的全程跟踪视图。EA 支持多人协作开发，可与配置管理工具无缝集成；EA 可以生成不同的报表（RTF 和 HTML）；EA 提供的 MDG Link for Eclipse 插件，与 Eclipse 紧密结合，能够生成和反向工程 Java 类。它支持 C++、Java、Visual Basic、Delphi、C#以及 VB.NET 语言。

1.4.5 UML 建模流程

在进行面向对象软件开发建模时需要按 5 个步骤来进行，每步都需要与 UML 进行紧密结合，这 5 步分别是：需求分析、分析、设计、构造和测试。

❑ 需求分析

UML 的用例图可以表示用户的需求。通过用例建模，可以对外部的角色以及它们所需要的系统功能建模。角色和用例是用它们之间的关系、通信建模的。每个用例指定了用户的需求：用户要求系统做什么。

❑ 分析

分析阶段主要考虑所要解决的问题，可以用 UML 的逻辑视图和动态视图来描述。在该阶段只为问题域类建模，不定义软件系统解决方案的细节，如用户接口的类、数据库等。

❑ 设计

在设计阶段，把分析阶段的成果扩展成技术解决方案。加入新的类来提供技术基础结构、用户接口、数据库等。设计阶段结果是构造阶段的详细规格说明。

❑ 构造

在该阶段中把设计阶段的类转移成某种面向对象程序设计语言的代码。在对 UML 表示的分析和设计模型进行转换时，最好不要直接把模型转化成代码。因为在早期阶段，模型是理解系统并对系统进行结构化的手段。

❑ 测试

对系统测试通常分为单元测试、集成测试、系统测试和接受测试几个不同的级别。单元测试是对一个类或一组类进行测试，通常由程序员进行；集成测试通常测试集成组件和类，看它们之间是否能恰当地协作；系统测试验证系统是否具有用户所要求的所有功能；接受测试验证系统是否满足所有的需求，通常由用户完成。不同的测试小组可以使用不同的 UML 图作为工作基础：单元测试使用类图和类的规格说明；集成测试典型地使用组件图和协作图；系统测试则使用用例图来确定系统行为是否符合图中的定义。

1.5 UML 核心元素

至此，已经对 UML 的发展过程有了一定了解，并且认识了 UML 体系结构中每层的作用。本节将介绍组成 UML 的核心元素，包括视图、图、事物、关系和通用机制。

1.5.1 视图

在对复杂的工程进行建模时，系统可由单一的图形来描述，该图形精确地定义了整个系统。但是，单一的图形不可能包含系统所需的所有信息，更不可能描述系统的整体结构功能。UML 中使用视图来划分系统各个方面，每一种视图描述系统某一方面的特性。完整的系统由不同的视图从不同的角度共同描述，这样系统才可能被精确定义。

UML 中的视图大致可以分为 5 种：用例视图、逻辑视图、并发视图、组件视图和部署视图。

1．用例视图

用例视图强调从系统的外部参与者（主要是用户）角度需要的功能，描述系统应该具有的功能。用例是系统中的一个功能单元，可以被描述为参与者与系统之间的一次交互作用。用户对系统要求的功能被当作多个用例在用例视图中进行描述，一个用例就是对系统的一个用法的通用描述。

用例视图是其他视图的核心，它的内容直接驱动其他视图的开发。系统要提供的功能都在用例视图中描述，用例视图的修改会对所有其他的视图产生影响。此外，通过测试用例视图还可以检验最终校验系统。

2．逻辑视图

逻辑视图的使用者主要是设计人员和开发人员，它描述用例视图提出的系统功能的实现。与用例视图相比，逻辑视图主要关注系统内部，它既描述系统的静态结构，如类、对象及它们之间的关系，又描述系统内部的动态协作关系。对系统中静态结构的描述使用类图和对象图，而对动态模型的描述则使用状态图、时间图、协作图和活动图。

3．并发视图

并发视图的使用者主要是开发人员和系统集成人员，它主要考虑资源的有效利用、代码的并行执行以及系统环境中异步事件的处理。除了系统划分为并发执行的控制以外，并发视图还需要处理线程之间的通信和同步。描述并发视图主要使用状态图、协作图和活动图。

4．组件视图

组件是不同类型的代码模块，它是构造应用的软件单元。而组件视图是描述系统的实现模块以及它们之间的依赖关系。组件视图中可以添加组件的其他附加信息，如资源分配或其他管理信息。描述组件视图的主要是组件图，它的使用者主要是开发人员。

5．部署视图

部署视图使用者主要是开发人员、系统集成人员和测试人员，它显示系统的物理部署，它描述位于节点上的运行实例的部署情况，还允许评估分配结果和资源分配。例如，一个程序或对象在哪台计算机上执行，执行程序的各节点设备之间是如何连接的。部署视图一般使用部署图来描述。

1.5.2 图

每一种 UML 的视图都是由一个或多个图组成的，图就是系统架构在某个侧面的表示，所有的图一起组成了系统的完整视图。UML 1.x 提供了 9 种不同的图，可以分为三大类：一类是静态图，包括类图、对象图、组件图和部署图；第二类是动态图，包括顺序图、协作图和状态图；第三类是活动图和用例图。

1．用例图

用例图（Use Case Diagram）显示多个外部参与者以及他们与系统提供的用例之间的连接。用例是系统中的一个可以描述参与者与系统之间交互作用的功能单元。用例图仅仅描述系统参与者从外部观察到的系统功能，并不描述这些功能在系统内部的具体实现。

2．类图

类图（Class Diagram）以类为中心，图中的其他元素或属于某个类，或与类相关联。在类图中，类可以有多种方式相互连接：关联、依赖、特殊化，这些连接称为类之间的关系。所有的关系连同每个类内部结构都在类图中显示。

3．对象图

对象图（Object Diagram）是类图的变体，它使用与类图相类似的符号描述。不同之处在于对象图显示的是类的多个对象实例而非实际的类。可以说对象图是类图的一个实例，用于显示系统执行时的一个可能，即在某一时刻上系统显现的样子。

4．状态图

状态图（State Diagram）是对类描述的补充，它用于显示类的对象可能具备的所有状态，以及引起状态改变的事件。状态之间的变化称为转移，状态图由对象的各个状态和连接这些状态的转移组成。事件的发生会触发状态间的转移，导致对象从一种状态转化到另一种新的状态。

实际建模时，并不需要为所有的类绘制状态图，仅对那些具有多个明确状态并且这些状态会影响和改变其行为的类才绘制状态图。

5．顺序图

顺序图（Sequence Diagram）显示多个对象之间的动态协作，重点是显示对象之间发送消息的时间顺序。顺序图也显示对象之间的交互，就是在系统执行时，某个指定时间点将发生的事情。顺序图的一个用途是用来表示用例中的行为顺序，当执行一个用例行为时，顺序图中的每个消息对应了一个类操作或状态机中引起转移的触发事件。

6．协作图

协作图（Collaboration Diagram）对一次交互中有意义的对象和对象间链建模，除了显示消息的交互，协作图也显示对象以及它们之间的关系。

顺序图和协作图都可以表示各对象之间的交互关系，但它们的侧重点不同。顺序图用消息的排列关系来表达消息的时间顺序，各角色之间的关系是隐含的；协作图用各个角色的排列来表示角色之间的关系，并用消息说明这些关系。在实际应用中可以根据需要来选择两种图，如果需要重点强调时间或顺序，那么选择顺序图；如果需要重点强调上下文，那么选择协作图。

7．活动图

活动图（Activity Diagram）用于描述执行算法的工作流程中涉及的活动。动作状态代表一个活动，即一个工作流步骤或一个操作的执行。活动图由多个动作组成，当一个动作完成后，动作将会改变，转移到一个新的动作。这样，控制就在这些互相连接的动作之间流动。

UML 建模、设计与分析标准教程（2013—2015 版）

8．组件图

组件图（Component Diagram）用代码组件来显示代码物理结构，一般用于实际的编程中。组件可以是源代码组件、二进制组件或一个可执行的组件，组件中包含它所实现的一个或多个逻辑类的相关信息。组件图中显示组件之间的依赖关系，并可以很容易地分析出某个组件的变化将会对其他组件产生什么样的影响。

9．部署图

部署图（Deployment Diagram）用于显示系统的硬件和软件物理结构，不仅可以显示实际的计算机和节点，还可以显示它们之间的连接和连接类型。

UML 2.0 又增加了几种新的模型图，使模型图的数量达到 14 种，并且进一步加强了某些图的表达能力，但是同时也增加了其复杂性。UML 2.0 增加的模型图如图 1-6 所示。

其中，状态机图是状态图改名而来，通信图是协作图改名而来。包图虽然是

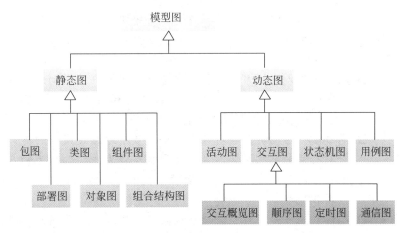

图 1-6　UML 2.0 中的各种模型图

新的模型图，但是在 UML 1.x 中已经存在，只是在 UML 2.0 中正式作为一种模型图。UML 2.0 新增的模型图在面向对象分析与设计中所起的作用如下。

- ❏ **包图**　辅助模型，可作为类图和其他几种模型图的组织机制，使之更便于阅读。当系统规模比较大时使用。
- ❏ **组合结构图**　该图是 UML 2.0 新增加的一种模型视图，用来表示类、组件、协作等模型元素的内部结构。
- ❏ **交互概览图**　该图是活动图的一个变种，以提升控制流概览的方式来定义交互。
- ❏ **定时图**　顺序图着重于消息的次序，通信图显示参与者之间的链接，而定时图则主要考虑交互的时间。
- ❏ **交互图**　该图是对一组图的统称，包括通信图、定时图、顺序图和交互概览图。

1.5.3　事物

事物是 UML 模型中面向对象基本的模块，它们在模型中属于静态部分，代表物理上或概念上的元素。UML 中的事物可分为 4 种，分别是结构事物、动作事物、分组事物和注释事物。

1．结构事物

结构事物共分为 7 种类型，分别是：类、接口、协作、用例、活动类、组件和节点。它们在 UML 中都有自己的图形表示，用于组成各种图，描述系统功能。

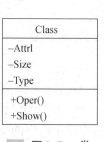

图 1-7　类

- ❑ **类**　类是对具有相同属性、方法、关系和语义的一组对象的抽象，一个类可以实现一个或多个接口。UML 中类的符号如图 1-7 所示。
- ❑ **接口**　接口是为类或组件提供特定服务的一组操作的集合。一个接口可以实现类或组件的全部动作，也可以实现其中的一部分。UML 中接口符号如图 1-8 所示。

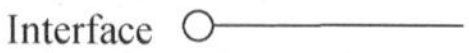

图 1-8　接口

- ❑ **协作**　协作定义了交互操作，一个给定的类可能是几个协作的组成部分，这些协作代表构成系统模式的实现。协作在 UML 中使用虚线构成的椭圆表示，如图 1-9 所示。

图 1-9　协作

- ❑ **用例**　用例描述系统中特定参与者执行的一系列动作，模型中用例通常用来组织动作事物，它是通过协作来实现的。UML 中使用实线椭圆表示用例，如图 1-10 所示。
- ❑ **活动类**　活动类是类对象有一个或多个进程或线程的类，它与普通的类相类似，只是该类对象代表元素的行为和其他元素同时存在。UML 中活动类表示法和类相同，只是边框用粗线条。

图 1-10　用例

- ❑ **组件**　组件是实现了一个接口集合的物理上可替换的系统部分。UML 中组件的表示法如图 1-11 所示。

组件

图 1-11　组件

- ❑ **节点**　节点是在运行时存在的一个物理元素，它代表一个可计算的资源，通常占用一些内存和具有处理能力。UML 中节点的表示法如图 1-12 所示。

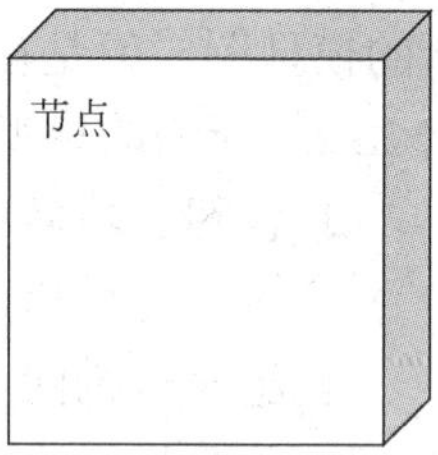

2．动作事物

动作事物是 UML 模型中的动态部分，代表时间和空间上的动作。交互和状态机是 UML 模型中两个基本的动态事物元素，它们通常和其他结构元素、主要的类、对象连接在一起。

节点

图 1-12　节点

- ❑ **交互**　交互是一组对象在特定上下文中，为达到某种特定目的而进行的一系列消息交换组成的动作。交互中组成动作对象的每个操作都要详细列出，包括消息、动作次序和连接等。UML 中使用带箭头的直线表示，并在直线上对消息进行标注，如图 1-13 所示。

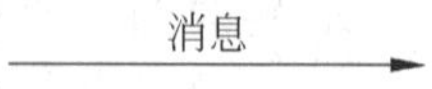

消息

图 1-13　消息

- ❑ **状态机**　状态机由一系列对象的状态组成，在 UML 中状态的表示法如图 1-14 所示。

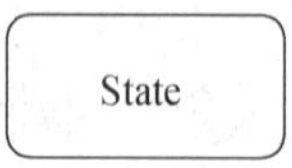

State

图 1-14　状态

3．分组事物

分组事物是 UML 模型中重要的组织部分，分组事物所使用的机制称为包，包可以将彼此相关的元素进行分组。结构事物、动作事物甚至其他的分组事物都可以放在一个包中。包只存在于开发阶段，UML 中包的表示法如图 1-15 所示。

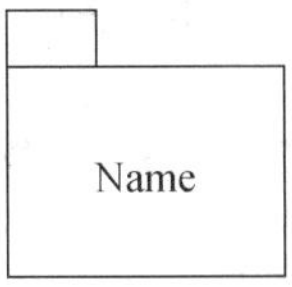

4．注释事物

注释事物是 UML 中模型元素的解释部分，在 UML 中注释事物由统一的图形表示，如图 1-16 所示。

图 1-15　包

1.5.4 关系

前面的内容对事物之间的关系简要概括，UML 中关系共分为 5 种，分别是关联关系、依赖关系、泛化关系、实现关系和聚合关系。这里对它们进行简要介绍并讲解每种关系的图形表示。

图 1-16　注释

1．关联关系

关联关系连接元素和链接实例，它连接两个模型元素。关联的两端中以关联双方的角色和多重性标记，如图 1-17 所示。

2．依赖关系

依赖关系描述一个元素对另一个元素的依附，依赖关系使用带箭头的虚线从源模型指向目标模型，如图 1-18 所示。

图 1-17　关联

3．泛化关系

泛化关系也称为继承关系，这种关系意味着一个元素是另一个元素的特例。泛化关系使用空心三角箭头的直线作为其图形表示，箭头从表示特殊性事物的模型元素指向表示一般性事物的模型元素，如图 1-19 所示。

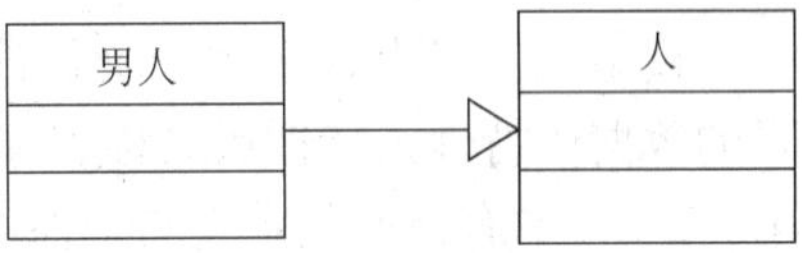

4．实现关系

实现关系描述一个元素实现另一个元素。实现关系使用一条空心三角作为箭头的虚线作为其图形表示，箭头从源模型指向目标模型，表示源模型元素实现目标模型元素。实现关系表示法如图 1-20 所示。

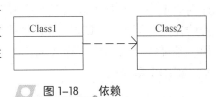

图 1-18　依赖

图 1-19　泛化

5．聚合关系

聚合关系描述元素之间部分与整体的关系，即表示一个整体的模型元素可由几个表示部分的模型元素构成。聚合关系使用带有空心菱形的直线表示，其中菱形连接表示整体的模型元素，

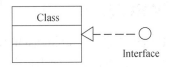

图 1-20　实现关系

而其他端则连接表示部分的模型元素。聚合关系
表示法如图1-21所示。

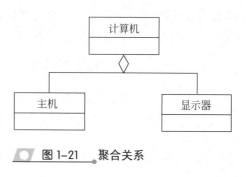

图 1-21 聚合关系

1.5.5 通用机制

通用机制使得UML更简单和易于使用，通用机制可以为模型元素添加注释、信息或语义，还可以对UML进行扩展。这些通用机制中包括了修饰、注释、规格说明和扩展机制4种。

1. 修饰

修饰（Adornment）为图中的模型元素增加了语义，建模时可以将图形修饰附加到UML图中的模型元素上。例如，当一个元素代表某种类型时，名称显示为粗体；当同一元素表示该类型的实例时，该元素名称显示为下划线修饰。

UML中修饰通常写在相关元素的旁边，所有对这些修饰的描述与它们所影响元素的描述放在一起。如图1-22所示为类和对象修饰示意图。

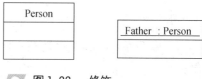

图 1-22 修饰

2. 注释

UML语言的表达能力很强，尽管如此也不能完全表达出所有的信息。所以，UML中提供了注释，用于为模型元素添加额外信息与说明。注释是以自由文本的形式出现，它的信息类型为字符串，可以附加到任何模型中，并且可以放置在模型元素的任意位置上。在UML图中注释使用一条虚线连接它所解释或细化的元素，如图1-23所示。

3. 规格说明

模型元素具有许多用于维护该元素的数据值特性，特性用名称和标记值定义。标记值是一种特定的类型，如整型或字符串。UML中有许多预定义的特性，如文档（Documentation）、职责（Responsibility）、永久性（Persistence）和并发性（Concurrency）。

图 1-23 注释

4. 扩展机制

UML的扩展机制（Extensibility）允许根据需要自定义一些构造型语言成分，通过该扩展机制用户可以定义使用自己的元素。UML扩展机制由3部分组成：构造型（Stereo Type）、标记值（Tagged Value）和约束（Constraint）。

扩展机制的基础是UML元素，扩展形式是为元素添加新语义。扩展机制可以重新定义语义，增加新语义和为原有元素添加新的使用限制，这样做只能在原有元素基础上

UML建模、设计与分析标准教程（2013—2015版）

添加限制，而非对 UML 进行直接修改。

1.6　统一过程 RUP

RUP（Rational Unified Process，统一过程）与 UML 一样，最初都是由 Rational 软件公司创建的软件工程方法。RUP 描述了如何有效地利用商业的、可靠的方法开发和部署软件，是一种重复级过程，特别适用于大型软件团队开发大型项目。

本节将简单介绍 RUP 的概念及与 UML 的联系与区别，更多 RUP 的内容将在第 12 章中介绍。

1.6.1　RUP 简介

UML 和 RUP 师出同门，但是 RUP 并非是因为 UML 才出现的，也不是最近才诞生的软件方法，而是有着很长时间的发展，有着很深的根源。

UML 并不是一个方法，而只是一种语言。UML 定义了基本元素，定义了语法，但是如果要做一个软件项目，还需要有方法的指导。就像写诗要有文法，有五言律，有七言律一样，UML 也需要有方法的指导来完成一个软件项目。RUP 无疑是目前与 UML 集成和应用最好、最完整的软件方法。

RUP 归纳和整理了很多在实践中总结出来的软件工程的最佳实践，是一个采用了面向对象思想，使用 UML 作为软件分析设计语言，并且结合了项目管理、质量保证等许多软件工程知识综合而成的一个非常完整和庞大的软件方法。RUP 经过了 30 多年发展，和统一过程本身所推崇的迭代方法一样，RUP 这个产品本身也经过了很多次的迭代和演进，才最终推出了现在这个版本。

RUP 定义了软件开发过程中最重要的阶段和工作（4 个阶段和 9 个核心工作流），定义了参与软件开发过程的各种角色和他们的职责，还定义了软件生产过程中产生的工件，并提供了模板。最后，采用演进式软件生命周期（迭代）将工作、角色和工件串在一起，形成了统一过程。

RUP 中的软件生命周期在时间上被分解为 4 个顺序的阶段，分别是：初始阶段（Inception）、细化阶段（Elaboration）、构造阶段（Construction）和交付阶段（Transition）。每个阶段结束于一个主要的里程碑（Major Milestones）；每个阶段本质上是两个里程碑之间的时间跨度。在每个阶段的结尾执行一次评估以确定这个阶段的目标是否已经满足。如果评估结果令人满意的话，可以允许项目进入下一个阶段。

RUP 的 9 个核心工作流可以分为核心过程工作流（Core Process Workflows）和核心支持工作流（Core Supporting Workflows）两类，他们在项目中轮流被使用，在每一次迭代中以不同的重点和强度重复。核心过程工作流包括商业建模、需求、分析和设计、实现、测试和部署，核心支持工作流包括配置和变更管理、项目管理和环境。

1.6.2　RUP 与 UML

如果读者同时了解过 RUP 和 UML，很容易会觉得 RUP 和 UML 是相同的。

其实这是一个错误的认识,造成这种错误的原因是 RUP 采用了 UML 作为基本语言,RUP 和 UML 最初都是基于 3 位面向对象大师的理论而出现的,同时 RUP 和 UML 又都由 Rational 公司(已被 IBM 收购)出品。

从本质上说,RUP 和 UML 是不同的两个领域。UML 是一种语言,用来描述软件生产过程中要产生的文档,而 RUP 则是指导如何产生这些文档以及这些文档要讲述什么的方法。虽然现在 RUP 是指导 UML 的方法中最著名、应用最广,可能也是最成功的一个,但这两者却不是完全不可以分开的。

为了更好地理解 RUP 和 UML 的关系,来看一个例子。假设,一曲美妙的歌曲是作曲家根据音乐理论进行创作最后用标准的五线谱记录下来的,相信这一点不会有什么疑问。在这其中,RUP 与 UML 的关系就类似音乐理论和五线谱的关系。

最后,RUP 和 UML 并不是天生一体的,它们只是软件方法和建模语言的一个完美结合。

1.7 思考与练习

一、填空题

1. 如果要把众多的事物进行归纳和分类,那么所依据的面向对象特性是_____。

2. 面向对象中的_____层用于提供给用户使用和显示的界面。

3. UML 中的_____层位于结构的最上层,是组成 UML 最基本的元素,代表要定义的所有事物。

4. 在 UML 2.0 中用来表示类、组件、协作等模型元素内部结构的是_____图。

5. UML 中的_____使用一条空心三角作为箭头的虚线作为其图形表示。

二、选择题

1. 下列不属于对象特性的是_____。
   A. 对象都是唯一的
   B. 一滴水是一个对象
   C. 一个对象肯定属于某个类别
   D. 对象必须是可见的

2. 如果要解决系统做什么应该使用_____。
   A. 面向对象的分析
   B. 面向对象的设计
   C. 面向对象的编程
   D. 面向对象的开发

3. 面向对象中的_____描述了系统内部对象及其关系的静态结构。

A. 对象模型
B. 状态模型
C. 交互模型
D. 类模型

4. UML 中的_____用于描述系统的实现模块以及它们之间的依赖关系。
   A. 组件视图
   B. 用例视图
   C. 逻辑视图
   D. 部署视图

5. 下列不属于 UML 2.0 中图的是_____。
   A. 协作图
   B. 包图
   C. 交互图
   D. 组合结构图

6. 下列 UML 事物中表示协作的是_____。

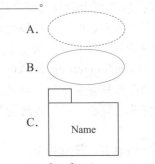

A.
B.
C. Name
D. Interface

三、简答题

1. 举例说明面向对象中有关对象的特点。

2. 简述面向对象开发中三层的分工、作用及其关系。

3. 简要介绍面向对象的三层模型。

4. 简述使用面向过程和面向对象时面临的问题。

5. 简要介绍 UML 的发展过程。

6. 简述 UML4 层体系结构的名称和作用。

7. 简要说明 UML 中视图和图的关系。

8. 简单说明 UML 2.0 提供了多少种图，分别是什么。

9. 概括说明什么是 RUP，与 UML 是什么关系。

第 2 章
用例图

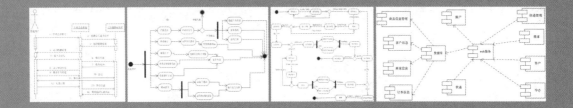

　　用例图是 UML 中较为重要和常用的一种图。它描述了人们希望如何使用一个系统，包括用户希望系统实现什么功能，以及用户需要为系统提供哪些信息。

　　用例图由开发人员与用户经过多次商讨共同完成，是开发人员对需求的共识，软件建模的其他部分都是从用例图开始的。这些图以每一个参与系统开发的人员都可以理解的方式列举系统的业务需求。使用用例图保证系统开发过程中实现所有功能，除了用于软件开发的需求分析阶段，也能用于软件的系统测试阶段。

　　本章主要介绍用例图的概念、组成、表示方法、用例之间的关系、用例的描述和绘制用例图等。

本章学习要点：

- ➢ 了解用例图的组成
- ➢ 理解泛化的含义
- ➢ 理解用例之间的关系
- ➢ 掌握对用例的描述
- ➢ 熟练绘制用例图

2.1 用例图的构成

用例图从用户角度来描述系统功能，描述系统的参与者与系统用例之间的关系。通常在进行需求分析时使用，由开发人员与用户经过多次商讨而共同完成，软件建模的其他部分都是从用例图开始的。这些图以每一个参与系统开发的人员都可以理解的方式列举系统的业务需求。

用例图只是由很少的标记符组成。一般情况下，用例图有以下4个基本组成部分：用例、参与者、系统、关系。

用例图是描述参与者与系统的关系，因此用例图整体上分为3部分：参与者、系统和关系。通过关系将参与者与系统联系起来。而用例是系统的细化，分别描述系统的具体功能，如图 2-1所示。

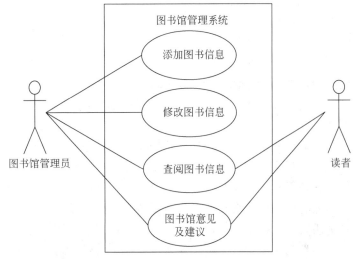

图 2-1　图书馆管理系统用例图

人形表示参与者；矩形为系统；圆形是用例；线条为关系，连接用例和参与者。以下是详细介绍。

2.1.1 系统

系统是软件工程的最终成果，用于执行特定功能。它不单指一个软件系统，而是为用户执行某类功能的一个或多个软件构件。如图书馆管理系统、学生选课系统、信息发布系统等都属于系统。

系统拥有一定应用范围，例如一台自动售货机，提供售货、供货、提取销售款等功能，这些功能在自动售货机之内的区域起作用，自动售货机之外的情况将不考虑。

系统在用例图中用一个长方框表示，系统的名称被写在方框上面或方框内。方框内包含了该系统中具体的用例，如图2-2所示。

2.1.2 参与者

参与者是系统外的一个实体，它代表了与系统交互的用户、设备或另一个系统。

图 2-2　图书馆管理系统用例

参与者是系统服务的对象，通过向系统输入信息或者系统为参与者提供信息来进行交互，以实现系统功能。在确定系统的用例时，首要问题就是识别参与者。

1. 参与者的概念

一个系统的用户可以有很多，但并不是每一个使用用户都要定义为参与者，参与者代表的是一类用户。

例如网店里的店员有何璋、司妙和张林，她们都是网上购物系统的用户，如果把她们都记录在用例图中就显得很乱，失去了用例表原有价值。因此可以使用"店员"作为参与者代表她们3个。

可见当有多个参与者与用例之间有同一关系时，就应该重新考虑为参与者选择在系统中扮演的角色名称。考虑使名称更为广泛化，以一个参与者取代重复的参与者。

参与者不一定是人，也可能是用于输出信息的网络打印机，或是相关联的另一个系统。

例如网吧的登录系统在用户登录之后，将用户信息传给吧台的网吧管理系统，如果将网吧管理系统作为用例图的系统，那么登录系统就是参与者。

在建模初期，参与者和用例交互，但是随着项目的进展，用例被类和组件实现，这时参与者也发生了变化。参与者不再是用户扮演的角色，而变成了用户接口。例如，系统分析阶段的用例图中，图书管理员与借出书目用例交互，以借出某本图书。在设计阶段，该参与者就变成了两个元素，即图书管理员这个角色和图书管理员所使用的接口，用例在这时就变成了许多对象，负责处理与用户接口以及系统的其他部分交互。

参与者在用例图中用人形符号和参与者的名称表示，如图 2-3 所示。名称一般放在人像下侧。

2. 识别参与者

一个系统在建模之前虽然能确定一些用户和参与者，但并不能全面地不遗漏地将参与者找出，这将导致建模不完善、开发不完善、开发过程中的修改又将导致开发效率降低，漏洞产生。

读者

全面识别参与者才能使建模很好地进行下去。为了能找出所有参
与者，可以借助以下几个问题。

图 2-3　参与者表示符号

- ❏ 系统的主要客户是谁？
- ❏ 谁需要借助系统完成日常工作？
- ❏ 谁来安装、维护和管理系统，保证系统正常运行？
- ❏ 系统控制的硬件设备有哪些？
- ❏ 系统需要与哪些其他系统进行交互？
- ❏ 在预定的时刻，是否有事件自动发生？
- ❏ 系统是否需要定期产生事件或结果？
- ❏ 系统如何获取信息？

在寻找系统用户时，建模人员不应把目光只停留在使用计算机的人员身上，而应注意直接或间接地与系统交互或从系统中获取信息的任何人和任何事。在完成参与者的识别后，建模人员就可以从参与者的角度考虑参与者需要系统完成什么功能，从而建立参与者所需要的用例。

参与者通常可以被分为主要参与者与次要参与者两类。其中，主要参与者是使用系统较频繁、业务量较大的用户。系统建模人员在识别用例时应该首先识别主要参与者。次要参与者用来给用例提供某些服务。次要参与者与用例进行交互的主要目的是为了给其他的参与者提供所需要的服务。也就是说，次要参与者要使用系统的次要功能。次要功能是指完成系统维护的一般功能。区分主要参与者与次要参与者不应该以参与者在使用系统时的权限为依据，一般情况下，应该以使用系统时的业务量为依据。例如，在图书管理系统中，将参与者以主要与次要区分，可以将参与者分成图书管理员和系统管理员。其中，主要参与者负责图书的日常借阅任务，而次要管理者则完成对系统的维护。

参与者的分类方式很多，例如根据参与者在系统中的职责或角色分类；根据系统的启动者、服务者、接收者等分类。最终目的就是全面不遗漏地找出参与者。

在对参与者建模的过程中，开发人员必须牢记以下几点。

- ❑ 参与者对于系统而言总是外部的，因此它们可以处于人的控制之外。
- ❑ 参与者可以直接或间接地同系统交互，或使用系统提供的服务以完成某件事务。
- ❑ 参与者表示人和事物与系统发生交互时所扮演的角色，而不是特定的人或特定的事物。
- ❑ 一个人或事物在与系统发生交互时，可以同时或不同时扮演多个角色。
- ❑ 每一个参与者需要一个具有业务一样的名字，在建模中不推荐使用类似于"NewActor"或"新参与者"的名字。
- ❑ 每一个参与者必须有简短的描述，从业务角度描述参与者是什么。
- ❑ 和类一样，参与者可以具有表示参与者的属性和可以接受的事件，但使用得不频繁。
- ❑ 多个参与者之间可以具有与类之间相同的关系。

在完成参与者的识别工作后，建模人员就可以从参与者的角度出发，考虑参与者需要系统完成什么样的功能，从而建立参与者所需要的用例。

2.1.3 用例

用例可以是一组连续的操作，也可以是一个特定功能的模块。系统由一个或多个用例构成，参与者与系统的关系主要表现在参与者与系统用例的关系。用例是一个叙述型的文档，用来描述参与者使用系统完成的事件。

1. 用例的概念

用例是用户期望系统具备的功能，它定义了系统的行为特征。用例的目标是要定义系统的一个功能模块，但并不显示系统的内部结构。就像黑盒子，当用户使用系统来完成某个过程时，是外部可见的系统功能单元。

用例的定义包含它所拥有的所有功能，它描述了系统的使用过程。从系统角度看，这些行为都是必须被描述和处理的情况。

命名用例与命名参与者同样重要。用例名可以是带有数字、字母和除保留符号——冒号以外的任何标点符号的任意字符串。一般情况下，命名一个用例时要尽量使用动词加可以描述系统功能的名词。例如，提取货款、验证身份等用例，其侧重点是目标，而不是处理过程。

在 UML 中，用例用一个椭圆来表示，用例的名称可以写在椭圆的内部，也可以写在椭圆的外部，但通常情况下是将其名称写在椭圆内部，如图 2-4 所示。

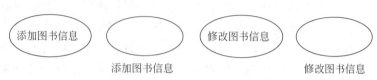

图 2-4 用例符号

需要注意，一定不要在一个用例图中使用两种命名方法，即将用例名写在椭圆之外和椭圆之内。因为这很容易会让模型的读者产生混淆。

一个系统完整的用例描述了该系统的所有行为，这可能导致用例图中的用例非常庞大。为了组织建模信息，UML 提供了包的概念，它的功能和目录相似。为了便于使用，可以把一些相关的用例放在一个包中。这样包就变成了包括相关功能的系统的子集。可以通过在用例前面加上包名和两个冒号来确定该用例是属于哪个包的，如图 2-5 所示。关于包的内容将在随后的章节进行讨论。

2．识别用例

系统分析者必须分析系统的参与者和用例，它们分别描述了"谁来做"和"做什么"这两个问题。

图 2-5 归属包的用例符号

识别用例最好的方法就是从分析系统的参与者开始，对于已经识别的参与者，通过考虑每个参与者是如何使用系统的，以及系统对事件的响应来识别用例。使用这种策略的过程可能会发现新的参与者，这对完善整个系统的模型是有很大帮助的。用例模型的建立是一个迭代过程。

在识别用例的过程中，通过询问下列问题就可以发现用例。

❑ 参与者需要从系统中获取哪种功能，即参与者要系统"做什么"？

❑ 参与者是否需要读取、产生、删除、修改或存储系统中的某种信息？

❑ 系统的状态改变时，是否通知参与者？

❑ 是否存在影响系统的外部事件？

❑ 系统需要什么样的输入/输出信息？

在用例识别中需要注意以下问题。

❑ 用例图中每个用例都必须有一个唯一的名字以区别其他用例。

❑ 每个用例的执行都独立于其他用例。

❑ 用例表示系统中所有对外部用户可见的行为。

UML 建模、设计与分析标准教程（2013—2015 版）

❏ 用例不同于操作，用例可以在执行过程中持续接受或持续输出与参与者交互的信息。

用例的识别也可以通过查找事件的方式来确定，即找出参与者使用系统时的所有操作及获取信息，列为事件表，再根据事件表确定系统用例。

用例图有以下 4 种标准关系。

❏ **泛化关系**　参与者之间或用例间的关系，类似于继承关系，可以重载。
❏ **关联关系**　参与者与用例间的关系。
❏ **包含关系**　用例与用例的关系，将复杂的用例分解成小的步骤用例。
❏ **扩展关系**　用例间的关系。

2.1.4　关系

这里讲的关系是用例图中最基本的关系：参与者与用例间的关系，即关联关系。用例图就是描述系统和参与者关系的，而用例和参与者都是独立的事物，关系就是他们之间的关联或通信。这种通信是双向的，参与者肯定要与某个或多个用例交互，用例也肯定会有参与者与之交互，否则参与者或用例将会成为多余。

使用一条实线连接参与者与用例，即可表明他们的关联，如图 2-6 所示。

不同的参与者可以访问相同的用例，一般说来它们和该用例的交互是不一样的，如果一样的话，那么参与者可能要重新选择

图 2-6　关联关系

定义。如果两种交互的目的也相同，说明它们的参与者是相同的，可以将它们合并。

用例描述系统满足需求的方式。当细化描述用例操作步骤时，就可以发现有些用例以几种不同的模式或特例在运行，而有些用例在整个执行期间会出现多重流程。如果将用例中重要的可选性操作流程从用例中分隔出来，以形成一个新的用例，这对整个系统的好处是显而易见的。

当分离可重复使用的用例后，用例之间就存在着某种特殊关系。包含和扩展是两个用例紧密相关时，关联用例的两种方法。包含关系用于表示用例为执行其功能时需要从其他用例引入功能。类似地，扩展关系则表示用例的功能可以通过其他用例的功能得到扩充。

除此之外，用例与用例之间也可以有继承关系，这种关系在用例图中称作泛化关系。在泛化关系中，子用例从父用例处继承行为和属性，还可以添加、覆盖或改变继承的行为，这对后期的开发很有用。

2.2　用例间的关系

用例除了与其参与者发生关联外，还可以具有系统中的多个关系，这些关系包括包含关系、扩展关系和泛化关系。

应用这些关系的目的是从系统中抽取出公共行为和其变体。本节主要介绍用例间的3种标准关系。

2.2.1 泛化关系

相对于参与者而言，用例泛化更易理解。用例泛化是指一个用例（一般为子用例）和另一个用例（父用例）之间的关系，其中的父用例描述了子用例间共享的特性，而子用例是继承父用例的。

泛化可以用于用例，也可以用于参与者。例如信息添加管理员和信息删除管理员的登录系统是同一个，都是输入用户名密码来验证，但登录后的权限不同。信息添加管理员和信息删除管理员就属于管理员中的特例。

泛化将特化用例和一般的用例联系起来。即子用例是父用例的特化，子用例除具有父用例的特性外，还可以有自己的另外特性。父用例可以被特化成一个或多个子用例，然后用这些子用例来代表父用例的更多明确的形式。

如果系统中一个或多个用例是某个一般用例的特殊化时，就需要使用用例的泛化关系。

泛化使用一条实线和三角箭头连接父用例和子用例，由子用例指向父用例，如图 2-7 所示是一个新闻管理系统的用例泛化。

图 2-7　新闻管理系统泛化用例

父用例新闻管理系统是抽象的，它并不提供具体的方法，因此一个具体的子用例必须提供具体的功能。

泛化也可用于参与者，同样使用一条实线和三角箭头连接父参与者和子参与者，由子参与者指向父参与者，如图 2-8 所示是一个商品管理系统的用例泛化和参与者泛化。

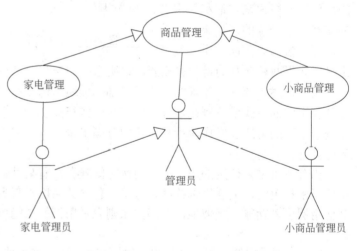

图 2-8　商品管理系统用例图

2.2.2 包含关系

在对系统进行分析时，通常会发现有些功能在不同的环境下都可以被使用。在编写代码时，希望编写可重用的构件，这些构件包括诸如可以从其他代码中调用或参考的类库、子过程以及函数。虽然每个用例的实例都是独立的，但是一个用例可以用其他的更简单的用例来描述。用例图中 UML 包含关系支持这种做法。

包含关系指：一个用例可以简单地包含其他用例具有的行为，并把它所包含的用例行为作为自身行为的一部分。这种情况下，新用例不是初始用例的一个特殊例子，并且不能被初始用例所代替。包含关系把几个用例的公共步骤分离成一个单独的被包含用例。

如果两个以上用例有大量一致的功能，则可以将这个功能分解到另一个用例中。其他用例可以和这个用例建立包含关系。

一个用例的功能太多时，可以用包含关系建模两个小用例。

被包含用例称作提供者用例，包含用例称作客户用例，提供者用例提供功能给客户使用。

在 UML 中，包含关系表示为虚线箭头加<<include>>字样，箭头指向被包含的用例。如图 2-9 所示是图书管理中的包含关系。

被包含用例称为提供者用例，包含用例称为客户用例，提供者用例提供功能给客户使用。为了更好地理解包含关系是如何起作用的，下面列出了"商品信息系统"和"建材信息系统"使用已经存在的被包含用例，如图 2-10 所示。

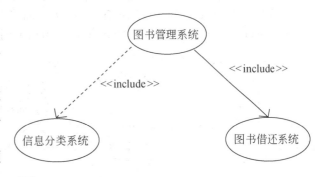

图 2-9　图书管理用例

为了使用包含关系，用例必须遵循以下两个约束条件。

❏ 客户用例只依赖于提供者用例的返回结果，不必了解提供者用例的内部结构。

❏ 客户用例总会要求提供者用例执行，对提供者用例的调用是无条件的。

在为系统建立模型时，使用包含关系是十分明智的。因为它有助于在将来实现系统时，确定哪里可

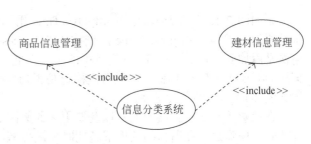

图 2-10　用例包含的意义

以重用某些功能，在编写代码时就可实现代码的重用，从而从长远意义上缩短系统的开发周期。

2.2.3　扩展关系

扩展关系是一种依赖关系，它指定了一个用例可以增强另一个用例的功能，是把新的行为插入到已有用例中的方法。

基础用例的扩展增加了原有的功能，此时是基础用例被作为例子使用，而不是扩展用例。

基础用例提供了一组扩展点，在这些新的扩展点中可以添加新的行为，而扩展用例

提供了一组插入片段，这些片段能够被插入到基础用例的扩展点上。

基础用例不必知道扩展用例的任何细节，它仅为其提供扩展点。

基础用例即使没有扩展用例也是完整的，这点与包含关系有所不同。

一个用例可能有多个扩展点，每个扩展点也可以出现多次。但是一般情况下，基础用例的执行不会涉及到扩展用例，只有特定的条件发生，扩展用例才被执行。

扩展关系为处理异常或构建灵活的系统框架提供了一种十分有效的方法。

在 UML 中，扩展关系表示为虚线箭头加<<extend>>字样，箭头指向被扩展的用例（即基础用例），如图 2-11 所示是扩展关系标识符。

图 2-11 扩展关系标识符

下面的示例将演示在图书管理系统中如何使用扩展关系：超期处理用例由通知超期用例进行扩展，如图 2-12 所示。在本示例中，基用例是 ProcessOverTime，扩展用例是 NotifyOverTime。如果借阅者按时归还图书，那么就不会执行 NotifyOverTime 用例。而当归还图书时超过了规定的时间，则 ProcessOverTime 用例就会调用 NotifyOverTime 用例提醒管理员对此进行处理。

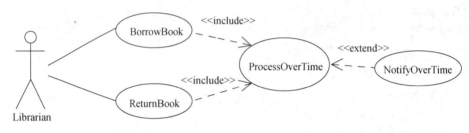

图 2-12 用例间扩展关系示例

正如图 2-12 中所表示的，NotifyOverTime 用例指向 ProcessOverTime 用例。这样绘制的原因是因为 NotifyOverTime 用例扩展了 ProcessOverTime 用例，即 NotifyOverTime 用例是添加到 ProcessOverTime 用例中的一项功能，而不是 ProcessOverTime 用例每次都调用 NotifyOverTime 用例。如果每次检查是否超期时都要提醒图书管理员，那么就要使用如图 2-13 所示的包含关系。

在理解了什么是扩展用例，以及使用它的原因后，那么如何知道图书管理员何时被提醒呢？毕竟这只在所借阅的图书超期时才被提醒，而且不是随时随机提醒的。本示例设定为当某学生所借阅的图书中有超期借阅时，图书管理员才会被提醒。为此，UML 提供了扩展点来解决该问题。扩展点的定义为：基用例中的一个或多个位置，在该位置会衡量某个条件以决定是否启用扩展用例。图 2-14 为一个扩展点的标记符。

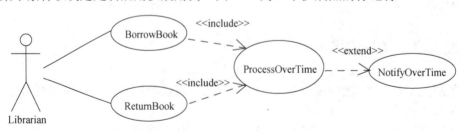

图 2-13 提示是否超期

如图 2-14 所示，一个水平线分隔了基用例，而基用例的用例名移到了椭圆的上半部分。椭圆的下半部分则列出了启用扩展用例的条件。图 2-15 使用包含扩展点标记符的基用例来表明如果借阅者有超期的借阅信息，那么基用例则启用扩展用例通知图书管理员。

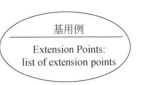

如图 2-15 所示，扩展点中有一个判断条件，以决定扩展用例是否会被使用，在包含关系中没有这样的条件。扩展点定义了启用扩展用例的条件，一旦该条件满足，则扩展用

图 2-14　扩展点标记符

例将被使用。例如，当某学生的借阅信息中有超期的借阅信息时，则基用例 ProcessOverTime 会使用 NotifyOverTime 用例，以通知图书管理员该学生有图书超期未还。当执行完扩展用例 NotifyOverTime 后，基用例将继续执行。

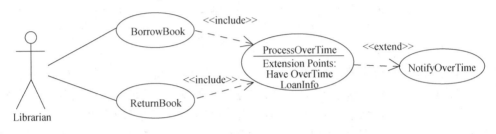

图 2-15　扩展点的应用

扩展点的表示符号可以按照下面的格式添加到椭圆中，即：

```
<extension point>::=<name>[:<explanation>]
```

其中，name 指定扩展点的名称，因为一个基用例可以有多个扩展用例。扩展点的名称描述了用例中的某个逻辑位置。因为用例描述的是功能和行为，所以该位置通常是对象在执行过程中某时间的状态。explanation 为对扩展点的解释，它为一个可选项。该项可以是任何形式的文本，只要把问题交待清楚即可。需要注意，在绘制扩展点时，并不是所有的 UML 建模工具都支持上述命名方法。

除在基用例上使用扩展点控制什么时候进行扩展外，扩展用例自身也可以包含条件。扩展用例上的条件是作为约束使用的，在扩展点成立的时候，如果该约束表达式也得到了满足，则扩展用例才执行，否则不会执行。

2.3　用例描述

用例图描述了参与者和系统特征之间的关系，但是它缺乏描述系统行为的细节。所以一般情况下，还会以书面文档的形式对用例进行描述，每个用例应具有一个用例描述。在 UML 中对用例的描述并没有硬性规定，但一般情况下用例描述应包括以下几个方面。

❑ 名称

名称无疑应该表明用户的意图或用例的用途，如上面示例中的"借阅图书"、"归还图书"。

❑ 标识符[可选]

唯一标识一个用例，如"UC200601"。这样就可在项目的其他元素（如类模型）中用它来引用这个用例。

❑ **参与者[可选]**

与此用例相关的参与者列表。尽管这则信息包含在用例本身当中，但在没有用例图时，它有助于增加对该用例的理解。

❑ **状态[可选]**

指示用例的状态，通常为以下几种之一：进行中、等待审查、通过审查或未通过审查。

❑ **频率**

参与者使用此用例的频率。

❑ **前置条件**

一个条件列表。前置条件描述了执行用例之前系统必须满足的条件。这些条件必须在使用用例之前得到满足。前置条件在使用之前，已经由用例进行过测试。如果条件不满足，则用例不会被执行。

前置条件非常类似于编程中的调用函数或过程，函数或过程在开始部分对传递的参数进行检测。如果传递的参数无法通过合法检查，那么调用的请求将会被拒绝。同样这也适用于用例。例如，当学生借阅图书时，借出图书用例需要获取学生借书证信息，但如果学生使用了一个已经被注销的借书证，那么用例就不应该更新借阅关系；另外，如果学生归还了从系统中已经删除的一本图书，那么用例就不能让还书操作完成。

借阅图书用例的前置条件可以写成下面的形式。

前置条件：学生出示的借书证必须是合法的借书证。

❑ **后置条件**

后置条件将在用例成功完成以后得到满足，它提供了系统的部分描述。即在前置条件满足后，用例做了什么？以及用例结束时，系统处于什么状态？因为并不知道用例终止后处于什么状态，因此必须确保在用例结束时，系统处于一个稳定的状态。例如，当借阅图书成功后，用例应该提供该学生的所有借阅信息。

借阅图书用例的后置条件可以写成下面的形式。

后置条件：借书成功，则返回该学生借阅信息。借书失败，则返回失败的原因。

❑ **假设[可选]**

为了让一个用例正常地运行，系统必须满足一定的条件，在没有满足这些条件之前，系统不会调用该用例。假设描述的是系统在使用用例之前必须满足的状态，这些条件并没有经过用例的检测，用例只是假设它们为真。例如，身份验证机制，后继的每个用例都假设用户是在通过身份验证以后访问用例的。应该在一定的时候检验这些假设，或者将它们添加到操作的基本流程或可选流程中。

下面是借阅图书用例的假设条件。

假设：图书管理员已经成功登录到系统。

❑ **基本操作流程**

参与者在用例中所遵循的主逻辑路径。因为它描述了当各项工作都正常进行时用例的工作方式，所以通常称其为适当路径或主路径。操作流程描述了用户和执行用例之间交互的每一步。描述操作流程是一项将个别用例进行合适细化的任务。通过这种做法，常常可以发现自己原始的用例图遗漏了一些内容。

借出图书用例的基本操作流程如下。

（1）管理员输入借书证信息。

（2）系统要确保借书证信息的有效性。

（3）检查是否有超期的借阅信息。

（4）管理员输入要借阅的图书信息。

（5）系统将学生的借阅信息添加到数据库中。

（6）系统显示该学生的所有借阅信息。

❑ 可选操作流程

可选操作流程包括用例中很少使用的逻辑路径，那些在变更工作方式、出现异常或发生错误的情况下所遵循的路径。例如，借出图书用例的可选操作流程包括：输入的借书证信息不存在，该借书证已经被注销或有超期的借阅信息等异常情况下，系统采取的应急措施。

❑ 修改历史记录[可选]

修改历史记录是关于用例的修改时间、修改原因和修改人的详细信息。

表 2-1 是一个对用例"归还图书"的描述。

表 2-1　归还图书用例的描述

用 例 名 称	归 还 图 书
标识符	UC0002
用例描述	图书管理员收到要归还的图书，进行还书操作
参与者	图书管理员
状态	通过审查
前置条件	图书管理员登录进入系统
后置条件	在库图书数目增加
基本操作流程	（1）系统管理员输入图书信息 （2）系统检索与该图书相关的借阅者信息 （3）系统检索该借阅者是否有超期的借阅信息 （4）删除与该图书相关的借阅信息
可选操作流程	该借阅者有超期的借阅信息，进行超期处理；输入的图书信息不存在，图书管理员进行确认
假设	图书管理员已经成功地登录到系统
修改历史记录	刘丽，定义基本操作流程，2006 年 10 月 20 日 张鹏，定义可选操作流程，2006 年 10 月 22 日

表 2-1 所示的格式和内容只是一个示例，开发人员可以根据自己的情况定义。但是要记住，用例描述及它们所包含的信息，不仅是附属于用例图的额外信息。事实上，用例描述让用例变得完整，没有用例描述的用例没什么意义。

随着更多的用例细节被写到用例描述中，往往还会发现用例图中遗漏的某些功能。在模型的各个方面也会出现同样的问题：加入的细节越多，越可能必须回头更正以前所做的事。这是一个反复系统开发的内涵。进一步精炼系统模型是件好事，开发工作的每一次反复，都可以使系统的模型更好、更准确。

2.4 创建用例图模型

本节通过实际的完整案例来说明用例图的创建过程，采用图书馆的图书管理系统。绘制用例图一般要经过以下几个步骤。

- ❑ 确定系统涉及的总体信息。
- ❑ 确定系统的参与者。
- ❑ 确定系统的用例。
- ❑ 构造用例模型。

2.4.1 系统整体分析

系统的开发总是先有人或机构提出了需求，再有用来描述需求的用例图和最终的系统。因此创建用例图之前要对系统有一个整体的分析。

对于图书馆管理系统，首先图书馆是一个存放管理书籍的地方，系统少不了书籍信息的分类管理。图书馆的书是供读者借阅的，关于借阅也要有管理。图书需要购买和废弃，什么时候选购那些书籍也需要管理；书本过期或损坏的废弃需要管理，不过对于软件系统，提供书籍的登记、查阅和删除功能即可。

之后是对人的管理。图书管理需要人，也需要一个对管理员管理的系统；同样借阅书的读者也需要一个管理系统。

因此系统的大体功能为：书籍信息管理，借阅管理，书籍的登记、查阅和删除，管理员管理，读者管理。

其中，书籍的登记、查阅和删除也属于书籍信息管理，系统也就分为了书籍信息管理、借阅管理、管理员管理和读者管理等功能。

2.4.2 确定系统参与者

根据之前学的确定参与者的几个问题来确定参与者。

- ● 系统的主要客户是谁？
  - ❑ 系统的客户是读者，那么读者是参与者。
  - ❑ 谁需要借助系统完成日常工作？

图书管理员要借助系统完成日常工作，是系统参与者。图书管理员又分为多个类：图示信息管理员和图书借阅管理员。

- ❑ 谁来安装、维护和管理系统，保证系统正常运行？

图书管理员负责安装、维护和管理系统，保证系统正常运行。图书管理员又多了一类：图书馆管理系统的系统管理员。

- ❑ 系统在计算机硬件上运行。
- ❑ 系统需要与哪些其他系统进行交互？
- ❑ 系统是独立运行在操作系统上的。
- ❑ 在预定的时刻，是否有事件自动发生？

UML 建模、设计与分析标准教程（2013—2015版）

在读者借阅时间到达时，要发送短信提醒读者还书。需要将提醒信息传送给短信提醒系统。

❑ 系统是否需要定期产生事件或结果？

系统需要每周产生剩余书籍信息和借阅信息，供管理员统计。

❑ 系统如何获取信息？

由图书信息管理员输入添加、修改和删除图书的信息；由图书借阅管理员输入图书借阅相关信息。

通过这 8 个问题，得出的参与者有：图书信息管理员、图书借阅管理员、系统管理员、读者和短信提醒系统。

2.4.3 确定用例与构造用例模型

根据 2.4.1 节整体分析的结论，系统分为书籍信息管理、借阅管理、管理员管理和读者管理等功能。结合 2.1.3 节识别用例的方法，可以询问以下问题。

● 参与者需要从系统中获取哪种功能，即参与者要系统"做什么"？

参与者有图书信息管理员、图书借阅管理员、系统管理员、打印机、读者和短信提醒系统。

❑ 首先是读者，读者是客户，需要查阅图书，要有图书信息查阅系统，这个系统不需要图书馆的管理员参与，因此需要读者自行登录查阅；读者可以将书借走，要有借阅系统；结束有期限，读者要在期限内还书，系统有短信提醒系统。

❑ 图书信息管理员管理书籍信息，包括新书的添加、信息的更改等，使用信息管理系统。当然首先要登录系统，再实行操作。

❑ 图书借阅管理员管理书籍的借出归还和书籍受损情况，使用图书借阅系统。同样需要登录。

❑ 系统管理员维护系统，监管系统使用者的操作，使用系统后台管理。

得出的结论为：系统拥有如下用例。

❑ 读者登录查阅信息的功能。

❑ 系统短信系统功能。

❑ 图书信息管理员登录系统并进行图书信息维护功能。

❑ 图书借阅管理员登录系统并使用书籍借阅归还和统计书籍受损功能。

❑ 后台维护功能。

● 参与者是否需要读取、产生、删除、修改或存储系统中的某种信息？

❑ 读者需要读取系统图书信息，包括查询要借阅的书是否有剩余，需要读者登录查阅系统。

❑ 图书信息管理员统计输入图书馆整体书籍的添加、修改和删除信息，读者借阅的也包含在图书馆书籍里，需要图书馆书籍存书信息系统。

❑ 图书借阅管理员管理书籍的借出归还和书籍受损情况，需要图书借阅系统。

❏ 系统管理员读取系统使用者的操作信息等，需要后台管理系统。

得出的结论虽然跟第一个问题重复了，但不是所有系统都会没有新用例可发现。

- 系统的状态改变时，是否通知参与者？
  - ❏ 当读者借书期限到达时通知读者。
- 是否存在影响系统的外部事件？
  - ❏ 当图书管理员离职或上任，系统管理员需要管理图书管理员信息。
  - ❏ 读者借书逾期，系统提醒并记录。
- 系统需要什么样的输入/输出信息？
  - ❏ 读者输入查询条件获取想要的书籍。
  - ❏ 图书信息管理员输入图书信息。
  - ❏ 借阅管理员输入借阅信息并获取借书记录和逾期记录。

在找出系统的基本用例之后，还需要对拥有的每一个用例进行细化描述，以便于完全理解创建系统时所涉及到的任务，发现因参与者疏忽而未意识到的用例。对用例进行细化描述需要经过与适当的人进行一次或多次细谈后，才可以细化每一个用例。下面是对借阅图书用例的细化描述列表。

- ❏ 图书管理员输入借书证信息。
- ❏ 系统确保读者的借书证的有效性。
- ❏ 系统计算所借阅的图书数量是否超过了规定的数量。
- ❏ 检查读者是否有超期的借阅信息。
- ❏ 图书管理员输入读者所借阅的图书信息。
- ❏ 生成新的借阅信息并保存。
- ❏ 系统显示读者的所有借阅信息，以提示图书管理员借阅成功。

下面列出归还图书用例的细化描述。

- ❏ 图书管理员输入图书信息。
- ❏ 系统检验图书的有效性。
- ❏ 系统将根据该图书的信息查找借阅信息。
- ❏ 系统根据借阅信息获取借阅者信息。
- ❏ 查找借阅者是否有超期的借阅信息。
- ❏ 删除与该图书对应的借阅信息。
- ❏ 保存更新后的借阅信息。
- ❏ 系统显示读者还书后所剩余的所有借阅信息。
- ❏ 审查记录图书损坏程度。

随着对用例的不断细化，可以发现某些用例在系统中是公用的，而为了日后开发需要，需要分解该用例。即将该用例中的公用部分提取出来，以便其他用例调用。如显示现在的借阅信息，在借阅图书用例和归还图书用例中都使用到了显示现存借阅信息用例和检察借阅者是否有超期的借阅信息用例。

对于浏览借阅信息用例而言，在找到读者的借阅信息后，就应该将这些信息全部显示出来。因此，它也使用到了显示借阅信息用例。除此之外，当管理员使用系统时还必须先进行登录，为此还需要添加一个登录用例。

在从图书管理员角度对已经存在的用例和新发现的用例进行细化描述后，应该有一个用例的详细描述，如下所示。

❏ 登录。

❏ 登记借书信息。

❏ 显示借书记录。

❏ 显示逾期记录。

❏ 删除借书信息。

❏ 逾期提醒。

❏ 统计图书破损程度。

根据分析结果绘制借阅系统的用例图，如图 2-16 所示。

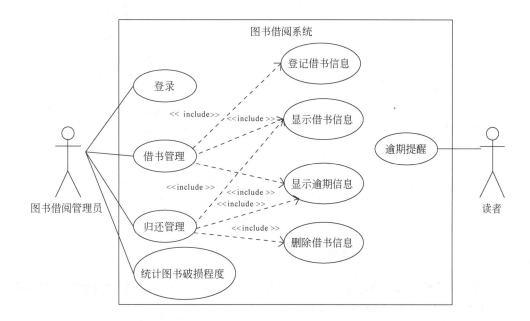

图 2-16　借阅系统用例图

从图中可以看出，借书管理和归还管理都包含了借书信息和逾期信息的显示。

同样，从系统管理员角度对用例进行细化描述后可以发现，维护管理员信息是对添加管理员、浏览管理员信息和删除管理员信息的泛化，而维护图书信息需要增加或修改删除图书分类；维护读者信息是对浏览读者信息和删除读者信息的泛化。下面列出了对原用例进行泛化处理后的详细用例。

❏ 添加管理员信息。

❏ 删除管理员信息。

❏ 记录查看管理员操作。

❑ 添加图书分类。

❑ 修改图书分类。

❑ 删除图书分类。

❑ 查阅修改借阅者信息。

❑ 登录。

图 2-17 列出了与系统管理员相关的用例图。构造用例模型是一个迭代的过程，不必一次就列出完整的用例模型图。

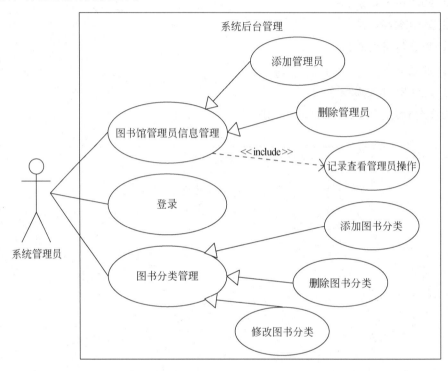

图 2-17　系统后台用例图

剩余读者注册查阅图书信息的用例图和图书信息管理员管理图书的用例图。具体用例不再分析，如图 2-18 和图 2-19 所示。

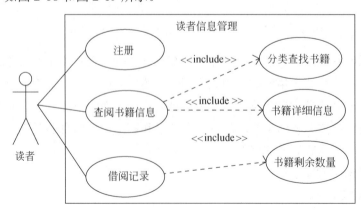

图 2-18　读者信息管理系统

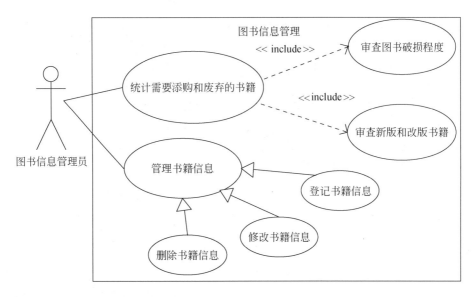

■ 图 2-19　图书信息管理系统

2.5　思考与练习

一、填空题

1. 用例图标准关系有_____、泛化关系、关联关系和包含关系。
2. 用例图的组成有_____、系统、参与者和用例。
3. 在 UML 中，用例用一个_____来表示。
4. 泛化关系使用一条实线和一个_____来连接用例。

二、选择题

1. 下列说法正确的是_____。
   A. 用例间的关系是后期开发需要的，对用例图没影响
   B. 扩展关系可以是用例间的，也可以是参与者间的
   C. 泛化关系可以是用例间的，也可以是参与者间的
   D. 包含关系表示为虚线箭头
2. 下列符号中，表示扩展的是_____。
   A. ◁─────
   B. ┈┈┈┈>
   C. △《extends》────
   D. 《extend》┈┈┈┈>

三、简答题

1. 用例与用例图有哪些区别？
2. 用例图说明了什么？它出现在 Unified Process 的哪一阶段？
3. 用例图的 4 个主要组成部分是什么？
4. 参与者表示什么？
5. 用例表示什么？
6. 什么是参与者？如何确定参与者？
7. 泛化描述了什么？
8. 解释和比较用例图中的<<extend>>和<<include>>两种关系。

四、分析题

1. 一台自动售货机能提供 6 种不同的饮料，售货机上有 6 个不同的按钮，分别对应这 6 种不同的饮料，顾客通过这些按钮选择不同的饮料。售货机有一个硬币槽和找零槽，分别用来收钱和找钱。现在为这个系统设计一个用例图。
2. 现有一个产品销售系统，其总体需求如下。

❑ 系统允许管理员生成存货清单报告。

❏ 管理员可以更新存货清单。

❏ 销售员记录正常的销售情况。

❏ 交易可以使用信用卡或支标，系统需要对其进行验证。

❏ 每次交易后都需要更新存货清单。

分析其总体需求，并绘制出其用例图。

3. 绘制用例图，为如下的每个事件显示酒店管理系统中的用例，并描述各用例的基本操作流程。

❏ 客人预订房间。

❏ 客人登记。

❏ 客人承担的服务费用。

❏ 生成最终账单。

❏ 客人结账。

❏ 客人支付账单。

UML 建模、设计与分析标准教程（2013—2015 版）

第 3 章

类图

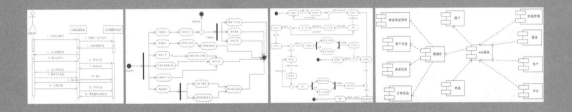

　　使用面向对象的思想描述系统能够把复杂的系统简单化、直观化，这有利于用面向对象的程序设计语言实现系统，并且有利于未来对系统的维护。构成面向对象模型的基本元素有类、对象和类与类之间的关系等，人们为了控制现实系统的复杂性，通常会将系统分成较小的单元，以便一次只处理有限的信息。类图是由若干类关联在一起，用来描述系统中的类以及类与类之间的静态关系等，UML 提供了包这一机制，使用它可以把系统划分成较小的便于处理的单元。

　　本章主要介绍类图、类与类之间的关系类图模型、抽象类以及接口等内容，通过本章的学习，读者可以充分了解类图的相关知识，并且能够掌握类与类之间的关系。

本章学习要点：

- ➢ 理解类图的基本概念
- ➢ 能够熟练为系统创建模类
- ➢ 掌握如何建模类之间的关联关系
- ➢ 掌握聚合关系和组合关系的相关知识
- ➢ 理解并建模泛化关系
- ➢ 了解依赖关系和实现关系的相关知识
- ➢ 掌握类与类之间关系的强弱顺序
- ➢ 熟悉抽象类和接口的概念
- ➢ 能够熟练地构造类图

3.1 类图

构建面向对象模型的基础是类、对象以及它们之间的关系，可以在不同类型的系统（例如商务软件、嵌入式系统和分布式系统等）中应用面向对象技术。在不同的系统中描述的类可以是各种各样的，例如在某个商务信息系统中，包含的类可以是顾客、协议书、发票、债务等；在某个工程技术系统中，包含的类可以有传感器、显示器、I/O 卡、发动机等。

在面向对象的处理中类图处于核心地位，它提供了用于定义和使用对象的主要规则，同时类图是正向工程（将模型转化为代码）的主要资源，是逆向工程（将代码转化为模型）的生成物。因此类图是任何面向对象系统的核心，类图随之也成了最常用的 UML 图。本节将详细介绍与它相关的知识，包括类图的概念、类的表示和如何定义一个类等相关内容。

3.1.1 类图概述

类图是描述类、接口以及它们之间关系的图，是一种静态模型，显示了系统中各个类的静态结构。类图根据系统中的类以及各个类的关系描述系统的静态视图，可以用某种面向对象的语言实现类图中的类。

类图是面向对象系统建模中最常用和最基本的图之一，其他许多图（如状态图、协作图、组件图和配置图等）都是在类图的基础上进一步描述了系统其他方面的特性。类图可以包含类、接口、依赖关系、泛化关系、关联关系和实现关系等模型元素，另外在类图中也可以包含注释、约束、包或子系统。

类图用于对系统的静态视图（它用于描述系统的功能需求）建模，通常以如下所示的某种方式使用类图。

- ❏ **对系统的词汇建模**　在进行系统建模时，通常首先构造系统的基本词汇，以描述系统的边界。在对词汇进行建模时通常需要判断哪些抽象是系统的一部分，哪些抽象位于系统边界之外。

- ❏ **对协作建模**　协作是一些协同工作的类、接口和其他元素的共同体，其中元素协作时的功能强于它们单独工作时的功能之和。系统分析员可以用类图描述图形化系统中的类及它们之间的关系。

- ❏ **对数据库模式建模**　在很多情况下都需要在关系数据库中存储永久信息，这时可以使用类图对数据库模式进行建模。

如图 3-1 所示列举了一个简单的类图示例，它起到一个引导的作用，目的在于使读者对类图有一个直观浅显的了解。后面的小节中会不断讲解该图所表现出来的内容。

但是使用类图时也需要遵循一些原则。其主要说明如下。

- ❏ **简化原则**

在项目的初始阶段不要使用所有的符号，只要能够有效表达就可以。

❏ **分层理解原则**

根据项目开发的不同阶段，使用不同层次的类图来进行表达方便理解，不要一开始就陷入到实现类图的细节当中。

❏ **关注关键点原则**

不要为每一个事物都画一个模型，只把精力放到关键的位置。

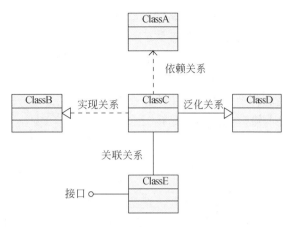

图 3-1　类图示例

3.1.2　类及类的表示

类不仅仅是构成类图的基础，也是面向对象系统组织结构的核心。使用类图时首先需要了解类和对象之间的区别。类是对资源的定义，它所包含的信息主要用来描述某种类型实体的特征以及对该类型实体的使用方法。对象是具体的实体，它遵守类制定的规则。从软件的角度看，程序通常包含的是类的集合以及类所定义的行为，而实际创建信息和管理信息的是遵守类的规则的对象。

类定义了一组具有状态和行为的对象，这些对象具有相同的属性、操作、关系和语义。其中属性和关联用来描述状态。属性通常用没有身份的数据值表示，如数字和字符串；关联则用有身份的对象之间的关系来表示。

为了支持对身份、属性和操作的定义，UML 规范采用一个具有 3 个预定义分栏的图标表示类，分栏中包含的信息有名称、属性和操作，它们对应类的基本元素，如图 3-2 所示。

在类图中添加或绘制类时包括 3 部分：名称（Name）、属性（Attribute）和操作（Operation）。名称分栏是必须出现的分栏，而属性分栏和操作分栏则可以出现或不出现。图 3-2 中显示了所有的分栏，而图 3-3 显示了另外 3 种形式。

名称
属性
操作

名称

名称
属性

名称
操作

图 3-2　类的 3 种预定义的分栏　　图 3-3　表示类的几种形式

当隐藏某个分栏时并非表明某个分栏不存在，只显示当前需要注意的分栏可以使图形更加直观清晰。

类在它的包含者（可以是包或者另一个类）内必须有唯一的名称。类对它的包含者来说是可见的，可见性规定了类能够怎样被位于可见者之外的类所使用。类的多重性说明了类可以具有多少个实例，通常情况下可以有 0 个或多个。

下面将详细介绍类的名称、属性和操作在类图中的具体表示方法和含义。

1．名称

类名采用黑体字书写在名称分栏的中部，它通常表示为一个名词，既不带前缀，也不带后缀。为类命名时最好能够反映类所代表的问题域中的概念，并且要清楚准确，不能含糊不清。类名可分为简单名称和路径名称。简单名称只有类名没有前缀；路径名称中可以包含由类所在包的名称表示的前缀，如图 3-4 所示。

图 3-4　类的简单名称和路径名称

在图 3-4 中 Person 表示 Student 类所在的包的名称，而 Student 表示类的名称。

2．属性

类的属性也称为特性，它描述了类在软件系统中代表的事物（即对象）所具备的特性，这些特性是该类的所有对象所共有的。类可以有任意数目的属性，也可以没有属性。在系统建模时只抽取那些对系统有用的特性作为类的属性，通过这些属性可以识别该类的对象。例如可以将学生姓名、学生编号、出生年月、所在班级、职位等特性作为 Student 类的属性。

从系统处理的角度来看，事物的特性中只有其值能被改变的那些才可以作为类的属性。UML 中描述类属性的语法格式如下所示：

[可见性] 属性名 [:类型] [=初始值] [{属性字符串}]

上述语法中属性包含 5 部分：可见性、属性名、类型、初始值和属性字符串。除了属性名之外，其他内容都是可有可无的，可以根据需要选用上面列出的某些项。

❑ 可见性

可见性用于指定它所描述的属性能否被其他类访问，以及能以何种方式访问。在 UML 中并未规定默认的可见性，如果在属性的左边没有标识任何符号，表明该属性的可见性尚未定义，而并非取了默认的可见性。

最常用的可见性类型有 3 种，分别为公有（Public）、私有（Private）和被保护（Protected）类型。

- ❑ 被声明为 Public 的属性和操作可以在它所在类的外部被查看、使用和更新。在类里被声明为 Public 的属性和操作共同构成了类的公共接口。类的公共接口由可以被其他类访问及使用的属性和操作组成，这表示为公共接口是该类与其他类的联系的部分。类的公共接口应尽可能减少变化，以防止任何使用该类的地方有不必要的改变。

- ❑ 被声明为 Protected 的属性和操作可以被类的其他方法访问，也可以被任何相应继承类所声明的方法访问，但是非继承的类无法访问 Protected 属性和操作。即使用 Protected 声明的属性和操作只可以被该类和该类的子类使用，而其他类无法使用。

- ❑ Private 可见性是限制最为严格的可见性类型，只有包含 Private 元素的类本身才能使用 Private 属性中的数据，或者调用 Private 操作。

注 意

对于是否应该声明为 Public 属性是有不同的观点的。许多面向对象的设计者对 Public 属性存在抱怨，因为这会将类的属性向系统的其余部分公开，就违反了面向对象的信息隐蔽的原则。因此，最好避免使用 Public 属性。

除了以上 3 种类型的可见性之外，其他类型的可见性可由程序设计语言进行定义。需要注意的是，公有和私有可见性一般在表达类图时是必需的。UML 中 Public 类型用符号 "+" 表示，Private 类型用符号 "–" 表示，Protected 类型用符号 "#" 表示。这几种类型符号在类中的表示如图 3-5 所示。

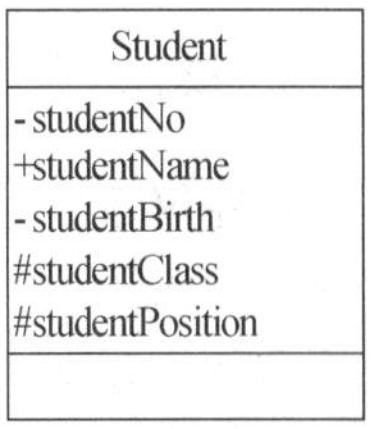

在图 3-5 中属性 studentNo 和 studentBirth 是类 Student 的私有属性，studentName 是类的公有属性，studentClass 和 studentPosition 属性是类被保护的属性，这些属性的可见性是由它们的名称左边的符号指定的。

❏ 属性名

类的属性是类定义的一部分，每个属性都应有唯一的属性名，以标识该属性并以此区别其他属性。属性名通常由描述所属类的特性的名词或名词短语组成，单字属性名小写，如果属性名包含了多个单词，则这些单词可以合并，且从第二个单词起，每个单词的首字母都应是大写形式，如图 3-5 中属性可见性的右边表示属性名。

❏ 类型

每个属性都应指定其所属的数据类型。常用的数据类型有整型、实型、布尔型、枚举类型等。这些类型在不同的编程语言中可能有不同的定义，可以在 UML 中使用目标语言中的类型表达式，这在软件开发的实施阶段是非常有用的。

除了上面的类型外，属性的数据类型还可以使用系统中的其他类或者用户自定义的数据类型。类的属性定义之后，类的所有对象的状态由其属性的特定值所决定。

❏ 初始值

开发人员可以为属性设置初始值，设置初始值可以防止因漏掉某些取值而破坏系统的完整性，并且为用户提供易用性。为 Student 类的有关属性指定数据类型和初始值后，效果如图 3-6 所示。

从图 3-6 中可以看出属性的数据类型之间要用冒号分隔，数据类型与初始值之间用等号分隔。使用 Microsoft Visio 画图时冒号和等号都是该软件自动添加的。

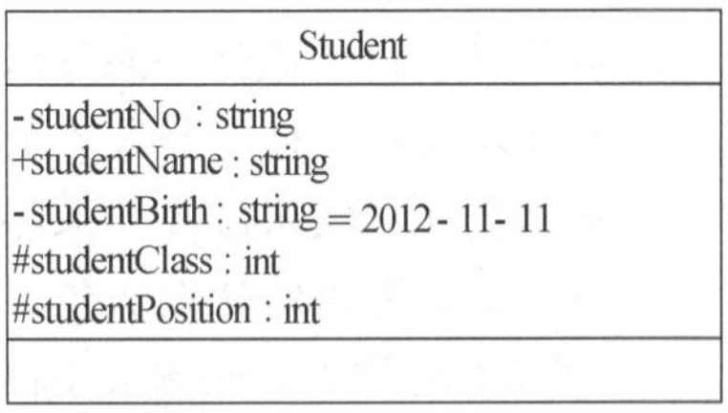

❏ 属性字符串

描述类属性的语法格式中的最后一项是属性字符串。属性字符串用来指定关于属性的其他信息，任何希望添加属性定义字符串但又没有合适地方可以加入的规则都可以放在属性字符串里。

除了上面介绍外，还有一种类型的属性，它能被所属类的所有对象共享，这就是类的作用域属性，或者叫作类变量（例如，Java 类中的静态变量）。这类属性在类图中表示时要在属性名的下面加一条下划线。例如开发人员可以将 Student 类中的 studentPosition 属性更改为类变量或者重新添加一个新的类变量。

属性可以代表一个以上的对象，实际上属性能代表其类型的任意数目的对象。在程序设计时属性用一个数组来实现体现了面向对象中对象之间关联的多重性，多重性指允许用户指定属性实际上代表一组对象集合，而且能够应用于内置属性及关联属性。如图 3-7 列出了属性对应的多重性，由于一名学生可以借阅多本图书，所以一个 Student 类可以对应多个 Book 类。

图 3-5　类变量的表示

图 3-6　属性的数据类型和初始值

3. 操作

属性仅仅描述了要处理的
数据，而操作则描述了处理数
据的具体方法。类的操作是对
其所属对象的行为的抽象，相
当于一个服务的实现，且该服

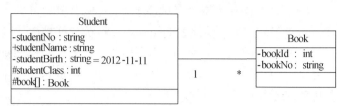

图 3-7 属性对应的多重性

务可以由类的任何对象请求以影响其行为。属性是描述对象特征的值，操作用于操纵属性或执行其他动作。操作可以看作是类的接口，通过该接口可以实现内、外信息的交互，操作的具体实现被称作方法。

操作由返回值类型、名称和参数表进行描述，它们一起被称为操作签名。某个类的操作只能作用于该类的对象，一个类可以有任意数量的操作或者根本没有操作。UML 中用于描述操作的语法形式如下：

[可见性] 操作名 [(参数表)] [:返回类型] [{属性字符串}]

上述语法形式中有可见性、参数表和返回类型等内容，其具体说明如下。

❏ 类操作的可见性类型包括公有（Public）、私有（Private）、受保护（Protected）和包内公有（Package）几种类型，UML 类图中它们可以分别用 "+"、"–"、"#" 和 "~" 来表示。

如果某一对象能够访问操作所在的包，那么该对象就可以调用可见性为公有的操作；可见性为私有的操作只能被其所在类的对象访问；子类的对象可以调用父类中可见性为公有的操作；可见性为包内公有的操作可以被其所在包的对象访问。

❏ 在为系统建模时操作名通常用来描述类的行为的动词或者动词短语，操作名的第一个字母通常使用小写形式，当操作名包含多个单词时这些单词要合并起来，并且从第二个单词起所有单词的首字母都是大写形式。

❏ 参数用来指定提供给操作以完成工作的信息，它是可选的，即操作可以有参数，也可以没有参数。如果参数表中包含多个参数时各参数之间需要使用逗号隔开。当参数具有默认值时如果操作的调用者没有为该参数提供相应的值，那么该参数将自动具有指定的默认值。

例如 Student 类中 deleteStudent 操作表示根据学生的编号删除一个 Student 对象，执行该操作时只需要知道学生编号信息即可，如图 3-8 所示。

❏ 操作除了具有名称与参数外，还可以有返回类型。返回类型被指定在操作名称尾端的冒号之后，它指定了该操作返回的对象类型，如图3-9 所示。如果某个操作返回值时可以不注明返回值的类型，但是在具体的编程语言

类15
-studentNo : string
+studentName : string
- studentBirth : string = 2012- 11- 11
#studentClass : int
+deleteStudent (in studentNo : string) : int

图 3-8 操作中的参数

中可能需要添加关键字 void 来表示无返回值的情况。

除了图 3-9 中提供的每一个参数名及其数据类型外，还可以指定参数子句 in、out 或者 inout。其中 in 是默认的参数子句，通过值传递的参数使用 in 参数子句，或者不使用任何参数子句。通过值传递参数意味着把数据的副本发送到操作，因而操作不会改变值的主备份。如果希望修改传递到操作的参数值的主备份，需要使用 inout 类型的参数子句标记参数，这意味着值通过引用传递，操作中任何对参数值的修改也就是对变量主备份的修改。除此之外，还有一种 out 参数子句，使用该参数子句时，值不是被传递给操作，而是由操作把值返回给参数。

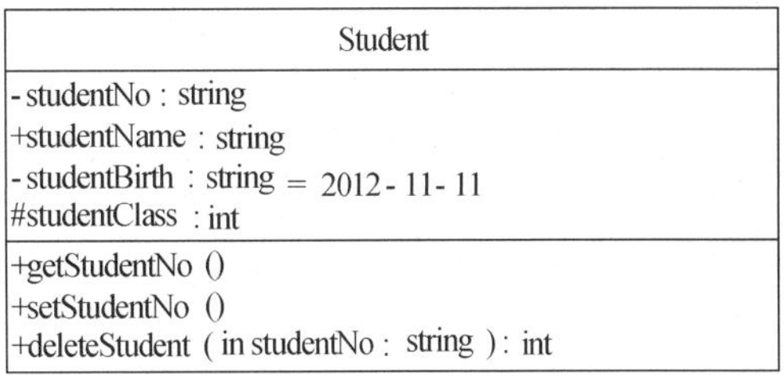

Student
- studentNo : string
+studentName : string
- studentBirth : string = 2012 - 11 - 11
#studentClass : int
+getStudentNo ()
+setStudentNo ()
+deleteStudent (in studentNo : string) : int

图 3-9　类操作的返回类型

- ❑ 当需要在操作的定义中添加一些预定义元素之外的信息时，可以将它们作为属性字符串。

4. 职责

所谓的职责是指类或者其他元素的契约或义务，可以在类标记中操作分栏的下面另加一个分栏，用于说明类的职责。相关人员在创建类时需要声明该类的所有对象具有相同的状态和相同的行为，这些属性和操作正是要完成类的职责。描述类的职责可以使用一个短语、一个句子或者若干句子。

5. 约束和注释

在类的标记中说明类的职责是消除二义性的一种非形式化的方法，而使用约束则是一种形式化的方法。约束指定了类应该满足的一个或者多个规则。约束在 UML 规范中是用由花括号括起来的文本表示的。如图 3-10 所示为 Teacher 类所添加的约束。

Teacher
-teacherId : int
+teacherName
#teacherCourse
+addTeacher (in teaName : string , in teaCourse : string) : int
{老师名称相同时所教的课程不能重复，添加老师时确定该课程的老师不存在。}

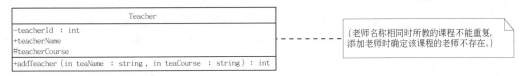

图 3-10　为 Teacher 类添加约束

除此约束外还可以在类图中使用注释，以便为类添加更多的说明信息，注释可以包含文本和图形。如图 3-11 所示为 Teacher 类所添加的注释。

Teacher
-teacherId : int
+teacherName
#teacherCourse
+addTeacher (in teaName : string , in teaCourse : string) : int
老师类包含老师 ID、老师名称和老师所教的课程 3 个字段，同时包括添加老师的操作。

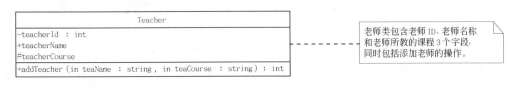

图 3-11　为 Teacher 类添加注释

3.1.3　定义类

由于类是构成类图的基础，所以在构造类图之前首先要定义类，也就是将系统要处理的数据抽象为类的属性，将处理数据的方法抽象为类的操作。要准确地定义类需要对问题域有透彻准确的理解。在定义类时通常应当使用问题域中的概念，并且类的名字要用类实际代表的事物进行命名。

通过自我提问并回答下列问题，将有助于在建模时准确地定义类。

- ❏ 在要解决的问题中有没有必须存储或处理的数据，如果有那么这些数据可能就需要抽象为类，这里的数据可以是系统中出现的概念、事件或者仅在某一时刻出现的事务。
- ❏ 有没有外部系统，如果有可以将外部系统抽象为类，该类可以是本系统所包含的类，也可以是能与本系统进行交互的类。
- ❏ 有没有模板、类库或者组件等，如果有这些可以作为类。
- ❏ 系统中有什么角色，这些角色可以抽象为类，例如用户、客户等。
- ❏ 系统中有没有被控制的设备，如果有那么在系统中应该有与这些设备对应的类，以便能够通过这些类控制相应的设备。

通过自我提问并回答以上列出的问题有助于在建模时发现需要定义的类。但定义类的基本依据仍然是系统的需求规格说明，应当认真分析系统的需求规格说明，进而确定需要为系统定义哪些类。另外分析用例和问题域完成后可以建立系统中的类，然后再把逻辑上相关的类封装成包，这样就可以直观清晰地展现出系统的层次关系。

3.2 接口

对 Java 或 C#等高级语言不陌生的读者一定知道：一个类只能有一个父类（即该类只能继承一个类），但是如果用户想要继承两个或两个以上的类时应该怎么办？很简单，可以使用接口（Interface）。

接口是对对象行为的描述，但是它并没有给出对象的实现和状态。且接口是一组没有相应方法实现的操作，非常类似于仅包含抽象方法的抽象类。接口中只包含操作而不包含属性，且接口没有对外界可见的关联。

一个类可以实现多个接口，使用接口可避免许多与多重继承相关的问题，因此使用接口比使用抽象类要安全得多。如在 Java 和 C#等新型编程语言中允许类实现多个接口，但只能继承一个通用类或抽象类。

接口通常被描述为抽象操作，即只是用操作名、参数表和返回类型说明接口的行为，而操作的实现部分将出现在使用该接口的元素中。可以将接口想成非常简单的协议，它规定了实现该接口时必须实现的操作。接口的具体实现过程、方法对调用该接口的对象而言是透明的。在进行系统建模时，接口起到十分重要的作用，因为模型元素之间的协作是通过接口进行的。相关人员可以为类、组件和包定义接口，利用接口说明类、组件和包能够支持的行为。一个结构良好的系统，通常都定义了比较规范的接口。

UML 中接口可以使用构造型的类表示，也可以使用一个"球形"来表示，如图 3-12 所示演示了实现的两种方法。

接口与抽象类一样，都不能实例化为对象。在 UML 中接口可以使用一个带有名称的小圆圈来进行表示，并且可以通过一条 Realize（实现关系）线与实现它的类相连接，如图 3-13 所示。

如果使用构造型表示接口,则由于实现接口的类与接口之间是依赖关系,所以用一端带有箭头的虚线表示显示这个实现的关系,如图 3-14 所示。

如果某个接口是在一个特定类中实现的,则使用该接口的类仅依赖于特定接口中的操作,而不依赖于接口实现类中的其他部分。如果类实现了接口,但未实现该接口指定的所有操作,那么此类必须声明为抽象的。使用接口可以很好地将类所需要的行为与该行为如何被实现完全分开。

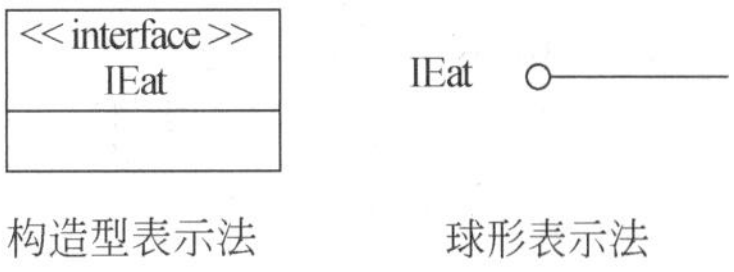

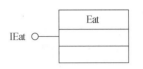

图 3-12　接口的两种表示方法

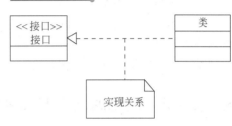

图 3-13　类实现了某个接口

3.3　泛化关系

类与类之间的关系有多种,如依赖关系、实现关系和泛化关系等。泛化描述了一般事物与该事物的特殊种类之间的关系。在解决复杂问题时

图 3-14　类实现接口的构造型表示法

通常需要将具有共同特性的元素抽象成类别,并通过增加其内容而进一步分类。例如,车可以分为火车、汽车、摩托车等。它们也可以表示为泛化关系,下面将详细介绍与泛化相关的知识。

3.3.1　泛化的含义和用途

应用程序中通常会包含大量紧密相关的类,如果一个类 A 的所有属性和操作能被另一个类 B 所继承,则类 B 不仅可以包含自己独有的属性和操作,而且可以包含类 A 中的属性和操作,这种机制就是泛化(Generalization)。

UML 中继承是泛化的关键。父类与子类各自代表不同的内容,父类描述具有一般性的类型,而此类型的子类则描述该类型中的特殊类型。从另外一种方法来说,泛化是一种继承关系,表示一般与特殊的关系,它指定了子类如何特化父类的所有特征和行为,例如老虎是动物的一种,即有老虎的特性也有动物的共性。

泛化关系是一种存在于一般元素和特殊元素之间的分类关系。这里的特殊元素不仅包含一般元素的特征,而且包含其独有的特征。凡是可以使用一般元素的场合都可以用特殊元素的一个实例代替,反之则不行。

泛化关系只使用在类型上,而不用于具体的实例。泛化关系描述了 "is a kind of"(是……的一种)的关系。例如,金丝猴、猕猴都是猴子的一种,东北虎是老虎的一种。在采用面向对象思想和方法的地方,一般元素被称为超类或者父类,而特殊元素被称作子类。

UML 规定,泛化关系用一个末端带有空心三角形箭头的直线表示,有箭头的一端指向父类。如图 3-15 所示演示了一个简单的泛化关系,其中 Monkey 类表示父类或超类,

该类包含 Golden Monkey 和 Macaque 两个子类，这两个子类不仅继承了父类中的所有属性和操作，同时也可以拥有自己特定的属性和操作。

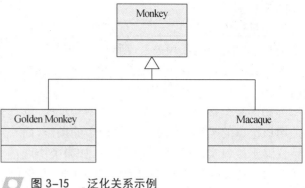

图 3-15　泛化关系示例

泛化主要有两个用途，第一个用途是当变量被声明承载某个给定类的值时，可使用类的实例作为值，这被称作可替代性原则。该原则表明无论何时祖先被声明了，其后代的一个实例就可以被使用。例如，如果猴子父类 Monkey 被声明，那么一个金丝猴或者猕猴的对象就是一个合法的值。第二个用途是通过泛化使多态操作成为可能，即操作的实现是由它们所使用的对象的类决定，而不是由调用者所确定的。

3.3.2　泛化的层次与多重继承

泛化可能跨越多个层次。一个子类的超类也可以是另一个超类的子类。如图 3-16 所示为具体层次结构的泛化。

在上图 3-16 中 AutoMobile 类是 Car 类的子类，不仅如此，AutoMobile 类还是类 PassengerCar 和类 TouringCar 的超类，这就显示出了泛化的层次结构。子类和超类这两个术语是相对的，它们描述的是一个类在特定泛化关系中所扮演的角色，而不是类自身的内在特性。在该图中 Bicycle 表示

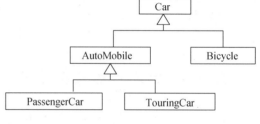

图 3-16　层次结构的泛化效果

Car 类中的另外一个类，也可以使用 3 个点表示省略号，如果为 3 个点时表明 Car 类除了图中所显示的子类 AutoMobile 外还可以拥有其他子类。

对泛化层次图中的一个类而言，从它开始向上遍历到根时经历的所有类都是其祖先，从它开始向下遍历时遇到的所有类都是其后代。这里的"上"和"下"分别表示"更一般的类"和"更特殊的类"。

面向对象设计的最佳原则之一是避免紧密耦合的类，使在一个类改变时不必改变一系列相关的其他类。由于泛化使用子类可以看见父类内部的大部分内容，使得子类紧密耦合于父类，所以泛化是类关系中最强的耦合形式。因此使用泛化的基本原则是：只有在一个类确定是另外一个类的特殊类型时才使用泛化。

多重继承在 UML 中的正式术语称为多重泛化。多重泛化使同一个子类不仅可以像图 3-16 中的 Car 类那样具有多个子类，而且可以拥有多个父类，即一个类可以从多个父类派生而来。例如，坦克是一种武器，但它同时也可作为一种车来使用。多重泛化在 UML 中的表示方法如图 3-17 所示。

在图 3-17 中一个子类带有两个指向超类的箭头。通过 Vehicle 类的 drive、reverse、park、start 和 stop 操作确定了属于 Vehicle 类的行驶功能，通过 Weapon 类的 load、aim 和 fire 操作确定了属于 Weapon 类的破坏功能。ram 和 radio 操作则是 Tank 类独有的。

虽然 UML 支持多重泛化，但是通常情况下实际应用中的泛化使用并不多。其主要原因在于如果两个父类具有重叠的属性和操作时，多重继承里的父类会存在错综复杂的问题。因此，多重继承在面向对象的系统开发中已经被禁止，而当今流行的一些开发语言，如 Java 和 C#都不支持多重继承。

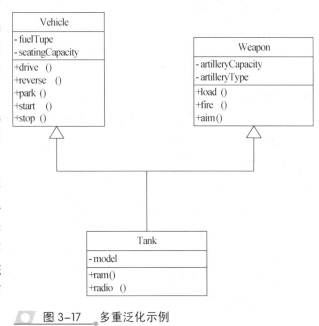

图 3-17　多重泛化示例

3.3.3 泛化约束

泛化约束用于表明泛化有一个与其相关的约束，带有约束条件的泛化也被称为受限泛化。泛化建模约束有两种情况，如果有多个泛化使用相同的约束，可以绘制

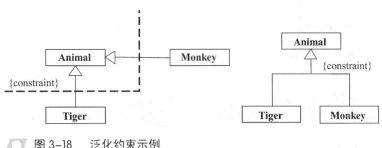

图 3-18　泛化约束示例

虚线穿过两个泛化，并且在花括号（{...}）中标注约束名。如果只有一个泛化，或者多个泛化共享关联的空箭头部分，就只需在朝向空箭头的花括号中建模约束即可，如图 3-18 所示。

泛化约束包含 4 种：不完全约束（Incomplete Constraint）、完全约束（Complete Constraint）、解体约束（Disjoint Constraint）和重叠约束（Overlapping Constraint）。

❑ 不完全约束表示类图中没有完全显示出泛化的类。这种约束可以让读者知道类图中显示的内容仅仅是实际内容的一部分，其余内容可能位于其他类图中，如图 3-19 所示。

❑ 与不完全约束相对的是完全约束。当类图中存在完全约束时表示类图中显示了全部内容，如图 3-20 所示。

❑ 解体约束表示紧靠约束下面的泛化类不能有子类化为通用的类，它比前两种约束更加复杂，如图 3-21 所示。

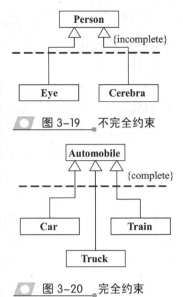

图 3-19　不完全约束

从图 3-21 中可以看出，根超类 OS 有两个子类 Windows 和 Linux。解体约束表示 Windows 和 Linux 类都不能共享其他的子类。在该图中，类 Windows 和 Linux 都有各自的子类，但不能从 Windows NT 类到 Linux 类绘制一个泛化关联，由于解体约束的存在，Windows NT 类不能同时继承 Windows 和 Linux 类。

❑ 还有一种与解体约束的作用相反的泛化约束，即重叠约束。该类型的约束表示两个子类可以共享相同的子类。如图 3-22 所示，Database 类有两个子类 Relational 和 OLAP，它们共享相同的类 DataWarehouse。

图 3-20　完全约束

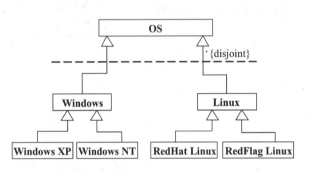

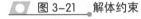

图 3-21　解体约束

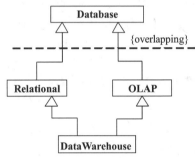

图 3-22　重叠约束

3.4　依赖关系和实现关系

模型元素之间的依赖关系描述的是它们之间语义上的关系。当两个元素处于依赖关系中时，其中一个元素的改变可能会影响或提供消息给另一个元素，即一个元素以某种形式依赖于另一元素。在 UML 模型中，模型元素之间的依赖关系表示某一元素以某种形式依赖于其他元素。从某种意义上说，关联关系、泛化关系和实现关系都属于依赖关系，但是它们都有其特殊的语义，因而被作为独立的关系在建模时使用。

依赖关系用一个一端带有箭头的虚线表示，在实际建模时可以使用一个构造型的关键字来区分依赖关系的种类。例如图 3-23 中表示 Person 类依赖于 Computer 类。

UML 规范中定义了 4 种基本的依赖类型，它们分别是使用（Usage）依赖、抽象（Abstraction）依赖、授权（Permission）依赖和绑定（Binding）依赖，下面将对它们分别进行介绍。

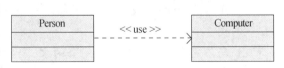

图 3-23　带有构造型的依赖关系

1. 使用依赖

使用依赖用于表示一种元素使用其他元素提供的服务以实现它的行为，如表 3-1 列出了 5 种使用依赖关系。

表 3-1　使用依赖

依赖关系	说　明	关键字
使用	用于声明使用某个模型元素需要用到已存在的另一个模型元素，这样才能实现使用者的功能，包括调用、参数、实例化和发送	use
调用	用于声明一个类调用其他类的操作方法	call
参数	用于声明一个操作与其参数之间的关系	parameter
实例化	用于声明使用一个类的方法创建了另一个类的实例	instantiate
发送	用于声明信号发送者和信号接收者之间的关系	send

在实际建模过程中表 3-1 中使用依赖最常使用，调用依赖和参数依赖一般很少使用，实例化依赖用于说明依赖元素会创建被依赖元素的实例，发送依赖用于说明依赖元素会把信号发送给被依赖元素。以下 3 种情况需要建模使用依赖关系。

❏ 客户类的操作需要提供者类的参数。
❏ 客户类的操作在实现中需要使用提供者类的对象。
❏ 客户类的操作返回提供者类型的值。

2. 抽象依赖

抽象依赖包括 3 种：跟踪、精化和派生。它们的具体说明如下。

❏ 跟踪（Trace）依赖用于描述不同模型中元素之间的连接关系，但是没有映射精确。这些模型一般分属于开发过程中的不同阶段。跟踪依赖缺少详细的语义，它主要用来追溯跨模型的系统要求以及跟踪模型中会影响其他模型的模型所发生的变化。

❏ 精化（Refine）依赖用于表示一个概念的两种形式之间的关系，这种概念位于不同的开发阶段或者处于不同的抽象层次。这两种形式的概念并不会在最终的模型中共存，其中的一个一般是另一个的不完善的形式。

❏ 派生（Derive）依赖用于声明一个实例可以从另一个实例导出。

3. 授权依赖

授权依赖用于表示一个事物访问另一个事物的能力，被依赖元素通过规定依赖元素的权限，可以控制和限制对其进行访问的方法。常用的授权依赖关系有 3 种，其具体说明如表 3-2 所示。

表 3-2　授权依赖

依赖关系	说　明	关键字
访问	用于说明允许一个包访问另一个包	access
导入	用于说明允许一个包访问另一个包，并为被访问包的组成部分增加别名	import
友元	用于说明允许一个元素访问另一个元素，无论被访问的元素是否具有可见性	friend

4．绑定依赖

绑定依赖用于为模板参数提供值，以创建一个新的模型元素，表示绑定依赖的关键字为 bind。绑定依赖是具有精确语义的高度结构化的关系，可通过取代模板备份中的参数实现。

UML 2.0 中还添加了一个被称作 substitution（替代）依赖性的新概念，它是 realization 依赖性的一种类型，即它是实现类元的另外一种方法。在 substitution 依赖关系中，作为客户的一方取代了作为提供者的类元。在需要对系统进行定制的时候，这种依赖概念尤其好用。如图 3-24 所示演示了 substitution 的使用方法。

在图 3-24 中主要用来预定演出座位，在系统中任何需要订座的地方都可以使用 Reservation 类来代替 ShowSeat 类，因此 ShowSeat 类必须遵从 Reservation 类确定的接口。

实现关系（Realization）用于规定规格说明与其实现之间的关系，它通常用在接口以及实现该接口的类之间，以及用例和实现该用例的协作之间。换种说法来说，实现关系指定两个实体之间的一个合同，一个实体定义一个合同，而另一个实体保证履行该合同。使用 Java 应用程序进行建模时实现关系可直接用 implements 关键字来表示。

UML 中将实现关系表示为末端带有空心三角形的虚线，带有空心三角形的那一端指向被实现元素。除此之外，还可将接口表示为一个小圆圈，并和实现该接口的类用一条线段连接起来。如图 3-25 所示演示了一个简单的实现关系。

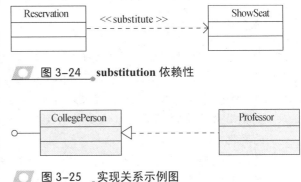

图 3-24　substitution 依赖性

图 3-25　实现关系示例图

泛化关系与实现关系是有异同点的，它们都可以将一般描述和具体描述联系起来，但是泛化关系是将同一语义层上的元素连接起来，并且通常在同一模型内，而实现关系则将不同语义层的元素连接起来，并且通常建立在不同的模型内。在不同的发展阶段可能有不同数目的类等级存在，这些类等级的元素通过实现关系联系在一起。

3.5　关联关系

在使用面向对象的思想和方法开发的系统中，除了需要使用类定义软件所需的资源之外，在建模过程中还需要描述资源之间的交互情况，以解释对象之间是如何进行通信的。对象之间也需要定义通信手段，UML 规范中对象之间的通信手段就称为关系。

类图中的关联定义了对象之间的关系准则，在应用程序创建和使用关系时关联提供了维护关系完整性的规则。类关系的强弱基于该关系所涉及的各类间彼此的依赖程度。彼此相互依赖较强的两个类称为紧密耦合。在这种情况下，一个类的改变极可能影响到另一个类。紧密耦合通常是一个坏事。本节将详细介绍与关联关系相关的知识，包括二元关联、关联类、聚合和组合等内容。

3.5.1　二元关联

关联意味着类实际上以属性的形式包含对其他类的一个或多个对象的引用。在确定了参与关联的类之后，就可以对关联进行建模了。只有两个类参与的关联可以称为二元关联；多于两个类参与的关联，即为 n 元关联。在类图中二元关联定义了两个类的对象之间的关系准则，关联定义了什么是允许的，什么是不允许的。如果两个类在类图中具有关联关系，那么在对象图中这两个类的相应对象所具有的关系被称为链。关联描述的是规则，而链描述的是事实。如图 3-26 所示演示了 Person 类和 Car 类之间的关联关系。Person 类定义了人对象及其功能，Car 类则定义了小汽车对象及其功能，两者之间的关联是一种单一类型的关系，存在于两者的对象之间，解释了这些对象需要通信的原因。

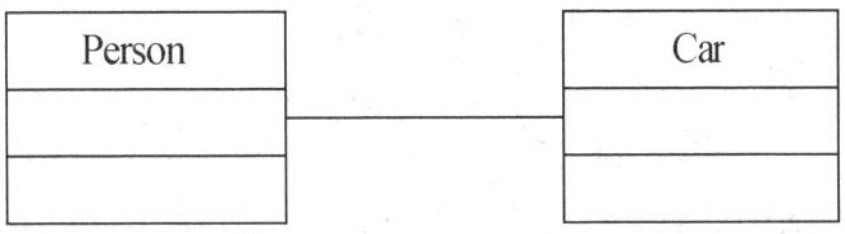

一个完整的关联包括类之间关联关系的直线和两个关联端点。如图 3-27 所示演示了关联的组成。其中直线以及关联名称定义了该关系的标志和目的，关联端点定义了参与关联的对象所应遵循的规则。在 UML 规范中关联端点是一个元类，它拥有自己的属性，例如多重性、约束、角色等。

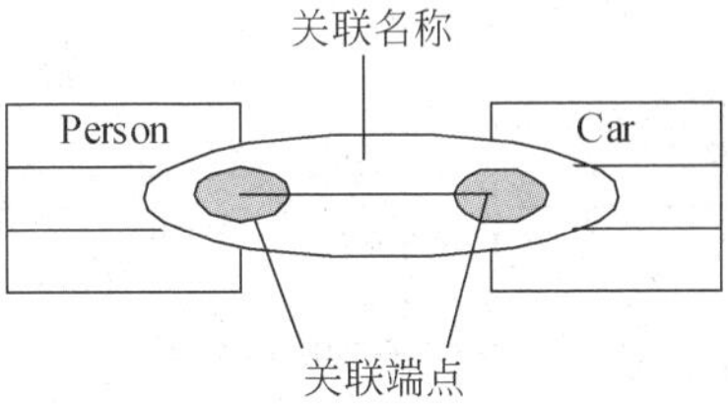

1．关联的名称

关联的名称表达了关联的内容，含义确切的名称使人更容易理解，如果名称含糊不清，就容易引起误解和争论，导致建模开销的增加和建模效率的降低。一般情况下，使用一个动词或者动词短语命名关联关系。图 3-28 显示的是同一关联的两个不同的名称，即"holds"和"is holded by"。

在命名关联关系时存在如下假定：如果要从相反的方向理解该关联，只需将关联名称的意义反过来理解。例如图 3-28 中的关联可以理解为"Person 对象拥有 Car 对象"，如果从相反的方向理解也是可以的，即"Car 对象被 Person 对象拥有"。因而对于图 3-28 中的关联，只需建立其中一个模型即可。

通常情况下人们喜欢从左到右地阅读，所以当希望读者从右向左阅读时，应使用某种方法告诉读者，这时就可以使用方向指示符。可以将方向指示符放在关联名称的某一侧，以向读者说明应如何理解关联名称。图 3-28 中两个关联名称都使用方向指示符，该指示符指的是两个黑三角。事实上第一个不必使用，因为该名称的阅读顺序符合人们的阅读习惯；只有在阅读顺序不符合人们的阅读习惯时，才有必要使用方向指示符。

对关联进行命名是为了清晰而简洁地说明对象间的关系，同时可以用于指导对对象之间的通信方式进行定义，也决定每个对象在通信中所扮演的角色。

图 3-26　关联的简单示例

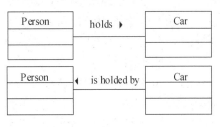

关联名称

关联端点

图 3-27　关联的组成

图 3-28　关联的名称

2．关联的端点

为了定义对象在关联中所扮演的角色，UML 将关联中的每个端点都作为具有相应规则的独立实体。因而，在 "holds" 关联中 Person 对象的参与跟 Car 对象的参与是不同的。

每个关联端点都包含了如下的内容：端点上的对象在关联中扮演什么角色，有多少对象可以参与关联，对象之间是否按一定的顺序进行排列，是否可以用对象的一些特征对该对象进行访问，以及一个端点的对象是否可以访问另一个端点的对象等。

关联端点可以包含诸如角色、多重性、定序、约束、限定符、导航性、可变性等特征中的部分或者全部。

3．关联中的角色

角色是关联关系中一个类对另一个类所表现出来的职责，任何关联关系中都涉及到与此关联有关的角色，也就是与此关联相连的类的对象所扮演的角色。在图 3-29 中，人在 "enjoy" 这一关联关系中扮演的是观众这一角色；演出是演员表演的结果，因而 Performance 对象所扮演的角色就是演员。

图 3-29　关联中的角色

与关联名称相比，角色名称从另外一个角度描述了不同类型的对象是如何参与关联的。关联中的角色通常用字符串命名，角色可以是名词或名词短语，以解释对象是如何参与关系的。类图中角色名通常放在与此角色有关的关联关系（代表关联关系的直线）的末端，并且紧挨着使用该角色的类。角色名不是类的组成部分，一个类可以在不同的关联中扮演不同的角色。

由于角色名称和关联名称都被用来描述关系的目的，所以角色名称可以代替关联名称，或者两者同时使用。例如图 3-29 中前面的模型同时使用了关联名称和角色名称，后面的模型只使用了角色名称，这两种表示关联的方法都是可行的。

与关联的名称不同，位于关联端点的角色名可以生成代码。每个对象都需要保存一个参考值，该参考值指向一个或者多个关联的对象。在对象中，参考值是一个属性值，如果只有一个关联，就只有一个属性来保存参考值。在生成的代码中，属性使用参考对象的角色名命名。

4．可见性

相关人员可以使用可见性符号修饰角色名称，以说明该角色名称可以被谁访问，如图 3-30 所示。

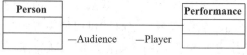

图 3-30　关联中的可见性

图 3-30 中类 Performance 的参考值指向角色名称 "–Audience"，该角色名称前面的 "–" 表示可见性类型为 Private，这说明类 Performance 包含一个私有属性，它保存了一

个参考值指向 Person 对象。

5. 多重性

关联的多重性指的是有多少对象可以参与关联，它可用来表达一个取值范围、特定
值、无限定的范围或者一组离散值。在 UML 中多重性是用由数字标识的范围来表示的，
其格式为"mininum..maximum"，其中 mininum 和 maximum 都表示 int 类型。例如 0..9，
它所表示的范围的下限为 0，上限为 9，下限和上限用两个圆点进行分隔，该范围表示所
描述实体可能发生的次数是 0 到 9 中的某一个值。

多重性也可以使用符号"*"来表示一个没有上限或者说上限为无穷大的范围。例
如，范围 0..*表示所有的非负整数。下限和上限都相同的范围可以简写为一个数字。例
如，范围 2..2 可以用数字 2 来代替。

除上面介绍的表示外，多重性还可以用另外一种形式来表示，即用一个由范围和单
个数字组成的列表来表示，列表中的元素通常以升序形式排列。例如，有一个实体是可
选的，但如果发生的话就必须至少发生两次以上，那么在建模时就可以用多重性 0,3..*
来表示。

赋给一个关联端点的多重性表示在该端点可以有多个对象与另一个端点的一个对
象关联。例如，图 3-31 中所示的关联具有多重性，它表示一个人可以拥有 0 辆或者多辆
小汽车。

6. 定序

在关联中使用多重性时可能会有多个对象参
与关联，当有多个对象时还可以使用定序约束，定
序就是指将一组对象按一定的顺序排列。UML 规
范中布尔标记值 ordered 用于说明是否要对对象进
行排序。要指出参与关联的一组对象需要按一定的
顺序排列，只需将关键字{ordered}置于关联端点处
就可以了。例如图 3-32 中一个 Person 对象可以拥
有多个 Car 对象，这些 Car 对象被要求按照一定的
顺序进行排列。如果对象不需要按照一定的顺序进
行排列，那就可以省略关键字{ordered}。

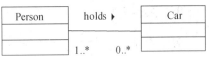

图 3-31　关联的多重性

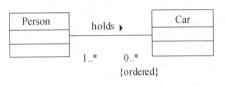

图 3-32　关联端点的定序约束

前面已经介绍过在系统实现时关联被定义为保存了参考值的属性，该参考值指向一
组参与关联的对象。在为对象规定了定序约束之后对象必须按照一定的顺序排列，因此
实现关联标准时必须考虑关联的标准，以及如何在保持正确顺序的前提下向队列中添加
对象或者从队列中删除对象。

7. 约束

UML 定义了 3 种扩展机制：标记值、原型和约束。约束定义了附加于模型元素之上

的限制条件，保证了模型元素在系统生命周期中的完整性。约束的格式实际上是一个文本字符串（使用特定的语言表达），几乎可以被附加到模型中的任何元素上。约束使用的语言可以是 OCL、某种编程语言甚至也可以是自然语言，如英文、中文等。

在关联端点上约束可以被附加到 {ordered} 特性字符串里，例如图 3-33 中，ordered 后面添加了一个约束，该约束限定与 Person 对象关联的一个 Car 对象的价格不能超过 $100 000。

约束规定了实现关联端点时必须遵守的一些规则。如前所述，关联是使用包含参考对象的属性来表现的，在系统实现时需要编写一些方法以创建或者改变参考值，关联端点的约束就是在这些方法中实现的。

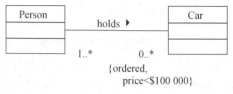

图 3-33　关联端点上的约束

关联端点上的约束还可以用于限定哪些对象可以参与关联。例如，某国为了保护本国的汽车制造业，规定本国公民只能购买国产的小汽车，而不能购买市场上的非国产小汽车，这时可以在模型中使用约束，用布尔值 homemade 来表示，如图 3-34 所示。

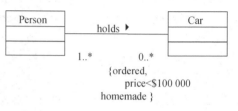

图 3-34　关联中的约束

提　示

约束条件的作用对象是靠近它的关联端点的类，在模型中使用约束时要使约束条件靠近它所作用的类。在不熟悉 OCL 之前，可以使用自然语言表示约束。

8. 限定符

限定符定义了被参考对象的一个属性，并且可以将该属性作为直接访问被参考对象的关键字。当需要使用某些信息作为关键字来识别对象集合中的一个对象时可以使用限定符，使用限定符的关联被称为受限关联。

限定符提供了一种切实可行的实现直接访问对象的方法。要建立限定符的模型，首先必须确定希望直接访问的对象的类型，以及提供被访问的对象的类型，限定符被放在希望实现直接访问的对象附近。

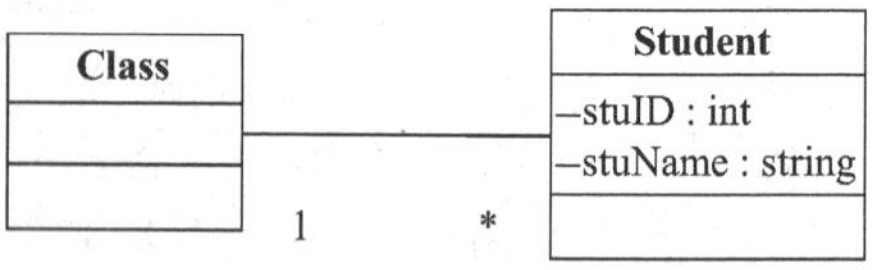

在现实系统中限定符和用作对象标识的属性之间通常是密切联系的。例如图 3-35 中，Class 具有每个学生的信息，每个学生都有唯一的标识。但是该类图中并没有清楚地指出每个学生的编号是否是唯一的。

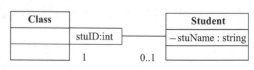

图 3-35　关联示例

为了能够在类图中描述这一约束，建模者通常将用作标识的属性 stuID 作为类 Class 的一个限定符，如图 3-36 所示。对于识别对象身份这类问题来说，没有必要在数据模型中引入一个充当标识的属性，而应该用限定符来描述对象的标识。

图 3-36　受限关联

9. 导航性

导航性用来描述一个对象通过链进行导航访问另一个对象，也就是说，对一个关联端点设置导航属性意味着本端的对象可以被另一端的对象访问。导航性使用置于关联端点的箭头表示。如果存在箭头就表示该关联端点是可导航的，反之则不成立。例如图 3-37 中 "holds" 关联靠近类 Car 的端点的导航性被设置为真，UML 使用一个指向 Car 的箭头表示，这意味着另一端的 Person 对象可以访问 Car 对象。

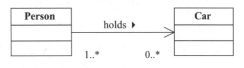

图 3-37　导航性

所以，如果两个关联端点都是可导航的，就应该在关联的两个端点处都放置箭头，但在这种情况下，大多数建模工具采用了默认的 0 表示方法，即两个箭头都不显示。原因是：大多数关联都是双向的，因而，除非特别声明，一般都把代表导航性的箭头省略了。但是如果采用默认表示方法，在生成代码时指向关联对象的参考值将被作为对象属性实现，并且会有一些操作负责处理该属性，操作和属性最终被写成代码，其中自然也包括了作为关联端点一部分的导航性，这样势必会增加代码量，并且增加编码和维护方面的开销。

> **注　意**
>
> 千万不要把导航箭头和方向指示符混清了，前者一般被置于关联直线的尾部，而方向指示符则置于关联名称的左侧或右侧。

10. 可变性

可变性允许建模者对属于某个关联的链进行操作，默认情况是允许任何形式的编辑，例如，添加、删除等。在 UML 中可变性的默认值可以不在模型中表现出来。但是如果需要对可变性做些限定，则需要将可变性的取值放在特性字符串中，和定序以及约束放在一起。在预定义的可变性选项中，{frozen}表示链一旦被建立，就不能移动或者改变，如果应用程序只允许创建新链而不允许删除链，则可以使用{addOnly}选项。

如图 3-38 所示为类 Contract 和类 Company 之间的关联模型。它表示某大学和某建筑公司签订合同，由建筑公司负责建造该大学的图书馆，合同是两者之间的法定关系，为了避免意想不到的错误删除，在该关联的 Contract 端点上设置了{frozen}特性。

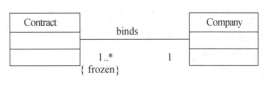

图 3-38　可变性

3.5.2　关联类

有时关联本身会引进新类，当想要显示一个类涉及到两个类的复杂情况中，关联类就显得特别重要。关联类就是与一个关联关系相连的类，它并不位于表示关联关系的直线两端，而是对应一个实际的关联，用关联类表示该关联的附加信息。关联中的每个连接与关联类中的一个对象相对应。

　　虽然类的属性描述了类实例所具有的特性，但有时却需要将对象的有关信息和对象之间的链接放在一起而不是放在不同的类中。如图 3-39 所示演示了 Student 和 Course 之间的 Elect 关联。

　　关联类是一种将数据值和链接关联在一起的手段，使用关联类可以增加模型的灵活性，并能够增强系统的易维护性，因此应该在模型中尽量使用关联类。UML 中关联类是一种模型元素，它同时具有关联和类的特性。

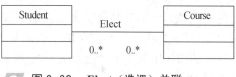

图 3-39　Elect（选课）关联

　　关联类和其他的类非常相似，两者之间的区别就在于对它们的使用需求不同。一般的类描述的都是某个实体，即看得见摸得着的东西，而关联类描述的则是关系。它可以像关联那样将两个类连接在一起，也可以像类一样具有属性，其属性用来存储相应关联的信息。

　　如果用户需要记录学生所选课程的成绩，再使用图 3-39 就不能符合其要求了。重新以学生、课程和成绩为例，课程的得分并不是学生本来就有的，只有在学生选修了某门课程后才会有所选课程的得分，也就是说，课程的得分可以将学生和课程关联起来。如图 3-40 所示的关联类用来存储学生选修的某一门课程的成绩，该关联类代替了图 3-39 中的关联关系。关联类的名字可以写在关联的旁边，也可以放在类标志的名称分栏当中，关联类的标志要用一条虚线与它所代表的关联连接起来。

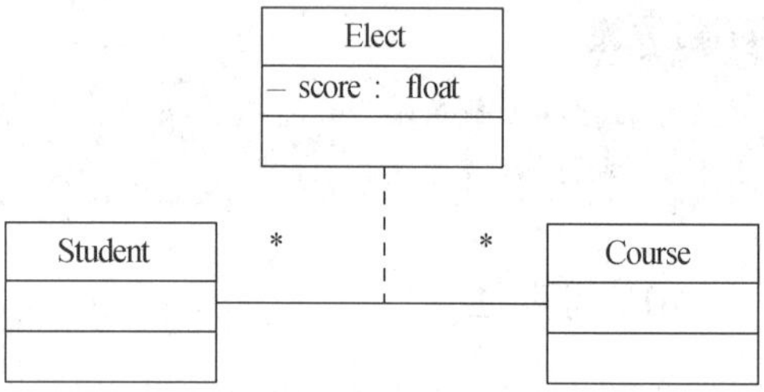

　　假设要求每个学生必须明确登记所选的课程，那么每个登记项中应包含所选课程的得分及其授课学期。可以认为班级是由若干名选修同一课程的学生组成的，将班级定义为登记项的集合，即班级是由特定学期选修相同课程的学生组成的。如图 3-41 所示，通过一个用来识别对应于特定类的登记项的关联可以描述这种情况。

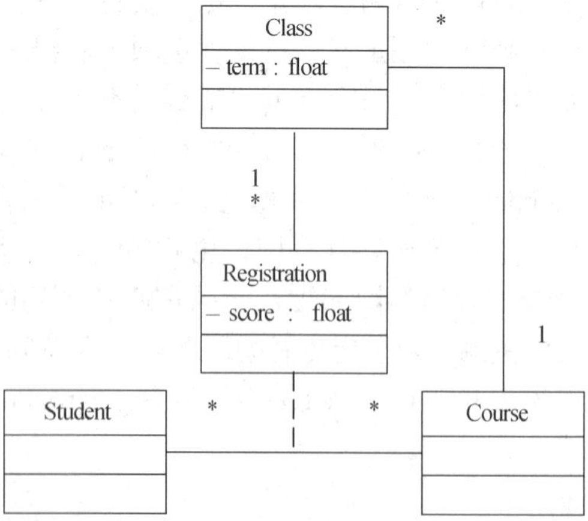

图 3-40　关联类

3.5.3　或关联与反身关联

　　前面已经介绍过一个类可以参与多个关联关系，如图 3-42 所示是保险业务的类图。个人可以同保险公司签订保险合同，其他公

图 3-41　参与关联的关联类

司也可以同保险公司签订保险合同，但是个人持有的合同不同于一般公司持有的合同，也就是说，个人与保险合同的关联关系不能跟公司与保险合同的关联关系同时发生。当

这两个关联不能同时
并存时，应该怎样表
示呢？

　　答案很简单，
UML 提供了一种或
关联来建模这样的关
联关系，或关联是指
对多个关联附加约束
条件，使类中的对象
一次只能参与一个关
联关系。或关联的表
示方法如图 3-43 所示，当两个关
联不能同时发生时用一条虚线连
接这两个关联，并且虚线的中间
带有{OR}关键字。

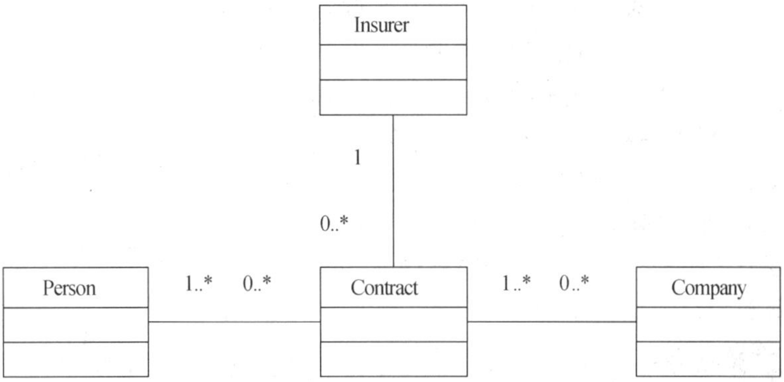

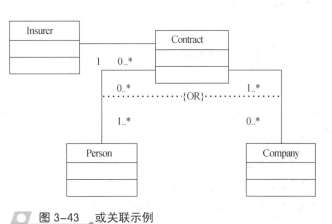

图 3-42　保险业务类图

　　或关联以及前面介绍的其
他关联都涉及到了多个类，但是
有时候，参与关联的对象属于同
一个类，这种关联被称为反身关
联。例如不同的飞机场通过航线
关联起来，用 Airport 类表示机
场，那么 Airport 对象之间的关联
关系就只涉及到了一个类。

图 3-43　或关联示例

　　当关联关系存在于两个不同的类之间时，关联直线
从其中的一个类连接到另一个类，而如果参与关联的对
象属于同一个类，那么关联直线的起点和终点都是该类，
如图 3-44 所示。

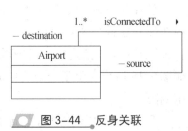

　　图 3-44 中该关联只涉及了一个类 Airport。反身关联
通常要使用角色名称。在二元关联中描述一个关联时需
要使用类的名称，但在反身关联中只使用类表达关联的
意义可能比较模糊，而使用角色名则会更清晰一些。

图 3-44　反身关联

3.5.4　聚合关系

　　聚合（Aggregation）关系是在关联之上进一步的紧密耦合，用来表明一个类实际上
拥有但可能共享另一个类的对象。聚合关系是一种特殊的关联关系，它表示整体与部分
的关系，且部分可以离开整体而单独存在。在聚合关系中一个类是整体，它由一个或者
多个部分类组成，当整体类不存在时部分类仍能存在，但是当它们聚集在一起时就用于
组成相应的整体类。例如车和轮胎就可以看作是聚合关系，车为整体，轮胎为部分，轮
胎离开车后仍然可以存在。

在表示聚合关系时，需要在关联实线的连接整体类那一端添加一个菱形，如图 3-45 所示演示了一个简单的聚合关系。

在图 3-45 中 CPU 类和 Monitor 类与 Computer 类之间的关系远比关联关系更强。CPU 类和 Monitor 类都可以单独存在，但是当它们组成 Computer 类时就会变为整个计算机的组成部分。

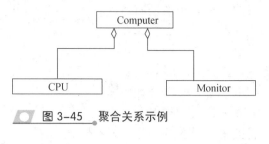

图 3-45　聚合关系示例

提 示

由于聚合关联的部分类可以独立存在，这意味着当整体类销毁时部分类仍可以存在。如果部分类被销毁，整体类也将能够继续存在。

3.5.5　组合关系

在类的众多关系中，再加强一步的耦合是组合关系，组合关系也是一种特殊的关联关系，在某种情况下也可以说，它是一种特殊的聚合关系。组合关系是比聚合关系还要强的关系，它要求普通的聚合关系中代表整体的对象负责代表部分对象的生命周期。

组合关系和聚合关系很相似，都是整体与部分的关联关系，但是它们之间的不同处在于部分不能够离开整体而单独存在，当整体类被销毁时部分类将同时被销毁。例如公司和部门是整体和部分的关系，没有公司就不存在部门。

组合关系所表达的内涵是为组成类的内在部分建模。表示组成关系的符号与聚合关系类似，但是端末的菱形是实心的。如图 3-46 所示演示了一个简单的组合关系示例图。

图 3-46 中代表数据库的整体类 DBEmployee 由表 TableEmployee 和表 Employee 组成，这些关联使用组成关系表示。如果数据库不存在了，数据库中的表也就不存在了。

组合关系还可以进行嵌套，如图 3-47 所示。

图 3-47 中添加了 Record 类，可以将该类作为 TableEmployee 的部分类。该图也说明表 TableEmployee 中有 0 个或者 0 个以上的记录，也表达了记录不能离开表单独存在这一客观情况。

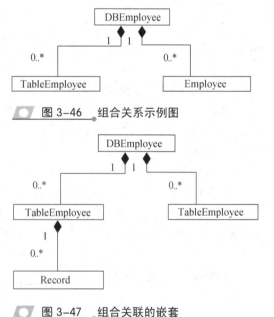

图 3-46　组合关系示例图

图 3-47　组合关联的嵌套

3.6 类图关系的强弱顺序

UML 类图中常见的关系有以下几种：泛化、实现、关联、聚合、组合以及依赖。其中聚合和组合关系都是关联关系的一种。这些关系的强弱顺序不同，排序结果为：泛化=实现>组合>聚合>关联>依赖。

如图 3-48 所示，该图将 UML 中常见的几种关系相结合完成了一个比较完整的示例。UML 类图中的属性和操作名称一般使用英文描述，相关人员也可以将图中的内容进行修改。

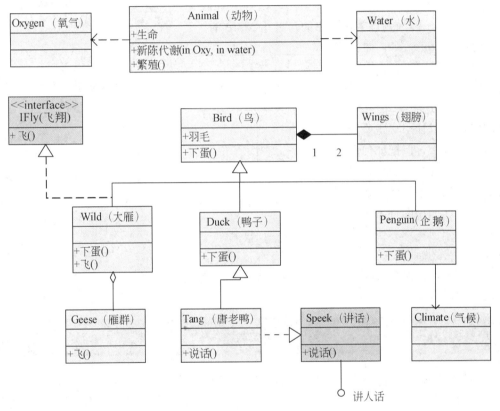

图 3-48　示例图

3.7 抽象操作和抽象类

使用泛化声明一个可重用的通用类时，有些情况下无法实现此通用类需要的所有行为。例如，如果正在实现一个 Store 类，该类包含两个操作 store 和 retrieve，分别实现了存储和检索文件的功能。但如何存储到文件、存储到什么文件、如何检索文件等都是不确定的，这些都必须留待子类决定。如何解决这个问题呢，很简单，开发人员可以将类的操作声明为抽象的。

为了声明操作是抽象的，以指明 store 和 retrieve 操作的实现将由子类决定，应以斜体字表示这些操作，如图 3-49 所示。

类中的抽象操作不包含方法的实现，实际上它表示方法的占位符，其含意为"该操作的具体实现由子类根据不同情况而定"。如果类的任何部分均被声明为抽象的，则类本身也需要用斜体字来声明该类为抽象类，如图 3-50 所示。

图 3-49　将操作设为抽象的

抽象类是不能实例化为对象的，因为它缺少一部分类定义：抽象部分。如果补全从父类继承时缺少的抽象部分，则抽象类的子类就可以被实例化为对象，因而变成一个具体的类。例如，Store 类虽然可以声明 store 和 retrieve 操作，但因为该类是抽象的，继承 Store 的子类

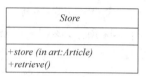

图 3-50　抽象类的实现

必须实现 Store 类的抽象操作，或声明它们是抽象的，如图 3-51 所示。

抽象类是一种非常强大的机制，可以让用户定义通用的操作与属性，但把如何运作的一些内容留给更具体的子类。使用抽象类与接口的好处是可以设计通用的行为，而不需要定义如何实现这些行为。但是为了实现抽象类必须使用继承机制，因此类之间的关系也是紧密耦合。

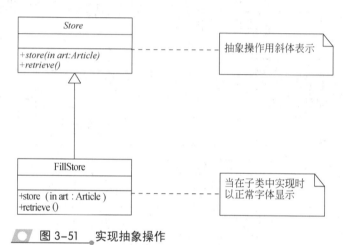

图 3-51　实现抽象操作

3.8　构造类图模型

构建类图模型就是要表达类图及类图之间的关系，以便于理解系统的静态逻辑。类图模型的构造是一个迭代的过程，需要反复进行，通过分析用例模型和系统的需求规格说明可以初步构造系统的类图模型，随着系统分析和设计的逐步深入，类图将会越来越完善。一般来说，在 UML 中绘制类图的主要步骤如下。

（1）创建类图。

（2）研究分析问题领域确定系统需求。

（3）根据用例图或者需求确定类及其关联，明确类的含义和职责，确定属性和操作。

（4）添加类以及类的属性和操作。

（5）添加类与类之间的关系。

下面主要运用本节的知识介绍如何简单构造图书管理系统的模型图。

第一步：创建类图完成后根据用例模型和问题域确定类和关联，本系统主要创建的实体类包括：Borrower（借阅者类）、Loan（借阅记录类）、Book（图书类）、Librarian（图

书管理员类）、Title（书刊类）和 Reservation（预定记录类）。

第二步：为了方便访问数据库，读者可以抽象出一个代表持久性的父类 Persitent，该类可以对对象数据库执行读、写以及检索等操作，且在类图中其他的类都是对该类的泛化。如图 3-52 所示为图形管理系统的初步类图，它主要描述类与类间的关系。

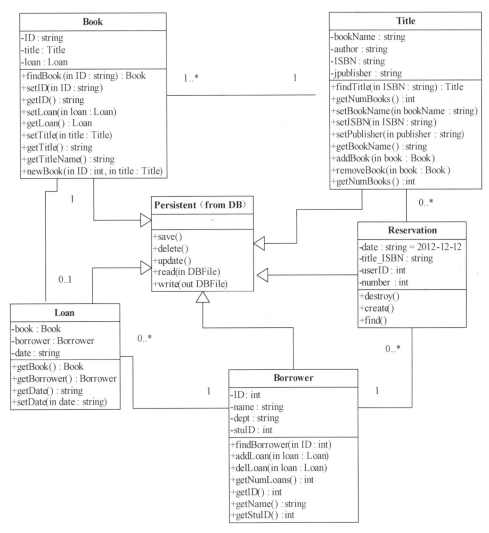

图 3-52 实体类之间的关系图

第三步：用户在使用系统时需要与系统进行交互，因此需要为系统创建相关的类，如 LoginDialog 表示用户登录，MainWindow 表示图书管理员提供的主操作界面，BorrowDialog 表示借书管理，ReturnDialog 用于还书管理，BorrowerDialog 用于添加和删除借阅者信息。如图 3-53 所示显示了部分用户界面类的类图。

第四步：相关人员可以设计与图书相关的类，图 3-53 已经简单设计过相关的类，如 BorrowerDialog、BookDialog 及 TitleDialog 等。如图 3-54 所示演示了借书、还书界面类与实体类之间的关系。

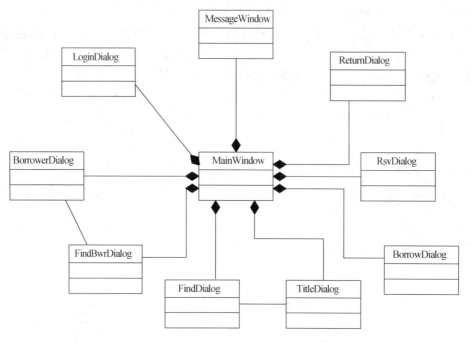

图 3-53　用户界面类图

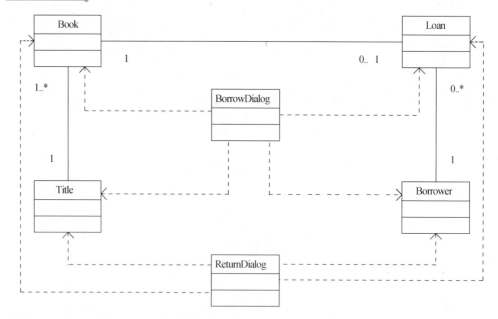

图 3-54　借书、还书界面类与实体类之间的关系

3.9　思考与练习

一、填空题

1. ＿＿＿＿＿是面向对象系统建模中最常用和最基本的图之一。

2. 泛化约束可以分为不完全约束、完全约束、＿＿＿＿＿和重叠约束。

3. UML 规范中定义了 4 种基本的依赖类型，它们分别是_____、抽象依赖、绑定依赖和授权依赖。

4._____用来描述整体与部分，但是部分不能够离开整体而单独存在，当整体类被销毁时部分类将同时被销毁。

5. 组合关系和_____都是一种特殊的关联关系，它们都描述了整体与部分的关系。

二、选择题

1. 下面关于依赖关系的说法，选项_____是正确的。

　　A. 依赖关系的 4 种类型包括绑定依赖和调用依赖

　　B. 依赖关系的 4 种类型包括抽象依赖和调用依赖

　　C. 依赖关系用一个一端带有箭头的虚线表示

　　D. 依赖关系使用一个一端带有箭头的实线表示

2. 关于 UML 类图中的关系，下面说法不正确的是_____。

　　A. 聚合关系和组合关系是特殊的关联关系，它们都描述了整体与部分的关系

　　B. UML 中的类图关系只有 3 种：泛化关系、关联关系和依赖关系

　　C. UML 中的常用的类图关系有泛化关系、关联关系、依赖关系和实现关系

　　D. UML 类图中常用关系的强弱顺序为：泛化=实现>组合>聚合>关联>依赖

3. 下面选项中，说法_____是错误的。

　　A. 抽象操作与抽象类的概念不同，但是它们都需要使用黑体来进行声明

　　B. 类中的抽象操作不包含方法的实现，其含意为"该操作的具体实现由子类根据不同的情况而定"

　　C. 抽象类不能被实例化，但是其子类可以被实例化为对象

　　D. 如果一个类的任何部分都被声明为

抽象的，则该类本身也需要使用斜体字来声明为抽象类

4. 定序是指将一组对象按一定的顺序排列，要指出参与关联的一组对象需要按一定的顺序排列，只需将关键字_____置于关联端点处就行了。

　　A. {ordered}

　　B. {orderer}

　　C. {OR}

　　D. {incomplete}

三、简答题

1. 类图中的主要元素是什么？

2. 类与类之间的主要关系有几种？它们的含义是什么？

3. 简述构造类图的步骤。

4. 简述使用类图时要遵循的基本原则。

5. 简述聚合关系和组合关系的相同点和不同点。

四、分析题

1. 根据下面给出的创建类图时所需的信息创建一个类图。

　❑ 学生（student）可以是在校生（undergraduate）或者毕业生（graduate）。

　❑ 在校生可以是助教（tutor）。

　❑ 一名助教指导一名学生。

　❑ 教师和教授属于不同级别的教员。

　❑ 一名教师助理可以协助一名教师和一名教授，一名教师只能有一名教师助理，一名教授可以有 5 名教师助理。

　❑ 教师助理是毕业生。

创建类图的步骤如下。

（1）将学生可以是在校生或者毕业生建模为 3 个类：Student、UnderGraduate 和 Graduate，其中 UnderGraduate 类和 Graduate 类是 Student 的子类。

（2）为"在校生可以是助教"建立模型，即

建立 UnderGraduate 类的另一个超类 Tutor。

（3）通过创建从 Tutor 到 Student 的关联（名为 tutors），建立一名助教指导一名学生的模型。

（4）将"教师和教授属于不同级别的教员"建模为 3 个类：Instructor、Teacher 和 Professor，其中 Teacher 类和 Professor 类是 Instructor 类的子类。

（5）建立"一名教师助理可以协助一名教师和一名教授，一名教师只能有一名教师助理，一名教授可以有 5 名教师助理"的模型。创建 TeacherAssistant 类，并使其与 Teacher 类和 Professor 类都建立关联。

（6）将 TeacherAssistant 类建模为 Graduate 类的派生类。

2．根据用例图和系统需求描述创建类图。

本练习将根据如下所示的系统需求和如图 3-55 所示的用例图建模一个类图。系统需求描述如下。

（1）系统允许管理员通过从磁盘加载存货数据来运行存货清单报告。

（2）管理员通过从磁盘加载存货数据、向磁盘保存存货数据来更新存货清单。

（3）售货员做销售记录。

（4）电话操作员是处理电话订单的特殊售货员。

（5）任何类型的销售都需要更新存货清单。

（6）如果交易使用了信用卡，那么售货员需要核实信用卡。

（7）如果交易使用了支票，那么售货员需要核实支票。

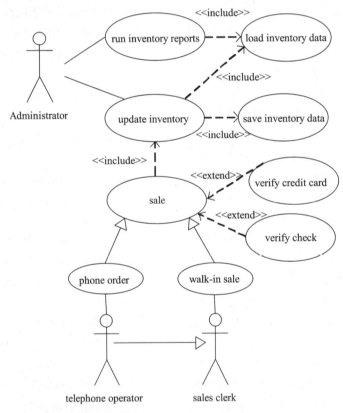

图 3-55　用例图示例

第4章

对象图和包图

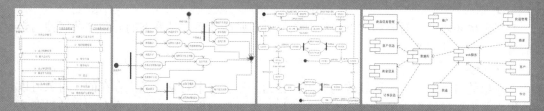

　　系统的静态模型描述了系统所操纵的数据块之间持有的结构上的关系，它们描述数据如何分配到对象之中、这些对象如何分类以及它们之间可以具有什么关系等。静态模型并不描述系统的行为，也不描述系统中的数据如何随着时间而演进，这些方面由各种动态模型描述。

　　类图和对象图是两种最重要的静态模型，上一节已经详细介绍过类图的相关知识，本节将介绍另外一个知识点：对象图。除了对象图之外，本章还会简单介绍与包图相关的知识，包括包与包图的概念、如何导入包以及如何使用包图构建模型等内容。

　　通过本章的学习，读者可以熟悉对象图与包图的概念、也能够熟练地使用对象图和包图进行建模，还可以了解它们建模时的具体步骤等。

本章学习要点：

- ➢ 熟悉对象和类的概念以及它们的区别
- ➢ 熟悉链的概念
- ➢ 掌握对象图的表示方法和绘制对象图的步骤
- ➢ 熟悉对象图的用途
- ➢ 了解使用对象图建模的相关知识，如所遵循的策略
- ➢ 掌握对象图和类图的区别
- ➢ 熟悉包和包图的概念
- ➢ 掌握包间最常用的依赖关系和泛化关系
- ➢ 掌握使用包图构建模型的具体步骤
- ➢ 掌握包图和类图的区别
- ➢ 了解什么是 RUP 及与 UML 的关系

4.1 对象图

对象是类的实例，对象图也可看作是类图的实例。对象是作为面向对象系统运行时的核心，因为设计的系统在实现使用时，组成系统的各个类将分别创建对象。使用对象图可以根据需要建立特定的示例或者测试用例，然后通过示例研究如何完善类图；或者使用测试用例对类图中的规则进行测试，以求发现类图中的错误或者漏掉的需求，进而修正类图。本节将详细介绍和对象图相关的知识，包括对象和类、对象和链的关系，对象图和类图的区别等。

4.1.1 对象和类

对象表示一个单独的、可确认的物体、单元或实体，它可以是具体的也可以是抽象的，在问题领域里有这确切的角色。换句话说，对象是边界非常清楚的任何事物。它通常包括属性、方法、事件和名字等。

❑ **状态**

状态也叫属性，对象的状态包括对象的所有属性（通常是静态的）和这些属性的当前值（通常是动态的）。

❑ **行为**

对象的方法和事件可以统称为对象的行为，没有一个对象是孤立存在的，对象可以被操作，也可以操作别的对象。而行为就是一个对象根据它的状态改变和消息传送所采取的行动和所做出的反应。

❑ **标识**

为了将一个对象与其他所有的对象区分开来，通常会给它起个名称，该名称也可以叫作标识。

类是面向对象程序设计语言中的一个概念，它实际上是对某种类型的对象定义变量和方法的原型。它表示对现实生活中一类具有共同特征的事物的抽象，是面向对象编程的基础，一个类定义了一组对象。类具有行为，它描述一个能够做出什么以及做的方法，它们是可以对这个对象进行操作的程序和过程。

简单了解对象和类的概念后，如下列出了对象和类的主要区别。

❑ 对象是一个存在于时间和空间中的具体实体，而类仅代表一个抽象，抽象出对象的"本质"。

❑ 类是共享一个公用结构和一个公共行为对象集合。

❑ 类是静态的，而对象是动态的。

❑ 类是一般化，而对象是个性化。

❑ 类是定义，而对象是实例。

❑ 类是抽象的，而对象是具体的。

4.1.2 对象和链

对象图描述了参与交互的各个对象在交互过程中某一时刻的状态。可以认为对象图

UML 建模、设计与分析标准教程（2013—2015版）

是类图在某一时刻的实例。为了绘制对象图，首先需要添加的第一个内容就是实际对象本身。

对象是真实的事物，如特定的用户、大堂或演出。对象表示符号需要两个元素，即对象的名称和描述对象的类的名称。其语法格式如下：

```
object-name : class-name;
```

上述语法中使用类名的目的是为了避免产生误解，因为不同类型的对象可能具有相同的名称。另外从语法中也可以看出：表示对象的方式与类的表示方式几乎是一样的，其主要区别是：对象名下面要有下划线。对象名有 3 种表示格式，如图 4-1 所示。

图 4-1 中显示了对象名的 3 种表示方式，使用其中的任何一种都可以。其中第二种表达方式只有类名、冒号和下划线，该表达方式说明建立的模型适用于该类的所有实例，这种表示方式被称为匿名对象，在建模中是常用的一种技术。第三种表示方式是对象名被放在了一个矩形方框内，这也是在对象图中表示对象的方式之一，用这种方式表示对象时仅仅给出了对象名，而隐藏了属性。

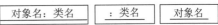

另外还有一种合法的表示方法，即省略冒号和类名（换句话说，只使用对象的名称而不告知其类型），因为通过上下文可以很容易地判别出对象的类型。如图 4-2 所示演示了学生类与学生对象 stu。

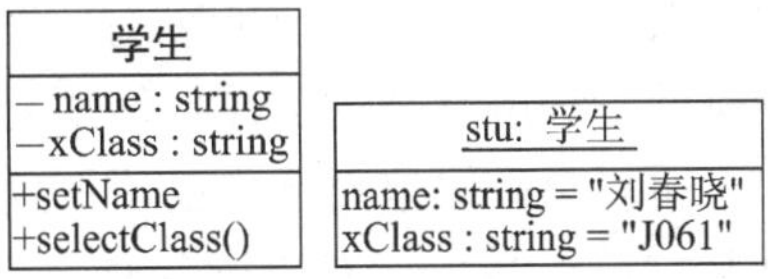

在图 4-2 中表示学生类的 stu 对象时不仅给出了对象名，还给出了该对象的属性和相应的值。

图 4-1 对象名的 3 种表示

学生
– name : string
– xClass : string
+setName
+selectClass()

stu: 学生
name: string = "刘春晓"
xClass : string = "J061"

图 4-2 学生类与该类的 stu 对象

对于每个属性，类的实例都有自己特定的值，它们表示了实例的状态，在 UML 图中显示这些值有助于对类图和测试用例进行验证。在 UML 的对象表示法中，对象的属性位于对象名称下面的分栏中，这与类的表示法是类似的。属性的合法取值范围由属性的定义确定，如果类的定义允许，属性的取值为空也是合法的。

提 示

后面的章节还会介绍其他的图，在所有的交互图中，使用的都是相同的对象表示符号。

对象不仅拥有数据，还可拥有各种关系，这些关系被称为链。对象可以拥有或参与的链是由类图中的关联定义的，也就是说，与类定义某种类型的对象一样，关联也定义了某种类型的链。换句话说，对象是类的实例，而链是关联的实例。

如果两个对象具有某个关联定义的关系，则称它们被链接起来。一条连接两个对象的直线就表示这两个对象所具有的链。链有 3 种命名方法，分别如下。

❏ 使用相应的关联命名。
❏ 使用关联端点的角色名命名。
❏ 使用与对应类名一致的角色名命名。

在命名对象间具有的链时，可以根据具体情况使用以上 3 种方法中的任何一种。例如图 4-3 中表示 Venue 对象"holds"Event 对象，除此之外，该图中还包含两个 Performance 对象，这两个对象和 Event 之间的链使用与类名一致的角色名称描述，另外 holds 表示关联的名称。

4.1.3 理解对象图

对象图（Object Diagram）就是类图的实例，它用来描述的是参与交互的各个对象在

交互过程中某一时刻的
状态，它可以看作是类
图在某一时刻的实例。
对象图提供了系统的一
个"快照"显示在给定
时间实际存在的对象以
及它们之间的链接，可
以为一个系统绘制多个

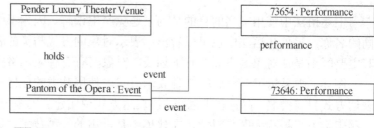

图 4-3 链

不同的对象图，每个都代表系统在一个给定时刻的状态。对象图展示系统在给定时间持
有的数据，这些数据可以表示为各个对象、在这些对象中存储的属性值或者这些对象之
间的链接。

由于对象是类的实例，所以对象图中使用的符号和关系与类图中使用的相同，绘制
对象图有助于理解复杂的类图。对于对象图来说不需要提供单独的形式。类图中就包含
了对象，所以只有对象而无类的类图就是一个"对象图"。

从某种情况来说，对象图也是
一种结构图。它可以用来呈现系统
在特定时刻的对象（Object），以及
对象之间的链接。在 UML 中，由
于对象为类的实例，所以对象图可
以使用与类图相同的符号和关系。
如图 4-4 所示为一个对象图的简单
示例。

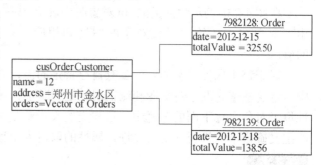

图 4-4 UML 对象图简单示例

在图 4-4 中 Customer 类的对象
cusOrder 拥有两个订单对象，本示
例中对这 3 个对象都进行了赋值。从图 4-4 中可以看到，对象图包含属性分栏，这是因
为对于每个属性，不同的对象会拥有不同的值；由于类的操作是唯一的，所以属性某个
类的对象也会拥有该类的相同操作，如果对象图中再包含操作则会显得多余，因此对象
图中不能包含相关操作。

1．对象图的表示方法

对象图一般包括两部分：对象名称和属性。它们是绘制对象图的关键，对象名称和
属性的表示方法如下。

- ❑ 对象名称：3.1.2 节已经介绍过对象的格式，如果包含了类名，则必须加上"："，
  另外为了和类名区分，还必须加上下划线。
- ❑ 属性：由于对象是一个具体的事件，因此所有的属性值都已经确定，因此通常会

74

UML 建模、设计与分析标准教程（2013—2015 版）

在属性的后面列出其值。

2．阅读对象图

图 4-4 中已经在 UML 中绘制了一个对象图，那么如何对对象图进行阅读呢？很简单，其主要步骤如下。

（1）首先找出对象图中的所有的类，即在"："之后的名称。

（2）整理完成后通过对象的名称来了解其具体含义。

（3）按照类来归纳属性，然后再通过具体的关联确定其含义。

3．绘制对象图

前面已经绘制了简单的对象图，但是绘制对象图的具体步骤大家知道了吗？每一步的具体说明大家又知道吗？下面大家一起来看下绘制对象图的主要步骤。

（1）先找出类和对象，通常类在"class"、"new"和"implements"等关键字之后。而对象名通常在类名之后。

（2）对类和对象进行细化的关联分析。

（3）绘制相应的对象图。

4．对象图的应用说明

下面从两个方面对对象图的绘制过程进行说明。

❑ 论证类模型的设计

当设计类模型时，相关人员可以通过对象图来模拟出一个运行时的状态，这样就可以研究在运行时设计的合理性。同时也可以作为开发人员讨论的一个基础。

❑ 分析和说明源代码

由于类图只展示了程序的静态类结构，因此通过类图看懂代码的意图是很困难的。因此在分析源代码时可以通过对象图来细化分析，而开发人员处理逻辑比较复杂的类交互时可以绘制一些对象图进行补充说明。

5．对象图用途

对象图的用途有很多种，其主要用途如下所示。

❑ 捕获实例和连接。

❑ 捕获交互的静态部分。

❑ 在分析和设计阶段进行创建。

❑ 举例说明数据/对象结构。

❑ 详细描述瞬态图。

❑ 由分析人员、设计人员和代码实现人员开发。

> **提 示**
>
> 对象图不显示系统的演化过程，如果为此目的可以使用带消息的合作图，或用顺序图表示一次交互。

4.1.4　使用对象图建模

对系统的静态结构构建模型可以绘制类图以描述抽象的语义以及它们之间的具体关

系。但是一个类可能包含多个实例，对于若干个相互联系的类来说，它们各自的对象之间进行交互作用的具体情况可能多种多样。类图并不能完整地描述系统的对象结构，为了考查在某一时刻正在发生作用的对象以及这组对象之间的关系，需要使用对象图描述系统的对象结构。

在构造对象图或使用对象图构建模型时可以遵循如下的策略。

❏ 识别准备使用的建模机制。建模机制描述了为其建模的系统的部分功能和行为，它们是由类、接口和其他元素之间的交互作用产生的。

❏ 针对所使用的建模机制，识别参与协作的类、接口和其他元素以及它们之间的关系。

❏ 考虑贯穿所用机制的脚本。冻结某一时刻的脚本，并且汇报参与所用机制的对象。

❏ 根据需要显示每个对象的状态和属性值。

❏ 显示出对象之间的链。

4.1.5 使用对象图测试类图

对于比较复杂的类图来说，它很有可能是不正确的，因此需要使用另外的 UML 图对其进行测试，如对象图。使用对象图对其测试的过程中有可能会发现一些错误，然后可以针对这些错误对类图的修改提出建议。

本节以一个简单的电影售票系统为例，首先绘制最基本的类图，然后通过构造对象图作为对类图的测试。从测试过程中可以看到构成对象图的模型元素以及对象图是如何被作为测试用例来使用的。如图 4-5 所示演示了该系统中关于售票协议与座位的一个简单类图。

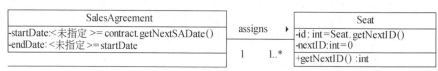

图 4-5　售票系统的基本类图

在图 4-5 中可以看出每个售票协议可以分配不少于一个的座位，而每个座位只能和一个销售协议进行关联。根据图 4-5 的类图来绘制对象图，首先创建一个新的 SalesAgreement 对象以及两个 Seat 对象，每个 Seat 对象都由 SalesAgreements 对象来支配，如图 4-6 所示。

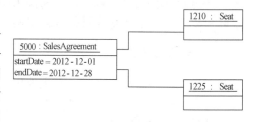

图 4-6　与图 4-5 对应的基本对象图

1. 未分配的 Seat 对象

从图 4-5 和图 4-6 中可以看出每一个 Seat 对象都会被一个 SalesAgreement 对象所支配，但是通过调查后发现有些座位没有被工作人员销售出去过，而是直接给观众的。重新绘制对象图，在该图中添加一个新的 Seat 对象，该对象不会被任何的 SalesAgreement 对象所支配，如图 4-7 所示。

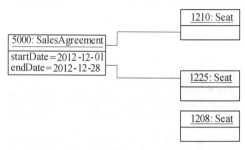

图 4-7　没有分配 Seat 对象的对象图

UML 建模、设计与分析标准教程（2013—2015 版）

如果假设 4-7 中所绘制的对象图是正确的，那么则需要更改基本类图 4-5，更改后的类图如图 4-8 所示。

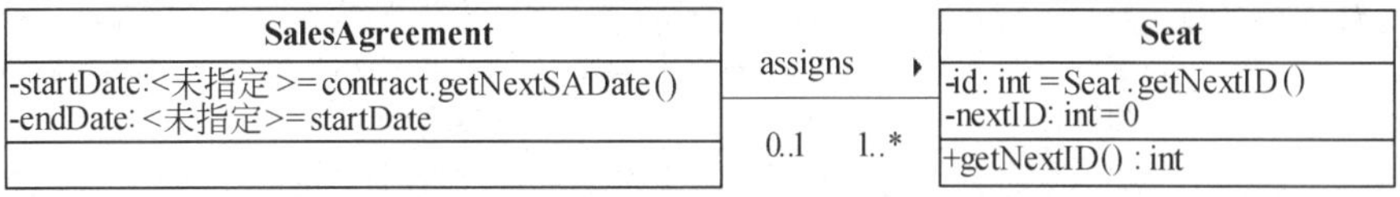

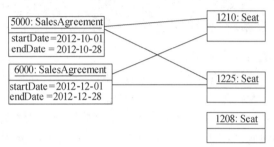

图 4-8 更改后的类图

在图 4-8 中允许一个 Seat 对象被 0 个或 1 个 SalesAgreement 对象支配。

2. 多份销售协议对应一个座位

一个座位是否可以被多个销售协议所分配呢？如果查看系统的相关销售数据，大家可以发现这是可能的。例如 2012 年 10 月 1 号这天座位 3502 被分配过，那么 2012 年 10 月 2 号或其他时间该座位也可以被分配。重新绘制对象图，在该对象图中允许 Seat 对象被多个 SalesAgreement 对象所支配，如图 4-9 所示。

从图 4-9 中可以看出，Sales-Agree-ment 对象的属性值是日期，这两个 SalesAgreement 对象的日期是互不重叠的，如果在同一个时间分配相同的座位是不合法的。另外从图 4-9 中也可以得到其他信息，如一个座位可以被多个而非仅仅一个销售协议支配。

图 4-9 Seat 对象被多个 SalesAgreement 对象支配

重新更改该系统的类图，更改后的效果如图 4-10 所示。

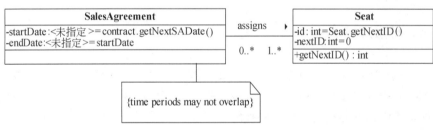

图 4-10 添加了约束后的系统类图

从图4-10 中可以看出 0 个或多个 SalesAgreement 对象可以分配相同的 Seat 对象，同时也对 SalesAgreement 对象添加了约束，该约束规定 SalesAgreement 对象支配 Seat 对象的时间必须是不重叠的。

4.1.6　对象图和类图的区别

类图（Class Diagram）是描述类、接口、协作以及它们之间关系的图，用来显示系统中各个类的静态结构。对象图(Object Diagram)描述的是参与交互的各个对象在交互过程中某一时刻的状态。对象图是类图的实例，它几乎使用与类图相同的标识。类图和对象图之间有多个不同点，其具体说明如表 4-1 所示。

表 4-1　类图与对象图的区别

不同点	类　图	对　象　图
图示形式	类的图示形式有 3 种：名称、属性和操作	对象的图示形式只有名称和属性两个分栏,而没有操作分栏
名称分栏	类的名称分栏中只有类名,有时也可加上对应的包名	对象的名称分栏中可用的形式有"对象名：类名"、"：类名"和"对象名"
图形表示	类的图形表示中包含了所有属性的特征	对象的图形表示中包含了属性的当前值等第一部分特征
是否包含操作	类图中可以包含操作内容	对象图中不能包含操作,因为同一个类的对象的操作都是相同的,包含操作显得多余和麻烦
连接方式	类可使用关联进行连接,关联使用名称、多重性、角色和约束等特征进行定义	对象使用链连接,链可以拥有名称和角色,但是没有多重性,所有的链都是一对一的关系

4.2　包图

随着软件越来越复杂,一个程序往往包含了数百个类。那么如何管理这些类就成了一个需要解决的问题。一种有效的管理方式是将类进行分组,将功能相似或相关的类组织在一起,形成若干个功能模块。

在 UML 中,对类进行分组时使用包。大多数面向对象的语言都提供了类似 UML包的机制,用于组织及避免类间的名称冲突。例如 Java 中的包机制、C#中的命名空间。用户可以使用 UML 包为这些结构建模。本节将详细介绍与包图相关的知识,如包、包图、如何使用领导力构建模型等内容。

4.2.1　包

包（Package）是 UML 中的主要结构,它是一种对模型元素进行成组组织的通用机制,它把语义上相近的可能一起变更的模型元素组织在同一个包中,方便理解复杂的系统,控制系统结构各部分间的接缝。

包是一个概念性的模型管理的图形工具,只在软件的开发过程中存在。包所提供的功能与 Windows 中的文件夹完全相同,它不仅仅有助于建模人员组织模型中的元素,而且也使建模人员能控制对包中内容的访问。另外包还要具有高内聚、低耦合的特点。

包中 UML 中用类似文件夹符号表示的模型元素表示,系统中的每个元素都只能为一个包所有,一个包可以嵌套在另外一个包中。下面将从以下方面详细地了解包。

1. 包的名称

包的图标是一个大矩形的左上角带一个小矩形,每个包都必须有一个与其他包不同的名称。包的名称可以放在左上角的矩形内,也可以放在下面的大矩形中。

通常可以使用一个简单的字符串或路径名作为包的名称。换句话说,包的名字以其外包的包名作为前缀,其中使用两个冒号分隔包的名称。包的名称可以由任意数目的字母、数字和标点符号组成。另外,在包名下可以使用括在花括号中的文字（约束）说明包的性质，如"{abstract}"和"{version}"。如图 4-11 所示演示了包的名称。

从图 4-11 中可以看出：如果包的内容没有被显示在大矩形中，那么可以把该包的名字放在大矩形中；如果包的内容被显示在大矩形中，那么可把该包的名字放在左上角的小矩形中。

图 4-11　包的名称

2. 包所拥有的元素

包只是一种一般性的分组机制，在这个分组机制中可以放置 UML 类元，如类定义、用例定义、装填定义和类元之间的关系等，在一个包中可以放置 3 种类型的元素，它们分别如下。

❑ 包自身所拥有的元素，如类、接口、组件、节点和用例等。
❑ 从另一个包中合并或导入的元素。
❑ 另外一个包所访问的元素。

3. 包元素的可见性

包的可见性用来控制包外界的元素对包内的元素的可访问权限，一个包中的元素在包外的可见性，通过在元素名称前加上一个可见性符号来指示。其可见性包括公有的、私有的和可保护的，它们分别使用"+"、"-"和"#"来表示。具体说明如下。

❑ +　对所有的包都是可见的。
❑ -　只能对该包的子包是可视化的。
❑ #　对外包是不可视的。
在 UML 中包内元素之间的可见性规则如下。
❑ 一个包内定义的元素在同一个包内可见。
❑ 如果某一个元素在一个包内可见，则它在所有嵌套在该包内的包中可见。
❑ 如果一个包和另一个包之间存在<<access>>或<<import>>依赖关系，则后一个包内具有公共可见性的元素在前一个包内可见。
❑ 如果一个包是另一个包的子包，则父包内具有公共可见性和保护可见性的元素在子包内可见。

4. 包的嵌套

包可以拥有其他包作为包内的元素，子包又可以拥有自己的子包，这样可以构成一个系统的嵌套结构。包的嵌套层数一般以 2～3 层为宜。嵌套的包与包之间也存在着可见性问题。具体说明如下。

❑ 里层包中的元素能够访问其外层包中定义的可见性为公共的元素，也能访问其外层包通过访问或引入依赖而得来的元素。

❑ 一个包要访问它的内部包的元素，就与内部包有引入、访问关系或使用限定名。

❑ 里层包中的元素的名称会掩盖外层包中的同名元素的名称，在这种情况下需要用限定名引用外层包中的同名元素。

5. 划分和组织包

了解过包的知识后，下面主要介绍如何划分和组织包，主要分为 4 个方面：识别低层包、合并或组织包、标识包中的模型和建立包间的关系。它们的具体说明如下。

❑ **识别低层包** 每个具有泛化关系或聚合关系的元素位于一个包；关联密集的类划分到一个包；独立的类暂时作为一个包。

❑ **合并或组织包** 如果低层包数量过多则把它们合并，或者使用高层包组织它们。组织包的层次时应该遵循两个原则：层次不宜过多和包的划分不是唯一的。

❑ **标识包中的模型** 对每一个包确定哪些元素在包外是可访问的，把它们标记为公共的。把所有其他的元素标记为受保护的或私有的。

❑ **建立包间的关系** 根据需要在包之间建立引入依赖、访问依赖或泛化关系。

6. 包的用处

包的用处包括以下 3 部分。

❑ 组织相关元素以便于管理和复用，包是一个命名空间，外部使用要加限定名。

❑ 包引入放松了限制，被引入的元素与引入包中的元素可以进行关联，或建立泛化关系。

❑ 便于组合可复用的元建模特征，以创建扩展的建模语言。即把被合并包的特征结合到合并包，以定义新的语言。

4.2.2 导入包

当一个包导入另外一个包时，该包里的元素能够使用被导入包里的元素，而不必在使用时通过包名指定其中的元素。例如，当使用某个包中的类时如果未将包导入，则需要使用包名加类名的形式引用指定的类。
在导入关系中被导入的包称作目标包。要在 UML 中显示导入关系，需要画一条从包连接到目标包的依赖性箭头，再加上字符 import，如图 4-12 所示。

图 4-12　A 包导入到 B 包

导入包时，只有目标包中的 Public
元素是可用的。如图 4-13 所示，将 security 包导入 User 包后，在 User 包中只能使用 Identity 类，而不能使用 Creden 类。

不仅包中的元素具有可见性，导入关系本身也有可见性。导入可以是公共导入，也

可以是私有导入。公共导入意味着被导入的元素在将它们导入的包里具有 Public 可见性，

私有导入则表示被导入的元素在将它们导入的包里具有 Private 可见性。公共导入仍然使用 import 表示，私有导入则使用 access 表示。

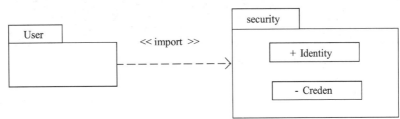

图 4-13　导入包的可见性

在一个包导入另一个包时，其导入的可见性 import 和 access 产生的效果是不同的。具有 Public 可见性的元素在将其导入的包中具有 Public 可见性，它们的可见性会进一步传递上去，而被私有导入

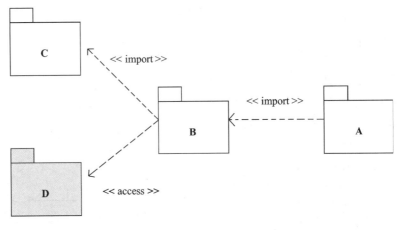

图 4-14　导入关系的可见性

的元素则不会。例如，在图 4-14 所示的包模型中，包 B 公共导入包 C 并且私有导入包 D，因此包 B 可以使用包 C 和 D 中的 Public 元素，包 A 公共导入包 B，但是包 A 只能看见包 B 中的 Public 元素，以及包 C 中的 Public 元素，而不能看见包 D 中的 Public 元素。因为包 A、B、C 之间是公共导入，而包 B 与 C 之间是私有导入。

4.2.3　包图

包以及类所建立的图形就是包图，使用包图可以将相关元素归入一个系统，一个包中可以包含包、图表或单个元素。包图经常用于查看包之间的依赖性。因为一个包所依赖的其他包若发生变化，则该包可能会被破坏，所以理解包之间的依赖性对软件的稳定性至关重要。

包图是维护和控制系统总体结构的重要建模工具。对复杂系统进行建模时，经常需要处理大量的类、接口、组件、节点等元素，这时有必要对它们进行分组。把语义相近并倾向于同一变化的元素组织起来加入同一个包中，以便于理解和处理整个模型。

包组织 UML 元素，如类。包的内容可以画在包内，也可以画在包外，并以线条连接即可。包图可以应用在任何一种 UML 图上，如图 4-15 所示演示了包图的两种表示方法，如图 4-16 所示演示了包图的一个简单示例。

1. 包图中包的标准构造型

UML 的所有扩展机制都适用于包，建模人员可用标记值为包增加新的特性，也可用衍型给出新类型的

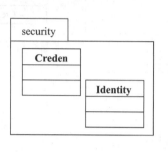 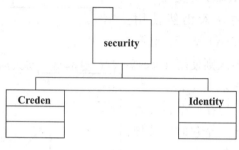

图 4-15　包图的两种表示方法

包。UML 定义了 5 种应用于包的标准衍型，它们也叫作包的构造型。其具体说明如下。

- ❏ **Facade**　说明包仅仅是其他一些包的视图，只包含对另外一个包所拥有的模型元素的引用，只用作另外一个包的部分内容的公共视图。
- ❏ **Framework**　说明一外包代表模型架构。
- ❏ **Stub**　说明一个包是另一个包的公共内容的服务代理。

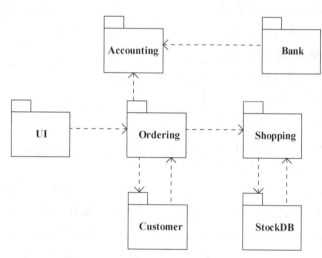

图 4-16　包图的简单示例

- ❏ **Subsyste**　说明一个包代表系统模型的一个独立部分，即子系统。
- ❏ **System**　说明一个包代表系统模型。

2. 包图的作用

包图的作用如下所示。

- ❏ 描述需求的高阶概述（用例图）。
- ❏ 描述设计的高阶概述（类图）。
- ❏ 在逻辑上把一个复杂的图模块化。
- ❏ 组织源代码（命名空间）。

3. 类包图

包图可以由任何一种 UML 构成，通常是 UML 用例图或类图，把 UML 类图组织到

包图中可称作类包图。创建类包图可以在逻辑组织上设计系统，但是需要采用以下的规则。

❑ 把一个框架的所有类放置到相同的包中，形成一个系统包。
❑ 把具有继承关系的类放在相同的包中，比如通讯包。
❑ 将彼此间有聚合或组合关系的类放在同一个包中。
❑ 将彼此合作频繁的类放在一个包中。

如图 4-17 所示演示了类包图的一个实例。

4．用例包图

用例最主要的需求是 artifact，用例的目的是描述系统需求，而用例包图的目的则是用来组织使用需求的。用例包图的组织规则如下。

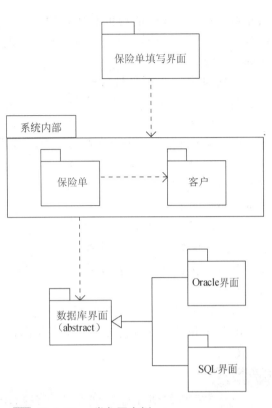

图 4-17　类包图实例

❑ 把关联的用例放在一起：包含（Included）、扩展（Extend）或泛化（Generalization）用例放在同一个包中。
❑ 组织用例应该以主要角色的需求为基础。

在用例包图中可以包含角色，这有助于把包放在上下文中理解，这样包图就会更加容易为读者所理解。另外用户也可以水平地排列用例包图。

5．构建包图的注意

包图的使用非常简单，但是要注意以下几个方面。
❑ 包的命名要简单，要具有描述性。
❑ 使用的目的是为了简化 UML 图形表示。
❑ 包应该连贯。
❑ 避免包间的循环依赖。
❑ 包依赖应该反映内部关系。

4.2.4　包之间的关系

包与包之间最常用的关系是依赖关系与泛化关系，下面将详细介绍它们的相关知识。

1．依赖关系

有时一个包中的类需要用到另一个包中的类，这就造成包之间的依赖性，建模人员必须使用<<access>>或<<import>>的依赖。<<import>>的依赖也可以叫作输入依赖或引入依赖。<<access>>依赖也叫作访问依赖，它的表示方法是在虚箭线上标有构造型 <<access>>，箭头从输入方的包指向输出方的包。如图 4-18 所示演示了一个关于包与包之间的依赖关系。

根据包内元素可见性的规则从图 4-18 中可以得出以下几个常见的结论。

由于 A 所在的包 U 嵌套在 C 所在的包 Y 中，而 Y 所在的包又嵌套在 E 所在的包 X 中，因此 A 能够看见 C 和 E。

由于包 Y 有一个指向包 Z 的<<access>>依赖，而 A 又嵌套在包 Y 中，因此 A 和 C 都能够看见 D。

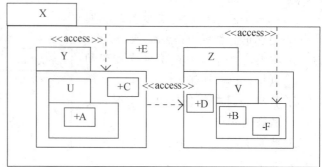

图 4-18　包与包之间的依赖关系

由于 D 和 E 是在包 V 的外围包中定义的，因此类 B 和 F 能够看见 D 和 E。

由于 B 和 F 的外围包 X 具有一条指向包 Y 的<<access>>依赖，因此 B 和 F 都能够看见 C。

试一试

从图 4-18 中已经总结出了常见的 4 个结论，读者可以继续根据相关知识找到其他的结论，相信自己一定会受益匪浅的。

虽然<<access>>依赖关系和<<import>>依赖关系都可以用来描述客户包对提供者包间的访问关系，并且都不能进行传递。但是它们之间还是有细微的区别的：<<import>>依赖关系使提供者包中的内容增加到客户包中，但是<<access>>依赖关系不会增加客户包中的内容。因此，在使用<<import>>关系时建模人员应该注意不要让客户包和提供者包中元素的名称冲突。

包之间的复杂依赖会导致软件脆弱，因为一个包里的改变会造成依赖它的其他包被破坏。如果包之间的依赖性具有循环关系，应以各种方式切断循环。

2. 泛化关系

泛化关系是表达事物的一般和特殊的关系，如果两个包之间有泛化联系，意指其中的特殊性包必须遵循一般性包的接口。包与包之间的泛化关系和类间的泛化关系很相似，因此涉及泛化关系的包也像类那样遵循可替换性原则。如图 4-19 所示演示了包间的基本泛化关系示例。

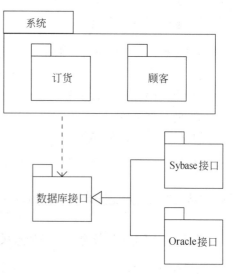

图 4-19　包间的泛化关系

4.2.5 使用包图建模

前几节已经简单介绍过与包和包图相关的知识，当系统非常复杂时采用包图建模技术非常有效。包图建模的一般步骤如下。

（1）分析系统模型元素，把概念或语义上相近的模型元素归纳到一个包中。

（2）对于每一个包，标识模型元素的可见性。

（3）确定包与包之间的泛化关系，确定包元素的多态性与重载。

（4）绘制包图。

（5）进一步完善包图。

本节以图书管理系统为例使用包图创建一个简单的模型。

对图书管理系统的类图构建完成后，可以根据该系统类图中类与类之间的逻辑关系将图书管理系统中的类划分为 3 个包：UserInterface 包、Library 包和 DataBase 包。其中 UserInterface 包用于描述用户界面的相关类；Library 包描述业务逻辑处理相关的 Book 类、Title 类、Loan 类和 Borrower 类等；DataBase 包包含了与数据库有关的类，如 Persistent 类。该系统的包图如图 4-20 所示。

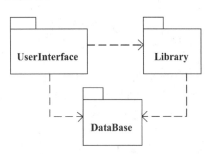

图 4-20　图书管理系统的包图

从图 4-20 中可以看出，UserInterface 包依赖于 Library 包和 DataBase 包，而 Library 包则依赖于 DataBase 包。

4.2.6 包图和类图的区别

上一章已经详细介绍过类图的相关知识，而前面几个小节也详细介绍过了包图的相关知识，表 4-2 列出了包图和类图的主要区别。

表 4-2　包图和类图的区别

不 同 点	类 图	对 象 图
概念	类是对问题领域或解决方案的事物的抽象	包是把这些事物组织成模型的一种机制
是否有标识	类必须有标识，并且类可以实例化，实例是系统运行的组成元素	包可以没有标识，也不能被实例化，在运行系统中包是不可见的

4.3　思考与练习

一、填空题

1. ＿＿＿＿＿描述了参与交互的各个对象在交互过程中某一时刻的状态。

2. 存在于时间和空间的具体实体是用来描述＿＿＿＿＿的。

3. 对象除了用于数据外，还可以拥有各种关系，这些关系被称为＿＿＿＿。

4. 使用包以及类所绘制的图形就叫＿＿＿＿。

5．包间的常用关系包括依赖关系和泛化关系，其中依赖关系又包括_____依赖和<<access>>依赖。

二、选择题

1．关于对象和类的说法，选项_____是不正确的。

    A．对象是一个存在于时间和空间的具体实体，而类仅仅代表一个抽象，抽象出对象的"本质"特征

    B．对象是动态的，而类是静态的

    C．对象是抽象的，而类是具体的

    D．对象是个性化，而类是一般化

2．下面是关于绘制对象图步骤的选项，重新排序后选项_____是正确的。

（1）找出类和对象。

（2）绘制相应的对象图。

（3）对类和对象进行细化的关联分析。

    A．（1）、（2）、（3）

    B．（1）、（3）、（2）

    C．（2）（3）、（1）

    D．（3）、（1）、（2）

3．关于类图和对象图的区别中，选项_____是错误的。

    A．类的图示形式包含名称、属性和操作，而对象的图示形式只包含名称和属性

    B．类图中不能包含操作内容，而对象图中可以包含操作

    C．类可以使用关联进行连接，而对象图使用链连接

    D．类的图形表示中包含了所有属性的特征，对象的图形表示中包含了属性当前值的部分特征

4．下面关于包图建模的步骤，选项_____是正确的。

（1）对于每一个包，标识模型元素的可见性。

（2）绘制包图。

（3）分析系统模型元素，把概念或语义上相近的模型元素归纳到一个包中。

（4）进一步完善包图。

（5）确定包与包之间的泛化关系，确定包元素的多态性与重载。

    A．（3）、（1）、（5）、（2）、（4）

    B．（2）、（3）、（1）、（5）、（4）

    C．（2）、（5）、（3）、（1）、（4）

    D．（5）、（2）、（4）、（1）、（3）

5．下面关于包和包图的说法，选项_____是错误的。

    A．包的名称可以由任意数目的字母、数字和标点符号组成

    B．包之间的依赖关系包括访问依赖和引入依赖。

    C．<<import>>依赖关系使提供者包中的内容增加到客户包中，但是<<access>>依赖关系不会增加客户包中的内容。

    D．包间的泛化关系与类的泛化关系完全一样，没有任何区别。

三、简答题

1．对象和类的主要区别是什么？

2．简述对象图的概念和绘制对象图的一般步骤。

3．对象图的表示方法和用途是什么？

4．简述包间依赖关系<<access>>和<<import>>的区别。

5．请简述使用包图构建模型的具体步骤。

6．请分别说明简述对象图和类图、包图和类图的区别。

UML 建模、设计与分析标准教程（2013—2015 版）

第 5 章

活动图

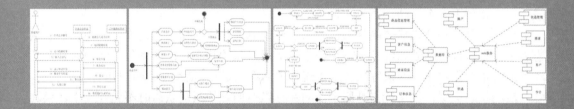

　　活动图是 UML 用于对系统的动态行为建模的另一种常用工具，它描述活动的顺序，展现从一个活动到另一个活动的控制流。活动图在本质上是一种流程图。活动图着重表现从一个活动到另一个活动的控制流，是内部处理驱动的流程。本章将详细介绍活动图的相关知识，并对活动图的各种符号表示以及相应的语义进行逐一讨论。

　　本章学习要点：

> ➢ 理解活动图的概念
> ➢ 熟悉活动图的主要元素
> ➢ 了解什么是活动和动作
> ➢ 掌握活动状态和动作状态的表示法
> ➢ 熟悉转移的作用和表示法
> ➢ 掌握判定标识符的使用
> ➢ 掌握开始和结束状态的表示法
> ➢ 掌握分支与合并的使用
> ➢ 掌握分叉与汇合的使用
> ➢ 了解事件和触发器
> ➢ 掌握泳道概念及其标记符
> ➢ 理解对象流概念及标记符
> ➢ 熟悉发送信号动作和接收事件动作的使用
> ➢ 了解可中断区间和异常的表示法

5.1 活动图概述

学习过程序设计语言的读者一定接触过流程图，在流程图中清晰地表达了程序的每一个步骤、过程、判断和分支。

UML 中的活动图本质上就是流程图，它显示链接在一起的高级动作，代表系统中发生的操作流程。活动图的主要作用就是用来描述工作流，其中每个活动都代表工作流中一组动作的执行。

5.1.1 活动图的简介

活动图（Activity Diagram）可以用于描述系统的工作流程和并发行为，它用于展现参与行为的类所进行的各种活动的顺序关系。活动图可看作状态图的特殊形式，即把活动图中的活动看作活动状态，活动图中从一个活动到另一个活动，相当于状态图中从一个状态到另一个状态。活动图中活动的改变不需要事件触发，源活动执行完毕后自动触发转移，转到下一个活动。

活动图是一种特殊形式的状态机，用于对计算流程和工作流程建模。活动图中的状态表示计算过程中所处的各种状态，而不是普通对象的状态。活动图包含活动状态，活动状态表示过程中命令的执行或者工作流程中活动的进行。活动图也可以包含动作状态，它与活动状态类似，但是他们是原子活动并且当他们处于活动状态时不允许发生转换。活动图还可以包含并发线程的分叉控制，并发线程表示能被系统中的不同对象和人并发执行的活动。

活动图在用例图之后提供了系统分析中对系统的进一步充分描述。活动图允许读者了解系统的执行，以及如何根据不同的条件和刺激改变执行方向。因此，活动图可以用来为用例建模工作流，更可以理解为用例图具体的细化。

在使用活动图为一个工作流建模时，一般需要经过如下步骤。

（1）识别该工作流的目标。也就是说该工作流结束时触发什么？应该实现什么目标？

（2）利用一个开始状态和一个终止状态分别描述该工作流的前置状态和后置状态。

（3）定义和识别出实现该工作流的目录所需的所有活动和状态，并按逻辑顺序将它们放置在活动图中。

（4）定义并画出活动图创建或修改的所有对象，并用对象流将这些对象和活动连接起来。

（5）通过泳道定义谁负责执行活动图中相应的活动和状态，命名泳道并将合适的活动和状态置于每个泳道中。

（6）用转移将活动图上的所有元素连接起来。

（7）在需要将某个工作流划分为可选流的地方放置判定框。

（8）查看活动图是否有并行的工作流。如果有，就用同步表示分叉和连接。

上述步骤中使用了活动图的各种组成元素，像活动、状态、泳道、分叉和连接等，他们将会在后面的章节中详细讲解，这里读者只需要了解即可。

活动图的优点在于它是最适合支持并行行为的，而且也是支持多线程编程的有力工具。当出现下列情况时可以使用活动图。

❑ **分析用例**　能直观清晰地分析用例，了解应当采用哪些动作，以及这些动作之间的依赖关系。一张完整的活动图是所有用例的集成图。

❑ **理解牵涉多个用例的工作流**　在不容易区分不同用例而对整个系统的工作过程又十分清晰时，可以先构造活动图，然后用拆分技术派生用例图。

❑ **使用多线程应用**　采用"分层抽象，逐步细化"的原则描述多线程。

活动图的缺点也很明显，即很难清晰地描述动作与对象之间的关系，虽然可以在活动图中标识对象名或者使用泳道定义这种关系，但仍然没有使用交互图简单直接。当出现下列情况时不适合使用活动图。

❑ **显示对象间的合作**　用交互图显示对象间的合作更简单、直观。

❑ **显示对象在生命周期内的执行情况**　活动图可以表示活动的激活条件，但不能表示一个对象的状态变换条件。因此，当要描述一个对象整个生命周期的执行情况时，应当使用状态图。

5.1.2　活动图的主要元素

在构造一个活动图时，大部分的工作在于确定动作之间的控制流和对象流。除此之外，活动图还包含了很多其他元素，本节将简要介绍其中主要元素的概念，在本章后面作详细介绍。

❑ 对象流，由一个结点产生的数据，由其他结点使用。

❑ 控制流，表示结点间执行的序列。

❑ 控制结点，用于构建控制流和对象流，包括表示流的开始和终止结点、判断和合并、以及分叉和汇合等。

❑ 对象结点，对象结点流入和流出被调用的行为，表示对象或者数据。

❑ 结合化的控制流结构，像循环和分支等。

❑ 分区和泳道，依照各种协作方式来组织较低层次的活动，如同现实世界中构或角色各司其责。

❑ 可中断区间和异常，表示控制流偏离正常执行的轨道。

活动图的核心符号是活动，两个活动的图标之间用带箭头的直线连接。在 UML 中活动表示成圆角矩形；如果一个活动引发一个活动，两个活动的图标之间用带箭头的直线连接；活动图也有起点和终点，表示法和状态图中相同；活动图中还包括分支与合并、分叉与汇合等模型元素。分支与合并的图标和状态图中判定的图标相同，而分叉与汇合则用一条加粗的线段表示。如图 5-1 所示是一个人找饮料喝的活动图。

5.1.3　了解活动和动作

在构造活动图时活动和动作是两个最重要的概念，因此本节将重点介绍他们帮助读者理解活动图。

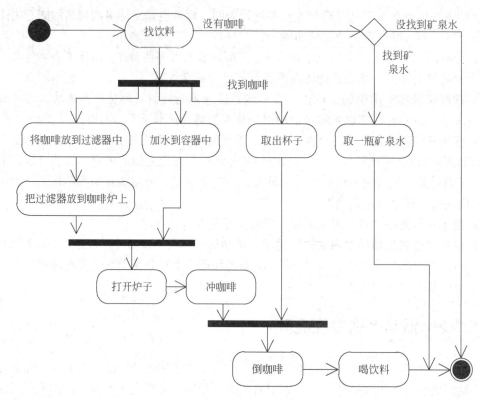

图 5-1 活动图示例

1. 活动

在活动图中每次执行活动时都包含一系列内部动作的执行，其中每个动作可能执行 0 次或者多次。这些动作往往需要访问数据、转换或者测试数据。这些动作需按一定次序执行。

一个活动规范允许多个控制线程的并发执行和同步，以确保活动能按指定的次序执~~行~~，这种并发执行的语义容易映射到一个分布式的实现。在两个或者多个动作之间的执~~行~~序有严格限制，所有这些限制都明确地约束了流的关系。如果两个动作之间不能直接或者间接地按确定次序执行，它们就可以并发执行。但在具体实现时并不强制并行执行，一个特定的执行引擎可能选择顺序执行或并行执行，只要能满足所有的次序约束。

一个活动通过控制流和对象流来协调其内部行为的执行。当出现如下原因时一个行为开始执行。

❏ 前一个行为已执行完毕。

❏ 等待的对象或数据在此时变为可用。

❏ 流外部发生了特定事件。

一个活动图中，一组活动结点用一系列活动边连接起来。活动结点包含如下几种。

❏ **动作结点** 可执行算术计算、调用操作、管理对象内部数据等。

❏ **控制结点** 包含开始和终止结点、判断与合并等。

❏ **对象结点** 表示活动中所处理的一个或者一组对象，也包括活动形参结点和

UML 建模、设计与分析标准教程（2013—2015 版）

引脚。

活动边是一种有方向的流，可说明条件、权重等内容。活动边可根据所连接的结点种类分为如下两类。

❑ **控制流**　连接可执行结点和控制结点的边，简称控制边。

❑ **对象流**　连接对象结点的边，简称对象边。

流意味着一个结点的执行可能影响其他结点的执行，而其他结点的执行也可能影响当前结点的执行，这样的依赖关系可以表示在活动图中。

提 示

在一个活动中可以调用其他活动，就像一个操作可调用另一个，形成一个调用层次，最后到单个简单动作。在面向对象模型中，活动通常是被间接调用的，而不是直接调用的，而且方法被绑定到操作上。

2．动作

一个活动中可以包含各种不同种类的动作，常见的动作分类如下。

❑ **基本功能**　像算术运算等。

❑ **行为调用**　像调用另一个活动或者操作。

❑ **通信动作**　像发送一个信号，或者等待接收某一个信号。

❑ **对象处理**　像对属性值或者关联值的读写。

活动中一个动作表示一个单步执行，即一个动作不能再分解，但一个动作的执行可能导致许多其他动作的执行。例如，一个动作调用一个活动，而此活动又包含了多个动作。这样，在调用动作完成之前，被调用的多个动作都要按次序执行完成。

一个动作可以有一组进入边和一组退出边，这些边可以是控制流，也可以是对象流。只有所有输入条件都满足时，动作才开始执行。动作执行完成之后，按控制流的方向启动下一个结点和动作，同时按对象流的方向输出对象表示结果，下一个结点和动作可将这些对象作为自己的输入，再启动自己的执行。

5.2　基本组成元素

在 5.1.2 节简单罗列了活动图的主要组成元素，本节将详细介绍其中的活动状态、动作状态、转移、判定、开始和结束状态。

5.2.1　活动状态

活动也称为动作状态（Action State）是活动图的核心符号，它表示工作流过程中命令的执行或活动的进行。与等待事件发生的一般等待状态不同，活动状态用于等待计算处理工作的完成。当活动完成后，执行流程转入到活动图的下一个活动。

活动具有以下特点。

❑ **原子性**　活动是原子的，它是构造活动图中的最小单位，已经无法分解为更小的部分。

- ❏ **不可中断性**　活动是不可中断的，它一旦开始运行就不能中断，一直运行到结束。
- ❏ **瞬时行为性**　活动是瞬时的行为，它所占用的处理时间极短，有时甚至可以忽略。
- ❏ **存在入转换**　活动可以有入转换，入转换可以是动作流，也可以是对象流。动作状态至少有一条出转换，这条转换以内部动作的完成为起点，与外部事件无关。
- ❏ 在一张活动图中，活动允许多处出现。

　　在 UML 中活动状态使用一个带有圆角的矩形表示，这与状态标记符相似，图 5-2 显示了活动状态。活动指示动作，因此在确定活动的名称时应该恰当地命名，选择准确描述所发生动作的词，如保存文件、打开文件或者关闭系统等。

启动系统

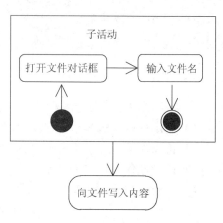

图 5-2　活动状态示例

　　UML 中的一个活动又可以由多个子活动构成，来完成某个复杂的功能，此时各个子活动之间的关系相同。在进行分解子活动时，有如下两种描述方法。

- ❏ **子活动图位于父活动的内部**

　　该方法是将子活动图放置在父活动的内部，该方法的优点在于，建模人员可以很方便地在一个图中看出工作流的所有细节，但嵌套层次太多时，阅读该图会有一定困难，如图 5-3 所示演示了该描述方法。

- ❏ **单独绘制子活动图**

　　使用一个活动表示子活动图的内容，在活动外重新绘制子活动图的详细内容。该方法的好处在于可简化工作流图的表示，如图 5-4 所示演示了该描述方法。

图 5-3　子活动图表示法 1

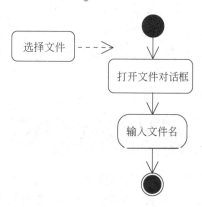

5.2.2　动作状态

　　活动表示某个流程中任务的执行，活动图中的活动也叫活动状态。活动图中有活动状态和动作状态，动作状态是活动状态的特例。

　　对象的动作状态是活动图的最小单位的构造块，是指执行原子的、不可中断的动作，并在此动作完成后通过完成转换转向另一个状态的状态。在 UML 中动作状态使用平滑的圆角矩形表示，动作状态所表示的动作写在矩形内部。如图 5-5 所示为一个动作状态的示例。

图 5-4　子活动图表示法 2

动作状态1

图 5-5　动作状态示例

5.2.3　转移

　　一个活动图有很多动作或者活动状态，活动图通常开始于初始状态，然后自动转换到活动图的第一个动作状态，一旦该状态的动作完成后，控制就会不加延迟地转换到下一个动作状态或者活动状态。所有活动之间的转换称为转移。转移不断重复进行，直到碰到一个分支或者终止状态为止。

本章前面的活动图中已经多次用到了转移。转移是状态图中的重要组成部分，是活动图中不可缺少的内容，它指定了活动之间、状态之间或活动与状态之间的关系。转移用来显示从某种活动到另一活动或状态的控制流，它们连接状态与活动、活动之间或者状态之间。转移的标记符是执行控制流方向的开放的箭头。图 5-6 显示了转移的可使用对象。

有时候仅当某件确定的事情已经发生时才能使用转移，这种情况下可以将转移条件赋予转移来限制其使用。转移条件位于方括号中，放在转移箭头的附近，只有转移条件为"真"时才能到达下一个活动。图 5-7 为带有条件的转移示意图。

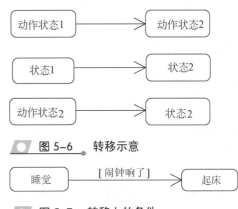

图 5-6 ● 转移示意

图 5-7 中如果要实现从活动"睡觉"转移到活动"起床"，就必须满足转移条件"闹钟响了"。只要转移条件为真时，转移才发生。在实

图 5-7 ● 转移上的条件

际应用中，带有条件的转移使用非常广泛，后面的章节中将详细介绍转移条件的相关知识。

5.2.4 判定

一个活动最终总是要到达某一点，如果一个活动可能引发两个以上不同的路径，并且这些路径是互斥的，此时就需要使用判定来实现。

在 UML 中判定有两种表示方式：一种是从一个活动直接引出可能的多条路径。另一种方式是将活动转移引到一个菱形图标，然后从这个菱形的图标中再引出可能的路径。

无论用哪种方式，都必须在相关的路径附近指明标识执行该路径的条件，并且条件表达式要用

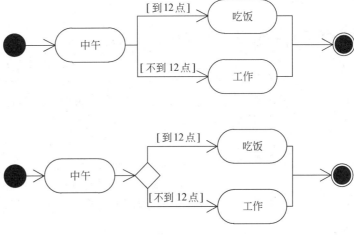

图 5-8 ● 使用判定示例

中括号括起来。如图 5-8 所示是判定的两种表示示例图。

5.2.5　开始和结束状态

状态通常使用一个表示系统当前状态的词或短语来标识。状态在活动图中为用户说明转折点的转移，或者用来标记工作流中以后的条件。

前面学习了活动状态和动作状态，除了它们UML还提供了两种特殊的状态，即开始状态和结束状态。开始状态是以实心黑点表示，结束状态以带有圆圈的黑点表示，如图5-9所示。

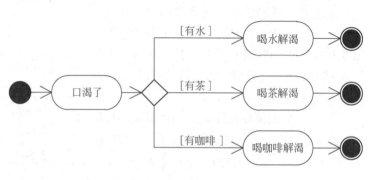

图 5-9　UML 开始和结束状态

在一个活动图中只能有一个开始状态，但可以有多个结束状态。图5-10演示了开始状态和结束状态一对多的关系。

从图 5-10 可以看出，该活动仅包含一个开始状态，但是对应了 3 个结束状态。从开始状态进入到"口渴了"状态之后无论转移到哪个活动都将结束控制流。

图 5-10　包含多个结束状态的活动

5.3　控制结点

控制结点是一种特殊的活动结点，用于在动作结点或对象之间协调流，包括分支、合并、分叉与汇合等。

5.3.1　分支与合并

当想根据不同条件执行不同分支的动作序列时，可以使用判定。UML 使用菱形作为判定的标记符，它除了标记判断外还能表示多条控制流的合并。本节将详细讲解有关判定进行分支和合并的相关知识。

1．分支节点

分支可以进行简单的真/假测试，并根据测试条件使用转移到达不同的活动或状态。在活动图中可以使用判断来实现控制流的分支。图 5-11 演示了简单的两个分支测试真/假条件。

分支根据条件对控制流继续的方向做出决策，使用分支使得工作更加简洁，尤其是对于带有大量不同条件的大型活动图。所有条件控制点都从此分支，控制流转移到相应的活动或状态，这样用户就可以通过做出决策明确动作的完成。分支同样可以像判定一样完成判断条件不止一项的情况。如图 5-12 所示是该情况下的图形表示。

图 5-12 表示家长根据孩子考试成绩给予不同的奖励，条件选项分别有优、良和中，根据条件可能进入的状态有买钢琴、买新衣服或者买学习机。这种结构非常类似于大多数编程语言中的 switch 语句和 if else 组合语句的效果。

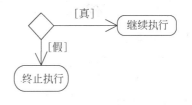

图 5-11 真/假测试条件

在布置易于阅读的活动图时，使用判定标记符增加了一些方便，因为它提供了彼此间的条件转移，起到节省空间的作用，图 5-13 演示了判定标记符在活动图中表示分支的使用。

图 5-13 是教师保存学生成绩的一个活动图，其中判定标记符的作用是根据条件分支控制流。在输入成绩时，根据成绩是否已经被记录来转移到不同的活动。如果

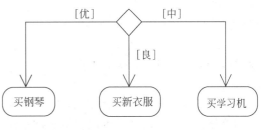

图 5-12 多分支

成绩已经被记录，则转移到更新成绩的活动；如果没有成绩那么将插入成绩。

除了使用判定来表示分支外，还可以使用活动来判断条件。根据活动结果可使用转移条件来建模，如图 5-14 所示。

在图 5-14 中计算账户余额的活动揭示该账户是否透支。做出判断所需的所有信息都是活动本身提供的，没有外部判断，也没有其他可用信息。为了显示由该活动导致的选择，这里仅建模离开该活动的转移，每个转移具有不同的转移条件。

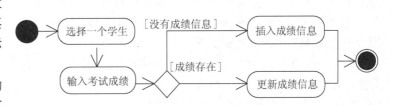

图 5-13 保存成绩活动图

2. 合并节点

合并将两条路径连接到一起，合并成一条路径。前面使用判定用作分支判断，并根据条件转向不同的活动或状态。这里判定被用作合并点，用于合并不同的

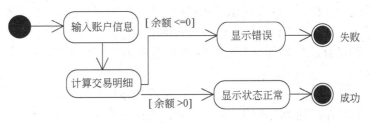

图 5-14 使用活动判断

路径，它将多条路径重合部分建模为同一步骤序列。

实际应用中，判定标记符不管是用作判断还是作为合并控制流，在活动图中都使用的十分广泛，几乎每个活动图中都会用到。如图 5-15 所示显示了活动图中使用判定标记符合并节点的情况。

第 5 章 活动图

图 5-15 所示的是计算信用卡账单的活动，如果交易超过规定的免息期未全额还款，将产生滞纳金。如果没有超期的交易金额则直接进行下面的活动，直到结束状态。这里的第一个判定标记

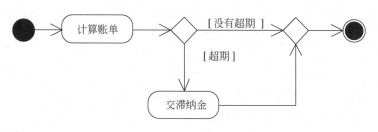

图 5-15 使用判定进行合并的活动图

符用来表示判断，第二个判定标记符用来合并控制流。

5.3.2 分叉与汇合

前面多次使用了判定标记符，它能根据不同条件将控制流分为多个方向，也可以将多个控制流合并成一个路径。但对象在运行时可能会存在两个或多个并发运行的控制流，此时判定标记符不能完成这些功能。为了对并发的控制流建模，UML 中引入了分叉和汇合的概念。

分叉和汇合与转移密不可分。因为分叉是用于将一个控制流分为两个或多个并发运行的分支，它可以用来描述并发线程，每个分叉可以有一个输入转移和两个或多个输出转移，每个转移都可以是独立的控制流。图 5-16 是 UML 中分叉的标记符。

汇合与分叉相反，代表两个或多个并发控制流同步发生，它将两个或者多个控制流合并到一起形成一个单向控制流。每个连接可以有两个或多个输入转移和一个输出转移，如果一个控制流在其他控制流之前到达了连接，它将会等待，直到所有控制流都到达了才会向连接传递控制权。图 5-17 显示了连接标记符。这里需要说明的是：分叉和汇合的标记符都是黑粗横线，为了区分分叉和汇合，在图 5-16 和图 5-17 中分别为它们加入了转移。

在活动图中，使用分叉和连接来描述并行的行为。即每当在活动图上出现一个分叉时，就有一个对应的汇合将从该分叉分出去的分支合并在一起。图 5-18 是一个使用了分叉和汇合的活动图。

图 5-18 中用了一个分叉和一个汇合描述进入火车站候车厅前的活动图。首先到达火车站，此时要求分别检查随身携带的行李和乘车车票，这两项检查是同时进行的，当两个活动都完成时同时到达下一个状态后，才能进行进入候车厅动作。

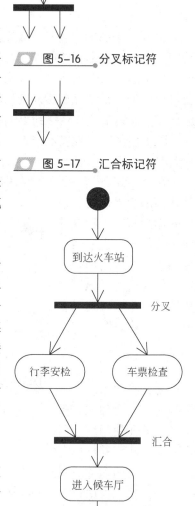

图 5-16 分叉标记符

图 5-17 汇合标记符

图 5-18 分叉和汇合

5.4 其他元素

除了前面讲到的活动图元素标识符外，活动图还具有其他一些元素，像事件和触发器、泳道、对象流、发送信号动作、接收事件动作以及可中断区间等，它们也是活动图中不可缺少的标记符。这些元素与基本元素一起构建了活动图的丰富内容，综合使用它们能增强绘图技术，丰富活动图表达能力。

5.4.1 事件和触发器

事件（Event）和触发器（Trigger）的用法和控制点相似，区别是它们不是通过表达式控制工作流，而是被触发来把控制流移到对应的方向。事件非常类似于对方法的调用，它是动作发生的指示符，可以包含一个或多个参数，参数放在事件名后的括号中，图 5-19 演示了事件的使用方法。

在图 5-19 中控制流根据事件进入 3 个方向，事件触发控制流离开"准备"进入相应的活动。第一个事件"Print()"具有两个参数（File 和 printmach），进行打印文件的活动；第二个事件"Saveas()"只

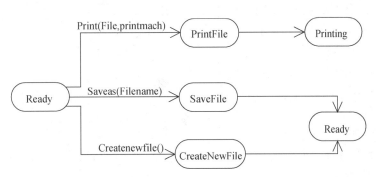

图 5-19　事件使用图

有一个参数（Filename），进行保存文件的活动；第三个事件"Createnewfile()"没有任何参数，进行创建新文件的活动。

5.4.2 泳道

活动图指定了某个操作时活动和动作状态的发生顺序，但是不能指定该活动或者状态属于谁，因而在概念层无法描述每个活动由谁来负责，在说明层和实现层无法描述每个活动由哪个类来完成。虽然可以在每个活动上标记出其所负责的类或者部门，但难免带出诸多麻烦。泳道的引用解决了这些问题。

泳道将活动图划分为若干组，每一组指定给负责这组活动的业务组织，即对象。在活动图中泳道区分了负责活动的对象，它明确地表示了哪些活动是由哪些对象进行的。在包含泳道的活动图中每个活动只能明确地属于一个泳道。每个泳道具有一个与其他泳

道不同的名字。泳道间的排列次序在语义上没有重要的意义，但可能会表现现实系统里的某种关系。图 5-20 显示了泳道的标记符。

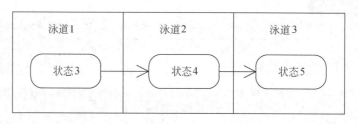

图 5-20　泳道示意图

由图 5-20 中可以看出，泳道使用矩形框表示，矩形框顶部是对象名或域名，该对象或域负责泳道内的全部活动。从这里可以看出，泳道将活动图逻辑描述和交互图的职责描述结合在一起。图 5-21 演示了使用泳道的活动图。

图 5-21 简单地描述了顾客用餐的活动图，其中涉及了顾客、服务员和厨房 3 个对象，各自负责自己的活动。由于在图中使用了泳道，因此读者能轻松地看出 3 个对象之间的交互。泳道很清晰地

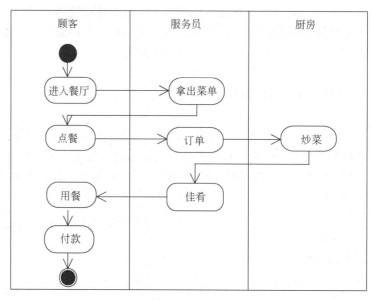

图 5-21　使用泳道的活动图

划分出每个对象所负责的不同活动以及泳道间活动的关系。

注　意

泳道和类不是一一对应关系，泳道关心的是职责，一个泳道可以由一个或者多个类实现。

5.4.3　对象流

活动图描述某个对象时，可以将涉及到的对象放到活动图中并用一个依赖将其连接到进行创建、修改和撤销的活动或状态上，对象的这种使用方法就构成了对象流。对象流是活动图中活动或状态与对象之间的依赖关系，表示活动使用对象或者活动或状态对对象的影响。

在活动图中，对象流标记符用带箭头的虚线表示。如果箭头从活动出发指向对象，则表示该活动对对象施加了一定的影响，施加的影响包括创建、修改和撤销等；如果箭头是从对象指向活动，则表示对象在执行该活动。如图 5-22 所示为对象流，它连接了对象与活动。

对象流中的对象具有以下特点。

❑ 一个对象可以由多个活动操纵。

❑ 一个活动输出的对象可以作为另一个活动输入的对象。

❑ 在活动图中，同一个对象可以多次出现，它的每一次出现表明该对象正处于对象生存期的不同时间点。

图 5-23 是一个含有对象流的活动图，该图中对象表示图书的借阅状态，借阅者还书之前图书的状态为已借；当借阅者还了图书之后，图书的状态发生了变化，由已借状态变成了未借状态。

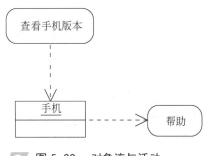

图 5-22　对象流与活动

5.4.4　发送信号动作

发送信号动作是一种特殊的动作，它表示从输入信息创建一个信号实例，然后发送到目标对象。发送信号动作可能触发状态机的转换或者活动的执行。在发送信号动作时可以包含一组带有值的参数。由于信号是一种异步消息，所以发送方立即继续执行，所有的响应都将被忽略，并未返回给发送方。

发送信号动作表示为一个凸边矩形。如图 5-24 所示为订单处理工作流中的一个片断，发送了两个信号。在创建订单之后向仓库发送一个信号，该动作是"接受订单请求"；然后创建发票，最后再向客户发送一个信号，该对作是"提示收货"。

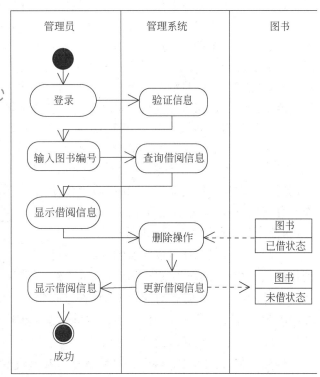

图 5-23　使用对象流的图书归还活动图

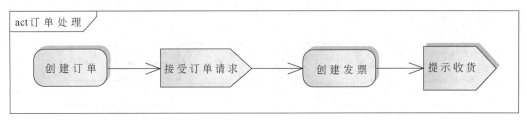

图 5-24　订单处理中的发送信号动作

在图 5-24 中仅描述了发送信号动作，而没有描述信号对象，也没有描述信号的接收方。如果需要的话，发送的一个信号对象可作为发送信号动作的一个输出对象。

5.4.5　接收事件动作

接收事件动作也是一个特殊的动作，表示等待满足特定条件的某个事件发生。

一个接收事件动作至少关联一个触发器，每个触发器都确定了一种接收的事件类型，事件的类型可以是异步调用事件、改变事件、信号时间和时间事件。一个接收事件的动作可以接收多种类型的事件。

对于调用事件，接收事件动作只能处理异步调用，而不能处理同步调用。而对于信号事件，一个触发器可确定一种信号的类型及其子类型。

接收事件动作对发生的事件进行接收和处理，所发生的事件是由拥有该动作的对象所检测的。在一个接收事件动作执行时，该对象将检查到一个事件发生，并与其中一个触发器的事件类型匹配。如果所发生的事件没有被其他动作接收，那么这个接收事件动作就执行完成了，而且输出一个值来表示这个发生的事件。如果所发生的事件没有匹配触发器所指定的任何事件类型，那么该动作就继续等待，直到匹配才能接收。

接收信号事件动作使用一个凹边矩形表示。例如，在图 5-25 中的"取消订单"就是一个接收信号事件动作，它表示等待一个信号（取消订单）发生。接收到这样一个信号之后，将调用一个取消订单的动作。图中接收事件动作没有描述输入，实际上它肯定接收到一个信号，可能来自当前活动之外，也可能来自客户。

一些事件接收动作可以没有输入，这也是动作的一个特点，此时当它的外层活动或者结点启动时，这个动作就启动了。该动作在接收到一个事件之后仍然保持有效。也就是说，在接收到事件而且输入一个值之后，它仍然继续等待另一个事件发生而不会终止。当外层活动或者结点终止时，此动作才终止。

例如，在图 5-26 中描述了一个发送信号和接收信息的示例。该图表示当一个订单处理完成向客户发送一个请求支付的信息，然后等待接收来自客户的一个确认支付信号。只有当请求支付信号发送之后才可能收到来自客户的确认支付的信号。当确认信号到达后，立即按订单发货。

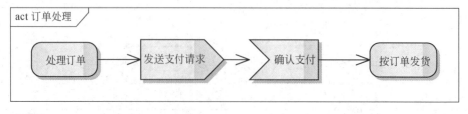

图 5-26　发送信号和接收信息

在图 5-26 中从发送信号动作到接收信号动作有一个控制流，它表示两个动作的前后顺序，但是并不能表示发送和接收的是同一个信号。

5.4.6　可中断区间

在对活动图建模时往往会出现这样的情形，即当一个活动执行在特定区间时，如果发生某种来自活动外部的事件，那么当前区间中的活动立即终止，然后转去处理所发生的事件，而且不能再回头继续执行。UML 2 中提供了可中断区间来支持这种建模。

可中断活动区间是一种特殊的活动分组，当发生某种事件时，在一个活动中把某一范围中的所有控制流都撤销。具体来说，一个可中断区间包含了多个活动结点，而且有一个或者多条流作为该区间的中断退出区间。当一个控制流沿着其中一条流退出时，该区间中的所有其他流和活动都终止。

中断流是一种特殊的活动流，对于可中断活动区间来说，每个中断流必须在区间内有一个源结点，而且中断流的目标结点必须在区间之外，且必须在同一个活动之中。

一个可中断区间往往包含有一个或者多个接收事件动作，他们表示可能导致中断的不同事件。当一个控制流在区间内退出时，该区间就中断了，此时控制流离开该区间，但是未被终止。另外，区间中的接收事件动作没有进入流，只有当一个控制流进入该区间时，该动作才被激活，以等待特定事件的发生。

一个可中断区间表示为一个虚线的圆角矩形，其中包含一组结点和控制流。一条中断流表示为一个"闪电"符号，从区间中接收事件动作指向区间外的某个结点，如图 5-27 所示。

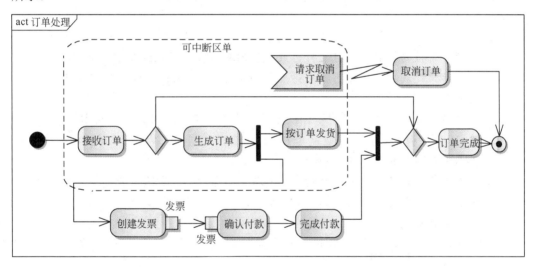

图 5-27　可中断区间示例

在图 5-27 中可中断区间包含了"接收订单"、"生成订单"和"按订单发货"。在"按订单发货"未完成之前，如果接收到一个"请求取消订单"事件，将离开该区间而执行"取消订单"动作，然后终止活动。这个事件来自当前活动的外部，例如来自客户的请求。实际上，当控制流进入执行可中断区间时，接收事件动作就已经激活，准备好接收特定事件了。当中断事件发生时，可能对同一个订单，一些可中断活动区间外的活动正在并发进行，但此时"按订单发货"动作不能完成导致不能同步进入"订单完成"。

5.4.7 异常

在行为建模中往往需要处理许多例外的情况。面向对象编程语言中都提供了异常处理机制，而 UML 2 也提供了异常处理器来对异常进行建模。

一个异常表示发生某种不正常的情况而停止了不正常的执行过程。在如下情况下可能发生异常。

❑ 可能是由于底层执行的行为错误而引起的。例如，访问数组的下标超界，除数为零等情况。

❑ 可能由一个引发异常的动作而显式引起的。UML 2 中有一种特殊的动作称为"引发异常"，它的执行将引发指定类型的异常，这类似于编程语言中使用 throw 语句抛出的异常。

为了使程序能正确响应各种异常，就必须知道发生了哪一种异常，以及该异常的属性。将异常建模为对象就能很好地解决此问题。特定时间发生的一个异常看作一个对象，而一种异常具有相同的对象种类，反映了异常的本质特性。这就出现了专门表示异常的类型层次。例如，C++中的 Exception 类。UML 2 虽然没有提供专门的异常类型，但提供了异常处理器。

异常处理器是一种特殊的建模元素，它有一个保护结点，而且确定一个异常处理执行体和一个异常类型。当保护结点执行发生特定类型的异常时，该执行体就执行，主要包括如下几个方面。

❑ 一个异常处理器关联一个被保护结点，该结点可以是任何一种可执行结点。如果一个异常被传播到该结点之外，此处理器将检查是否匹配异常类型。

❑ 一个异常处理器有一个可执行结点作为执行体，如果该处理器与异常类型相匹配就执行。

❑ 一个异常处理器必须说明一种以上异常类型，表示该处理器所能捕捉的异常种类。如果所引发的异常类型是其中之一或者子类型，那么该处理器将捕捉该异常，而且开始执行执行体中的行为。

❑ 一个异常处理器还需要一个对象结点作为异常输入，往往表示为该处理器的一个对象结点。当处理器捕获到一个异常时，该异常的控制流就放在此结点上，从而导致异常体的执行。

例如，图 5-28 所示为一个异常处理器的示例。其中一条异常使用"闪电"流从一个被保护结点指向一个异常器体的结点，该结点表示能捕获的一种异

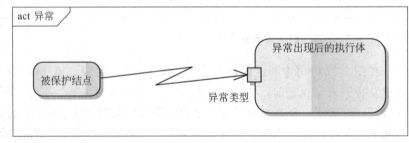

图 5-28 异常处理器示例

UML 建模、设计与分析标准教程（2013—2015 版）

常类型。

图 5-28 表示了被保护结点执行中如果出现异常，异常对象将沿着控制流传递给处理器。如果异常对象的类型与捕获的类型相同，则处理器的执行体就执行，而被保护结点的行为被终止。这种表示方式与编程语言中的 try catch 语言相似。

一个保护结点也可能引发多种类型的异常。例如，在图 5-29 中如果发生"异常类型1"异常时，将被一个处理器捕获，并提供一个"结果 1"作为输出；当发生"异常类型2"异常时，将被另一个处理器捕获，并提供一个"结果 2"作为输出。如果异常没有发生，被保护结点就正常结束，进入下面的"输出结果"结点。当发生以上两种异常之一时，"输出结果"结点将使用异常的输出作为结果执行。

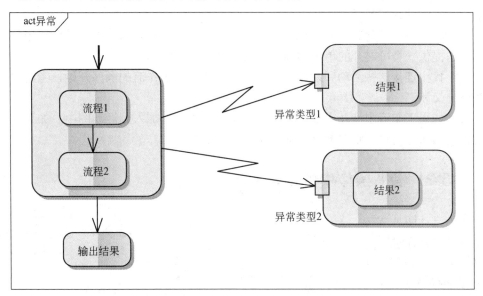

图 5-29　多异常类型示例

5.5　活动图的应用

在本节前面详细介绍了活动图中各个元素的表示方式，并给出了简单示例。本节将以图书管理系统中的借书操作为例进行分析，并逐步实现其活动图，让读者了解绘制活动图的基本步骤和技术要领。

5.5.1　建模步骤

在系统建模过程上，活动图能够被附加到任何建模元素以描述其行为，这些元素包含用例、类、接口、组件、节点和操作等。现实中的软件系统一般都包含很多类，以及复杂的业务过程，这里的业务过程指工作流。系统分析可以用活动图来对这些工作流建模以此重点描述这些工作流；也可以用活动图对操作建模，用以重点描述系统的流程。

无论在建模过程中活动图的重点是什么，它都是用活动流来描述系统参与者和系统之间的关系。建模活动图也是一个反复的过程，活动图具有复杂的动作和工作流，检查修改活动图时也许会修改整个工程。所以有条理地建模会避免许多错误，从而提高建模效率。建模活动图时可以按照以下步骤来进行。

（1）为工作流建立一个焦点，确定活动图所关注的业务流程。由于系统较大，不可能在一张图中显示出系统中所有的控制流。通常，一个活动图只用于描述一个业务流程。

（2）确定该业务中的业务对象。选择结束全部工作流中的一部分有高层职责的业务对象，并为每个重要的业务对象创建一条泳道。

（3）确定该工作流的开始状态和结束状态。识别工作流初始节点的前置条件和活动结束的后置条件，确定该工作流的边界，这可有效地实现对工作流的边界进行建模。

（4）从该工作流的开始状态开始，说明随时间发生的动作和活动，并在活动图中把它们表示成活动状态或者动作状态。

（5）将复杂的活动或多次出现的活动集合归到一个活动状态节点，并对每个这样的活动状态提供一个可展开的单独的活动来表示他们。

（6）找出连接这些活动和动作状态节点的转换，从工作流的顺序开始，考虑分支，再考虑分叉和汇合。

（7）如果工作流中涉及重要的对象，则也可以将它们加入到活动图中。如果需要描述对象流的状态变化，则需要显示其变化的值和状态。

5.5.2　借书操作中的活动图

建模活动图时，首先要确定对谁进行建模。在图书馆中，图书管理员用到最多的应该就是借书操作和还书操作。这里以借书操作为例，来建模借书用例的活动图，如图 5-30 所示。

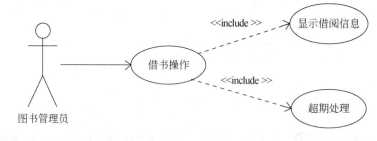

图 5-30　借书用例图

从该借书用例图中可以看出，图中包含了 3 个用例，分别为 BorrowBook 用例、DisplayLoans 用例和 OvertimeProcess 用例。其中 DisplayLoans 用例和 OvertimeProcess 用例是独立的，这两个用例都有可重用的功能，可以在其他用例图中使用。

建模用例的活动图时，往往利用一条显示的路径执行工作，然后从该路径进行扩展。前面曾给出独立的借书用例图，这里就建模该用例的活动图主路径，如图 5-31 所示。

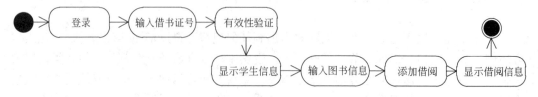

图 5-31　借书活动图主路径

主路径就是从工作流的开始到结束，没有任何错误和判断的路径。如图 5-31 所示，该主路径主要的动作为：登录、输入借书证号、检测、显示学生信息、输入书号、添加借阅和显示借阅信息。完成了主路径，应该着手于对主路径的检查，应该检查其他可能的工作流，以免有所遗漏，做到及时修改。

活动图的主路径描述了用例图的主要工作流，此时的活动图没有任何转移条件或错误处理。建模从路径的目标就是进一步添加活动图的内容，包括判断、转移条件和错误处理等。在主路径的基础上完善活动图。

例如，"有效性验证"这一活动的作用包括了对借阅者是否存在超期图书和借书数量是否超过规定要求的判断。如果两种判断同时满足条件，才开始进行下面的活动。类似的情况在建模从路径时还有很多，不仅需要添加判断，如果有必要还可以应用前面讲到的任何知识包括分叉和汇合等。建模从路径是完善活动图的关键一步，只有仔细分析系统运行所有步骤才能得到完整的活动图。图 5-32 是添加完从路径后的活动图。

在实际图书馆中借书时，都规定了每本书可以借阅的天数和允许每人借阅的数量。如果这两个条件中某一个条件不满足都无法再次借阅，当且仅当两个条件同时满足规定，才能借阅图书。为了能表达出图书馆的规定，图 5-32 中除了一些基本的判断和错误处理外还加入了分叉和汇合。

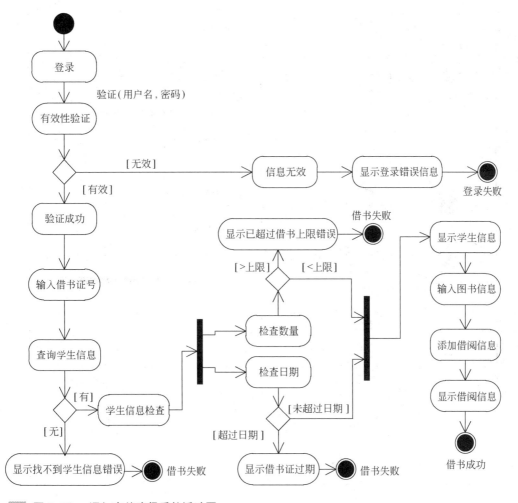

图 5-32　添加完从路径后的活动图

前面曾经讲到过泳道的相关知识，在活动图中加入泳道能够清晰地表达出各个活动由哪些部分负责。前面已经完成了对从路径的添加，虽然完整地描述了用例但从整体上来看图形很杂乱。为了解决图形杂乱的问题，为活动图添加泳道。

图书管理系统的借书用例中，是图书管理员 Librarian 参与和系统之间的交互。活动图正描述了这种交互，所以为活动图添加两个泳道。一个为 Librarian，是用例的参与者；另一个为 System，是提供后端功能的系统。图 5-33 显示了添加泳道后的活动图。

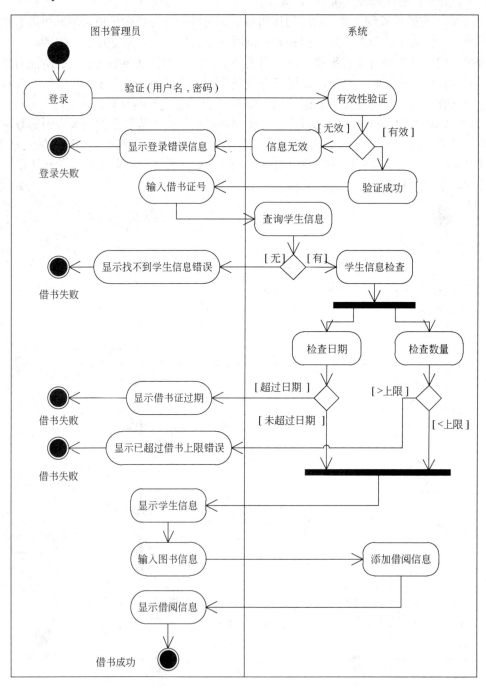

图 5-33　添加泳道后的活动图

为活动图添加泳道时，可以再次检查活动图并添加更多细节，完善活动图。从图 5-33 中可以看出，添加完泳道后的活动图清晰地描述了借书用例。即使是活动图，作者以外的读者也能轻松地阅读。

5.5.3 状态图和活动图的比较

状态图和活动图都是用于对系统的动态行为建模。状态机是展示状态与状态转换的图，通常一个状态机依附于一个类，并且描述这个系统实例对接收到的事物的反应。状态机有两种可视化方式，分别是状态图和活动图。

如果强调对象的潜在状态和这些状态间的转换，一般使用状态图；如果强调从活动到活动的控制流，一般使用活动图。活动图用于描述一个过程或操作的执行顺序，从这方面讲活动图可以算是状态的一种扩展方式。状态图描述一个对象的状态以及状态的改变，而活动图除了描述对象状态外，还能突出它的活动和操作。

5.6 思考与练习

一、填空题

1．UML 中活动图的核心元素是＿＿＿＿＿，它使用圆角矩形表示。

2．活动图中的活动结点有 3 种类型，其中＿＿＿＿＿结点可以包含开始状态。

3．在一个活动图中可以有一个开始状态，有＿＿＿＿＿个结束状态。

4．在活动图中使用＿＿＿＿＿来描述并行的行为。

5．一个异常处理器包含一个异常处理执行体和一个＿＿＿＿＿。

二、选择题

1．下列不属于活动图组成元素的是＿＿＿＿。
　　A．开始状态
　　B．消息调用
　　C．泳道
　　D．判定

2．活动图中的动作不可以执行如下哪个动作＿＿＿＿？
　　A．创建实例
　　B．执行加法运算
　　C．发送一个信号
　　D．关联属性值

3．下列关于活动的描述不正确的是＿＿＿＿。
　　A．在一张活动图中活动允许多处出现

　　B．活动是构造活动图中的最小单位
　　C．活动的入转换可以是动作流，也可以是对象流
　　D．活动使用实心圆表示

4．下列关于判定的描述不正确的是＿＿＿＿。
　　A．判定中的分支路径是并行的
　　B．判定中的分支路径是互斥的
　　C．判定使用菱形表示
　　D．判定的条件用中括号括起来

5．在活动图中＿＿＿＿明确地表示了哪些活动是由哪些对象进行的。
　　A．汇合
　　B．对象流
　　C．泳道
　　D．转移

6．＿＿＿＿表示等待满足特定条件的某个事件发生。
　　A．接收事件动作
　　B．发送信号动作
　　C．调用动作
　　D．触发器

三、简答题

1．简述活动图的概念和用途。
2．简要说明活动图各种标记符。
3．简要介绍分叉和汇合。
4．说明活动图中使用泳道的益处。

5. 简要概括建模活动图的步骤。

6. 简述使用发送信号动作和接收事件动作的情况。

四、分析题

1. 根据图 5-34 所示的活动图回答下面的问题。

（1）指出活动图的转移条件。

（2）指出活动图判断标记符。

（3）简单描述活动图控制流转移过程。

（4）指出活动图中分叉和汇合。

（5）说明该活动图中分叉和汇合的特点。

2. 运用本书前面介绍有关活动图的相关知识，根据图 5-35 的图书管理系统还书用例建模该用例的活动图。综合运用所学到的标记符，包括活动、转移、控制点、泳道、分叉和汇合等。并使用建模活动图的 5 个步骤，逐步为用例建模活动图。

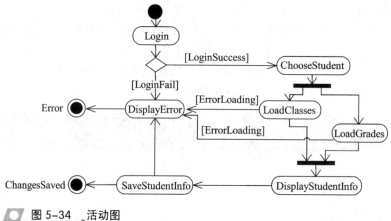

图 5-34 活动图

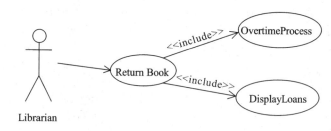

图 5-35 还书用例

UML 建模、设计与分析标准教程（2013—2015 版）

第6章

顺序图

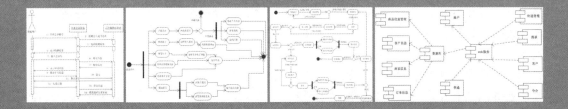

　　用例图描述了系统必须做什么；类图描述了组成系统结构各部分的各种类型。这缺少一部分内容，因为单凭用例和类还无法描述系统实际上将如何运作。为了满足这方面的要求，就需要使用交互图，特别是顺序图。

　　交互图有3种：顺序图、通信图和时间图。顺序图是交互图中应用最为广泛的，它主要描述系统各组成部分之间的交互次序。使用顺序图描述系统特定用例时，会涉及到该用例所需要的对象，以及对象之间的交互和交互发生的次序。

　　本章主要讲述顺序图的作用、构成、使用和创建方法。

本章学习要点：

➤ 理解顺序图的作用和构成
➤ 掌握消息的概念、类型和参数
➤ 掌握对象和迭代的创建
➤ 理解顺序图中的顺序片段
➤ 熟练建造简单的顺序图

顺序图描述了对象之间传递消息的时间顺序，它用来表示用例中的行为顺序。当执行一个用例行为时，顺序图中的每条消息对应了一个类操作或状态机中引起转换的触发事件。它着重显示了参与相互作用的对象和所交换消息的顺序。

顺序图和通信图均显示了交互，但它们强调了不同的方面。顺序图显示了时间顺序，但角色间的关系是隐式的。通信图表现了角色之间的关系，并将消息关联至关系，但时间顺序由于用顺序号表达，并不十分明显。每一种图应根据主要的关注焦点而使用。

6.1.1 顺序图定义

顺序图代表了一个相互作用、在以时间为次序的对象之间的通信集合。

顺序图的主要用途之一是为用例建造逻辑建模。即前面设计和建模的任何用例都可以使用顺序图进一步阐明和实现。实际上，顺序图的主要用途之一是用来为某个用例的泛化功能提供其所缺乏的解释，即把用例表达的需求，转化为进一步、更加正式层次的精细表达。用例常常被细化为一个或者更多的顺序图。顺序图除了在设计新系统方面的用途外，它们还能用来记录一个存在系统的对象现在如何交互。例如，"查询借阅信息"是图书管理系统模型中的一个用例，它是对其功能非常泛化的描述。尽管以这种形式建模的业务的所有需求，从最高层次理解系统的作用看是必要的，但是它对于进入设计阶段毫无帮助。这需要在这个用例上进行更多的分析才能为设计阶段提供足够的信息。

顺序图可以用来演示某个用例最终产生的所有的路径。以"查询借阅信息"用例为例，建模顺序图来演示查询借阅信息时所有可能的结果。考虑一下该用例的所有可能的工作流，除了比较重要的操作流查询成功外，它至少包含如下的工作流。

❏ 输入学生信息，显示该学生信息的所有借阅信息。

❏ 输入的学生信息在系统中不存在。

上述的每一种情况都需要完成一个独立的顺序图，以便能够处理在查询借阅信息时遇到的每一种情况，使系统具有一定的健壮性。

同时，在最后转向实现时，必须要用具体的结构和行为去实现这些用例。更确切地说，尽管建模人员通过用例模型描述了系统功能，但在系统实现时必须要得到一个类模型，这样才能用面向对象的程序设计语言实现软件系统。顺序图在对用例进行细化描述时可以指定类的操作。在这些操作和属性的基础上，就可以导出完整的类模型结构。

6.1.2 顺序图的构成

顺序图主要有 4 个标记符：对象、生命线、消息和激活期。在 UML 中，顺序图以二维图表的形式描述对象间的交互。其中，纵轴是时间轴，时间自上而下，使用生命线表示。横轴代表了参与相互作用的对象。

生命线有两种状态：休眠状态和激活状态。其中，激活状态下对象就处在激活期，休眠和激活都用来表示对象所处的状态。消息用从一个对象到另一个对象生命线的箭头表示，箭头以时间顺序在图中从上到下排列，如图 6-1 所示。从该图容易看出，顺序图清楚地描述了随时间顺序推移的控制流轨迹。

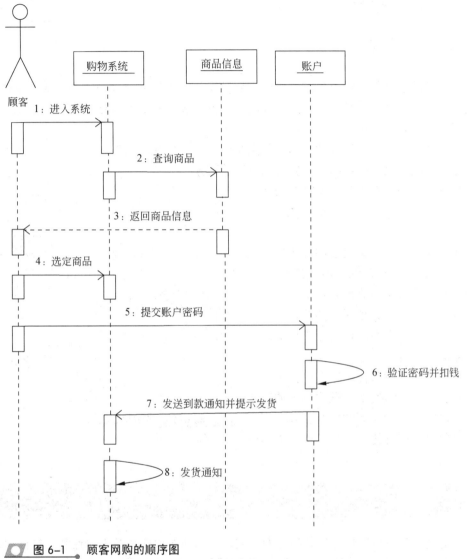

图 6-1 顾客网购的顺序图

6.2 生命线与激活

6.2.1 生命线

对象在垂直方向向下拖出的长虚线称为生命线，生命线是一个时间线，从顺序图的顶部一直延续到底部，所用的时间取决于交互的持续长度。生命线表现了对象存在的时段。

生命线的休眠状态和激活状态如下。

❑ 休眠状态下生命线由一条虚线表示，代表对象在该时间段是没有信息交互的。

❑ 激活状态就是激活期，用条形小矩形表示，代表对象在该时间段内有信息交互，交互由消息表示。

6.2.2　激活

当一条消息被传递给对象的时候，它会触发该对象的某个行为，这时就说该对象被激活了。在生命线上，激活用一个细长的矩形框表示。矩形本身被称为对象的控制期，控制期说明对象正在执行某个动作。

通常情况下，表示控制期矩形的顶点是消息和生命线相交的地方，而矩形的底部表示的行为已经结束，或控制权交回消息发送的对象。

顺序图中一个对象的控制期矩形不必总是扩展到对象生命线的末端，也不必连续不断。

激活期本身从一条信息的发出或接收开始，到最后一条信息的发出或接收结束；激活期的垂直长度粗略地表示信息交互持续的时间。如图 6-2 所示，用户进入系统并激活了系统，在系统内进行查询又激活了商品信息系统。

顺序图中的对象在顺序图中并不一定是开始就有的。事实上，顺序图中的对象并不一定需要在顺序图的整个交互期间存活，对象可以根据传递进来的消息创建或销毁。

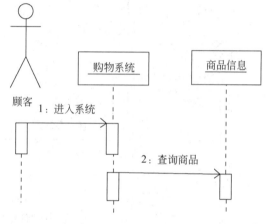

图 6-2　激活状态应用

6.3　对象

类定义了对象可以执行的各种行为，但是在面向对象的系统中，行为的执行者是对象，而不是类，因此顺序图通常描述的是对象层次而不是类层次。

6.3.1　对象简介

对象可以是系统的参与者或者任何有效的系统对象。顺序图中的每个对象显示在单独的列里，对象标识符为带有对象名称的矩形框。

对象在列中的位置表示了对象的存在方式。

❑ 若对象放置在消息箭头的末端，其垂直位置显示了这个对象第一次生成的时间，表示对象是在对象的交互过程中，由其他对象创建。

❑ 若对象标记符放置在顺序图的顶部，表示对象在顺序图的第一个操作之前就存在。

UML 建模、设计与分析标准教程（2013—2015 版）

顺序图中对象的标记符如图 6-3 所示。

对象有以下 3 种命名方式。

❏ 第一种方式包括类名和对象名，表示为对象名+冒号+类名。

❏ 第二种方式只显示对象名。

❏ 第三种方式只显示类名，表示该类的任何对象，表示为冒号+类名。

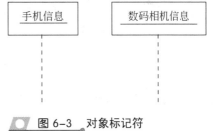

图 6-3 对象标记符

一个对象实际上可以代表一组对象，是某个应用、子系统或同类型对象的集合。例如图 6-1 中的购物系统，代表了搜索、选货发货等，是主系统；而商品信息系统只提供信息资源的显示，相当于数据库。

6.3.2 对象的创建和撤销

对象的创建有几种情况，在前面讲述对象生命线时曾经说过，对象可以放置在顺序图的顶部，如果对象在这个位置上，那么说明在发送消息时，该对象就已经存在；如果对象是在执行的过程中创建的，那么它应该处在图的中间部分。

创建这种对象标记符如图 6-4 中的示例所示。创建一个对象的主要步骤是发送一个 create 消息到该对象。对象被创建后就会有生命线，这与顺序图中的任何其他对象一样。创建一个对象后，就可以像顺序图中的其他对象那样来发送和接收消息。

对象可以被创建和删除，删除对象需要发送 destroys 消息到被删除对象。要想说明某个对象被销毁，需要在被销毁对象的生命线最下端放置一个×字符。

有许多种原因需要在顺序图的控制流中创建和撤销对象。例如，经常用来提醒或提示用户的消息框。在用户操作有误或操作已完成时，需要创建一个对象向用户显示提示消息框，之后由用户确认并销毁该消息框。如图 6-4 所示，当用户登录失败后，将创建一个错误提示对象以提示用户登录错误。

对象的创建和撤销同样用于提示用户操作完成或注册成功等，通常由用户确认关闭，在关闭的同时删除了提示对象。

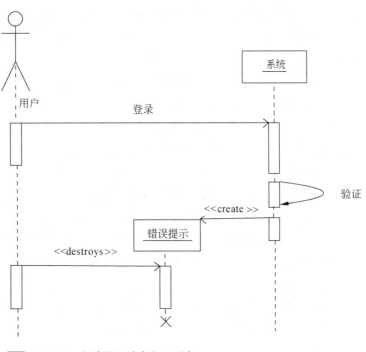

图 6-4 创建错误消息提示对象

6.4　消息

在任何一个软件系统中，对象都不是孤立存在的，它们之间通过消息进行通信。

为了显示一个对象传递一些信息或命令给另外一个对象，使用一条线从对象指向接收信息或命令的对象，这条线可以有自己的名称，用来描述两个对象之间具体的交互内容。

既联系了两个对象，又描述了他们间的交互，这就是消息的作用。

6.4.1　消息简介

消息是用来说明顺序图中对象之间的通信，可以激发操作、创建或撤销对象。为了提高可读性，顺序图的第一个消息总是从顶端开始，并且一般位于图的左边。然后将继发的消息加入图中，稍微比前面的消息低些。

在顺序图中，消息是由从一个对象的生命线指向另一对象的生命线的直线箭头来表示，UML 中有 4 种类型的消息：同步消息、异步消息、简单消息和返回消息。分别用 4 种箭头符号表示，如图 6-5 所示。箭头上面可以标明要发送的消息名。

图 6-5　消息的类型

简单消息是不区分同步和异步的消息，它可以代表同步消息或异步消息。有时消息并不用分得很清楚是同步还是异步，或者有时不确定是同步还是异步，此时使用简单消息代替同步消息和异步消息既能表达意思，又能很好地被接受。

在对系统建模时，可以用简单消息表示所有的消息，然后再根据情况确定消息的类型。

当有消息产生，对象就处于激活状态，因此消息的箭头总是由生命线上的小矩形出发，在另一个对象（或自身）生命线的小矩形结束。

在各对象间，消息发送的次序由它们在垂直轴上的相对位置决定。如图 6-6 所示，发送消息 2：返回查询结果的时间是在发送消息 1：查询之后。

在顺序图中也可以使用参与者。实际上，在建模顺序图时将参与者作为对象可以说明参与者是如何与系统进行交互，以及系统如何响应用户的请求。参与者可以调用对象，对象也可以通知参与者。

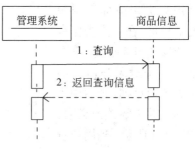

图 6-6　对象之间的消息

如图 6-7 所示为网购的一部分，顾客与系统交互才有了商品的最终确定。

阅读一个顺序图需要沿着时间线传递消息流，通常从最顶层的消息开始。在本示例中是从消息 1 开始。

❑ 参与者将查询条件发送到网购管理系统。

- 管理系统在接收到查询条件后，将查询条件发送到商品信息。
- 商品信息对象接收到查询条件后，将返回一个查询结果到网购管理系统。系统对接收的返回结果进行处理，展示给顾客。
- 顾客选定商品。

上面的示例图说明了参与者同对象一样可以将消息发送给顺序图中的任何参与者或者对象。

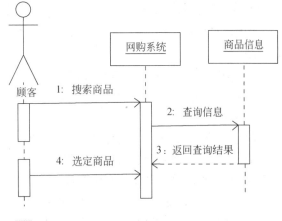

图 6-7　网购交互示例

当建模顺序图时，对象可以将消息发送给它自身，这就是反身消息。例如，在图 6-8 登录系统中，验证消息就是反身消息。在反身消息里，消息的发送方和接收方是同一个对象。系统对象发送验证消息给它自身，使该对象完成对用户身份的验证。

如果一条消息只能作为反身消息，那么说明该操作只能由对象自身的行为触发。这表明该操作可以被设置为 Private 属性，只有属于同一个类的对象才能调用它。在这种情况下，应该对顺序图进行彻底的检查，以确定该操作不需要被其他对象直接调用。

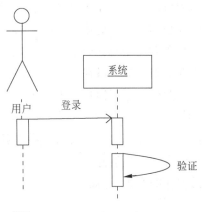

图 6-8　用户登录验证

消息从发送者和接收者的角度可以分为以下4 种。

- **Complete**　消息的发送者和接收者都有完整描述，这是一般的情形。
- **Lost**　有完整发送者发送消息，但未描述接收事件，如消息没有达到目的。此时在消息的箭头处使用实心圆注释，如图 6-9 所示。
- **Found**　有完整的接收事件，但未描述发送时间，如消息的来源在描述的范围之外，在消息的开始端用实心圆注释，如图 6-10 所示。
- **Unknown**　发送者和接收者都不确定，这是错误情形。

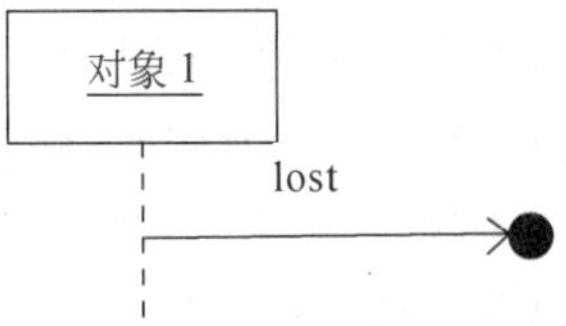

图 6-9　Lost 消息

图 6-10　Found 消息

6.4.2　同步消息

同步消息假设有一个返回消息，在发送消息的对象进行另一个活动之前需要等待返回的回应消息。消息被平行地置于对象的生命线之间，水平的放置方式说明消息的传递是瞬时的，即消息在发出之后会马上被收到。

如图 6-11 所示实例，用户网购商品时先要按类型搜索商品，再根据搜索结果选择满意商品。

在发出搜索条件之后，等待搜索结果，才能从结果中选择商品。在搜索结果返回之前，用户处于等待状态。若结果中有满意的就购买，没有就退出。

除了仅仅显示顺序图上的同步消息外，图 6-11 中还包括返回消息。这些返回消息是可选择的；一个返回消息画作一个带开放箭头的虚线，在这条虚线上面，可以放置操作的返回值。

在开始创建模型的时候，不要总是想着将返回值限制为一个唯一的数值，要将注意力集中在所需要的信息上面，尽可能在返回值里附带所需要的信息，一旦确认所需的信息都已经包含进来，就可以将它们封装在一个对象里作为返回值传递。

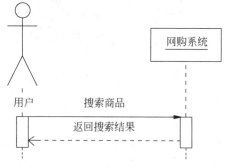

图 6-11 同步消息在登录用例中的应用

此外，返回消息是顺序图的一个可选择部分。是否使用返回消息依赖于建模的具体/抽象程度。如果需要较好的具体化，返回消息是有用的；否则，主动消息就足够了。因此，有些建模人员会省略同步消息的返回值，即假设已经有了返回值。虽然这是一种可行的方法，但最好还是将返回消息表示出来，因为这有助于确认返回值是否和测试用例或操作的要求一致。

6.4.3 异步消息

异步消息表示发送消息的对象不用等待回应的返回消息，即可开始另一个活动。异步消息在某种程度上规定了发送方和接收方的责任，即发送方只负责将消息发送到接收方，至于接收方如何响应，发送方则不需要知道。对接收方来说，在接收到消息后，它既可以对消息进行处理，也可以什么都不做。从这个方面看，异步消息类似于收发电子邮件，发送电子邮件的人员只需要将邮件发送到接收人的信箱，至于接收电子邮件方面如何处理，发送人则不需要知道。

下面的示例演示了如何在登录中使用异步消息。

公园售票员在售票中，打印一张门票，向系统发出消息之后并不用等待系统做出反应，除非系统有提示错误。接着可以打印下一张门票，如图 6-12 所示。

当两个对象之间全部是异步消息时，也表示

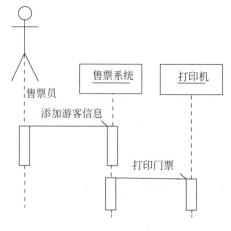

图 6-12 售票系统异步消息

UML 建模、设计与分析标准教程（2013—2015 版）

这两个对象之间没有任何关系。这样可以使系统的设计更为简单。

最常见的实现异步消息的方式是使用线程。当发送该异步消息时，系统需要启动一个线程在后台运行。

6.4.4 消息的条件控制

在 UML 中，消息可以包含条件以限制它们只在满足条件时才能被发送。这里的条件分为多种，如仅有 if 类型的条件，如同 if...else 类型的条件，switch...case 类型的条件。

在 UML 早期版本中使用条件和消息名来实现对满足条件消息的发送，在 UML2 中使用多种组合碎片来控制消息的发送，包含"变体"、"选择项"和"循环"组合碎片等。这 3 个组合碎片是大多数人将会使用最多的。

如图 6-13 所示的选择项组合碎片 option，这是最简单的条件控制消息，用户登录输入密码，验证过后，在密码有误的条件下重新登录。只存在消息产生的条件，不存在条件不发生时的信息，即只有一个 if 语句，没有 else 语句。

除了图6-13的例子外，还有多种其他条件限制。将组合片段发生的每一种可能性定义为操作域，则option 组合碎片只有一个操作域。

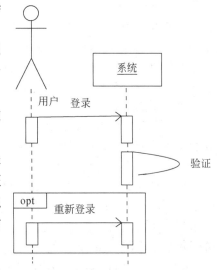

◆ 图 6-13　单条件消息

顺序图片段矩形的左上角包含一个运算符，以指示该顺序图片段的类型。组合片段操作符及其详细说明如表 6-1 所示。

表 6-1　组合片段操作符及其详细说明

操作符	缩写	操作域	说　　明
Alternatives	alt	多个	行为选择。多个域表示多个条件。一次只能有一个操作域执行，类似 switch...case 语句。可以有一个 else 若多个域条件都为真，则随机执行其中一个域
Option	opt	1 个	简化的 alt，仅有 if 无 else
Break	break	1 个	当条件为真时，包含 break 片段的剩余部分跳出
Parallel	par	多个	多个操作域的行为并行，操作域以任意顺序交替执行
Weak Sequencing	seq	多个	有限制的并行。同一条生命线的不同操作域按顺序执行，不同生命线的操作域以任意顺序交替执行
Strict Sequencing	strict	多个	严格按序执行多个操作域的操作
Negative	neg	1 个	不可能发生的消息系列，无效操作
Critical Region	critical	多个	临界区，区内操作不能与其他操作交织进行

表

操作符	缩写	操作域	说　明
Ignore	ignore	多个	消息可以在任何地方出现，但会被忽略，往往与其他片段组合在一起
Consider	consider	多个	与 ignore 相反，不可忽略的消息，往往与其他片段组合使用
Assertion	assertion	多个	断言，说明有效的序列
Loop	loop	1 个	循环，重复执行多次

如图 6-14 所示的图书借阅系统，当读者手中已经借阅的图书超过 5 本时，将无法继续借阅；当读者有逾期图书尚未归还时，需要归还图书才能继续借阅；读者借书书籍不超过 5 本并且没有逾期书籍时，将成功添加借阅信息。

对于某种片段而言，它并不需要额外的参数作为其规范的一部分。顺序图片段矩形与顺序图中某部分交互重叠。

顺序图片段中可以包含任意数目的交互，甚至包含嵌套片段。组合片段除了可以用来限制消息的调用，还可以分解复杂顺序图，如 ref 操作符。

ref 类型的顺序图片段从字面上理解为引用（reference），ref 片段实际表示该片段是一张更大的顺序图的一部分。这意味着可以将一个庞大而复杂的顺序图分解为多个 ref 片段，从而减轻了为复杂系统创建大型顺序图所带来的维护困难。

如图 6-15 所示，将考务系统的考生排序、分组、分考场以及考场安排封装为一个 ref 类型片段。

顺序片段使得创建与维护顺序图更加容易。然而，任何片段都不是孤立

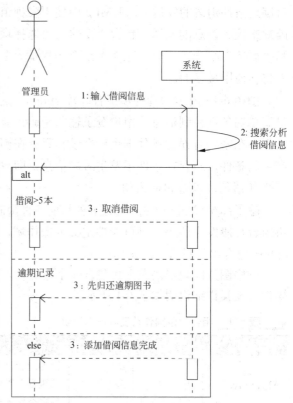

图 6-14　图书借阅系统

的，顺序图中可以混合与匹配任意数目的片段，精确地为顺序图上的交互建模。

6.4.5　消息中的参数和序号

顺序图中的消息除了具有消息名称之外，还可以包含许多附加的信息。例如，在消息中包含参数、返回值和序列表达式。

消息可以与类中的操作等效。消息可以将参数列表传递给被调用对象，并且可以包

含返回给调用对象的返回值。

如图 6-16 所示，传递的消息包含了密码参数。

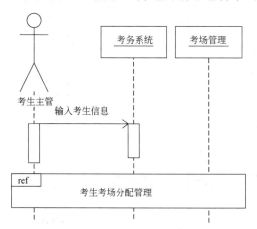

图 6-15　考务系统

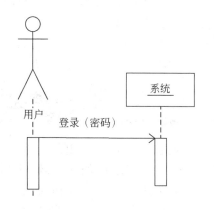

图 6-16　系统登录

当顺序图中的消息比较多时，还可以通过对消息前置序号表达式的方法指定消息的顺序。顺序表达式可以是一个数值或者任何对于顺序有意义的基于文本的描述。在图 6-17 所演示的示例中，对顺序图中的消息添加了序列表达式。

从该图中可以看出第一个被发送的消息是查询消息，接下来是商品信息对象返回的消息。这样在消息比较繁多时，消息被发送的次序便一目了然。

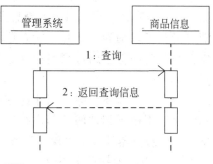

图 6-17　添加序列号的消息

6.4.6　分支和从属流

有两种方式来修改顺序图的控制流：使用分支和使用从属流。控制流的改变是由于不同的条件导致控制流走向不同的道路。

分支允许控制流走向不同的对象，如图 6-18 所示。

需要注意分支消息的开始位置是相同的，分支消息的结束"高度"也是相同的。这说明在下一步的执行中有一个对象将被调用。如图 6-18 所示，当用户拥有打印权限后，控制流将转向打印机对象，而当用户没有打印权限时，将发送一个无打印权限的提示对话框给用户。

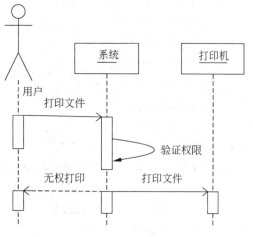

图 6-18　打印权限图

与分支消息不同，从属流允许某一个对象根据不同的条件改变执行不同的操作，即创建对象的另一条生命线分支，如图 6-19 所示。

在下面的示例中，编辑器会根据用户选择删除文件还是保存文件发送消息。很显然，文件系统将执行两种完全不同的活动，并且每一个工作流都需要独立的生命线，如图 6-19 所示。

6.5 建模时间

消息箭头通常是水平的，说明传递消息的时间很短，在此期间没有与其他对象的交互。对多数计算而言，这是正确的假设。但有时从一个对象到另一个对象的消息可能存在一定的时间延迟，即消息传递不是瞬间完成的。如果消息的传送需要一定时间，在此期间可以出现其他事件（来自对方的消息到达），则消息箭头可以画为向下倾斜的。这种情况发生在两个应用程序通过网络相互通信时，如图 6-20 所示。

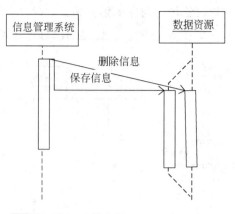

图 6-19　信息管理

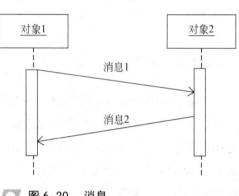

图 6-20　消息

一个消息需要一段时间才能完成的最好示例是使用电子邮件服务器进行通信。由于电子邮件服务器是外部对象，具有潜在的消耗通信时间的可能性，可以把发送电子邮件到服务器和从中接收到的消息，建模为耗时的消息。

对于延时消息，可以向这些消息添加约束来指定需要消息执行的时间框架。对消息的时间约束标记是一个注释框，其中的时间约束放在花括号中，注释放在应用约束的消息旁边，如图 6-21 所示。

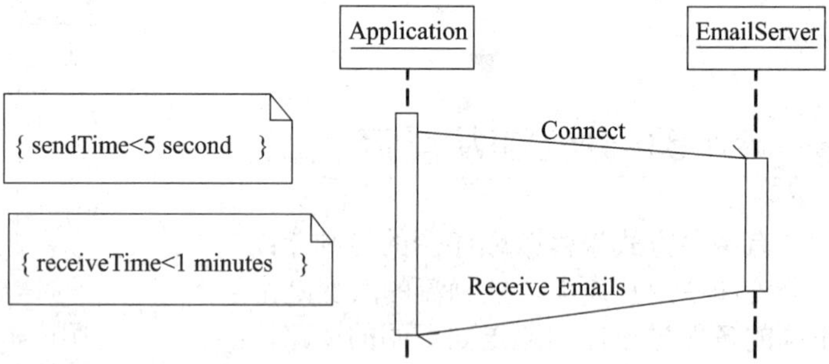

```
{ sendTime<5 second }

{ receiveTime<1 minutes }
```

图 6-21　对延时消息分别约束示例

通常情况下，对延时消息进行约束时可以使用 UML 定义的时间函数，如 sendTime 和 receiveTime。除此之外，用户还可以为自己设计的系统编写任何合适的函数。例如，上面示例中，使用时间函数 sendTime 和 receiveTime 设定进行连接的最长时间为 5 秒，接收邮件的最长延时为 1 分钟。

用户还可以使用一种标记符来指定一组消耗时间的消息执行操作的总体耗时。例如，使用这种标记符定义连接和接收电子邮件的总体时间不能超过 5 秒钟和 1 分钟。这个标记符与前一个标记不同之处在于它没有区分是使用 1 分钟进行连接、5 秒钟进行接收电子邮件，还是使用 5 秒钟进行连接、1 分钟进行接收电子邮件，如图 6-22 所示。

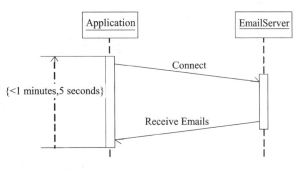

图 6-22 对延时消息总体约束示例

6.6 执行规范

每一种技术都有它自己的执行规范，顺序图也一样。顺序图的执行规范主要表现在消息和激活期。激活期描述了对象处于激活状态，正在执行某个事件，激活期的长度粗略地描述了事件执行的持续时间。

通常一个执行包括两个相关临界状态，及事件执行的开始与结束。消息和激活期描述了事件的状态，激活期的顶端通常与接收的消息对齐；底部与结束消息对齐。

如图 6-23 所示：消息 1 调用系统使系统激活，箭头与激活期顶端对齐；验证结束后，系统向打印机发出打印消息，系统的激活期结束，打印机的激活期开始。

图 6-23 示例中，消息 2 系统调用自己的过程，属于操作回调，与消息 1 的激活属于不同的事件，但同属激活期，因此将激活期分开来显示，如图 6-24 所示。

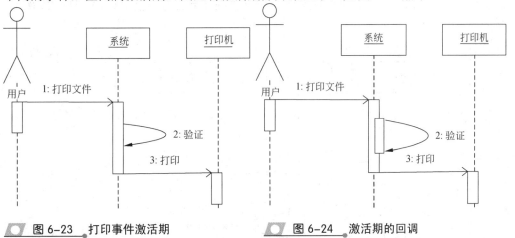

图 6-23 打印事件激活期   图 6-24 激活期的回调

6.7 创建顺序图模型

创建顺序图模型需要查阅系统用例图，根据用例图创建顺序图模型。在确定了系统用例和关系之后，就可以根据用例间的关系确定用例的工作流及其顺序。创建顺序图分为以下几个步骤。

（1）确定需要建模的用例。

（2）确定用例的工作流。

（3）确定各工作流所涉及的对象，并按从左到右顺序进行布置。

（4）添加消息和条件以便创建每一个工作流。

本节以图书馆管理系统为例，详解顺序图模型创建的详细步骤。

6.7.1 确定用例与工作流

建模顺序图的第一步是确定要建模的用例。系统的完整顺序图模型是为每一个用例创建顺序图。因系统较大，在本练习中，将只对系统的借阅图书用例建顺序模型。这里只考虑借阅图书用例及其工作流。借阅图书用例至少包括 4 个工作流。

- ❑ 借阅图书操作一切正常。
- ❑ 在借阅图书操作的过程中，被提醒该学生有超期借阅信息。
- ❑ 所借图书数目已经超过规定。
- ❑ 借阅者的借阅证失效。

6.7.2 布置对象与添加消息

在确定用例的工作流后，下一步是从左到右布置工作流所涉及到的所有参与者和对象。图书用例只与图书管理员一个参与者相关，所以图中只绘制了一个参与者图书管理员。

根据上一节 6.7.1 得出的工作流结论，4 个工作流是相对的，每次发生的只有一种。不妨先将 4 种工作流分开来建模。

首先是正常借阅，没有逾期、没有超出借书总额并持有有效借书证，如图 6-25 所示。

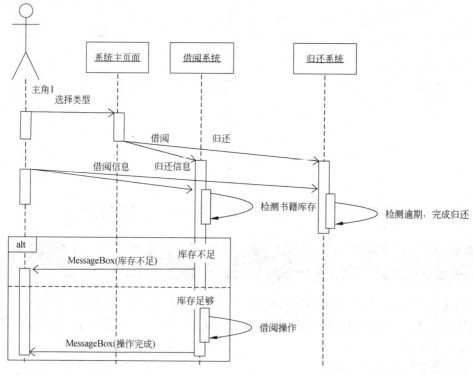

图 6-25 借书用例的基本工作流顺序图模型

在刚开始绘制顺序图时，不需要过多关心消息的类型。关于消息的类型可以在以后的分析中确定。在绘制完基本工作流的顺序图后，下一步就需要创建从属工作流，即只限建模否定的条件。图 6-26 是借阅证失效时的工作流顺序图。

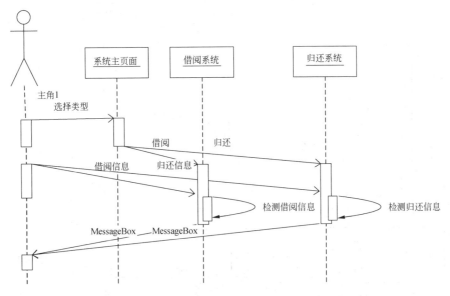

图 6-26 借阅证失效时的工作流顺序图

图 6-27 为借阅图书超过规定数量时的工作流顺序图。

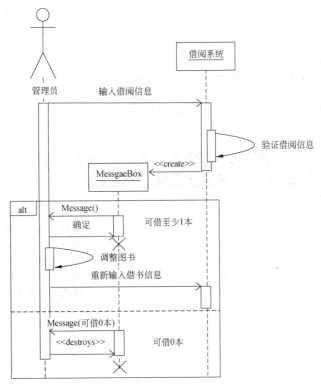

图 6-27 借阅图书超过规定数量时的工作流顺序图

图 6-28 为有超期的借阅信息时的工作流顺序图。

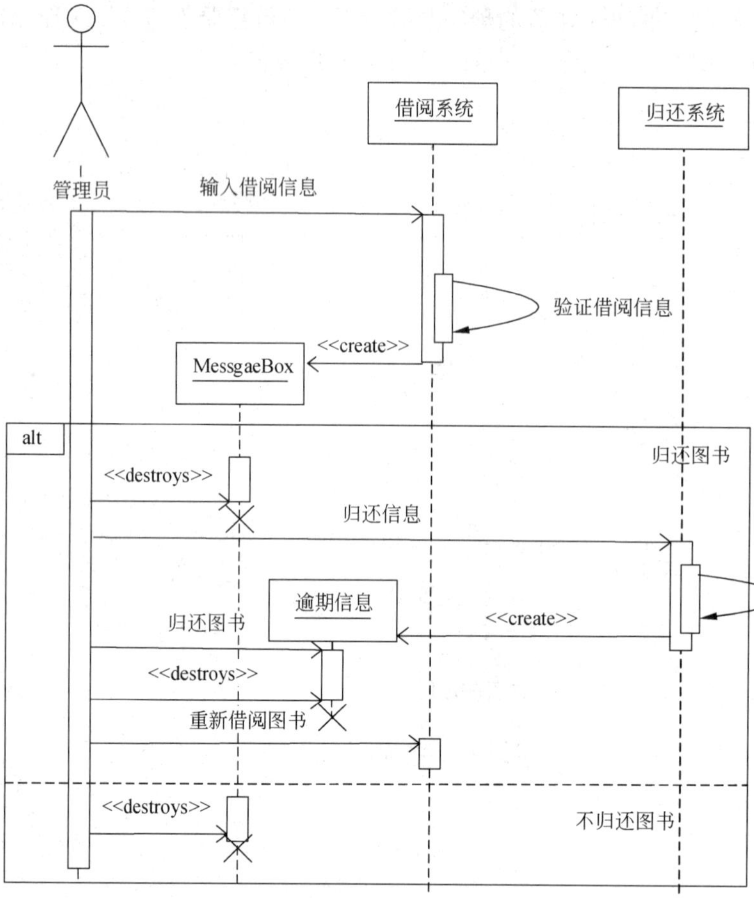

图 6-28　有超期的借阅信息时的工作流顺序图

在绘制完用例的各种工作流顺序图后，可以将各工作流顺序图合并为一个顺序图。为了使顺序图更加清楚，这里将它们分别列出。

6.8　思考与练习

一、填空题

1．顺序图是一种_____。
2．生命线有_____和休眠两种状态。
3．消息分为简单消息、同步消息、_____和返回消息。
4．顺序图由_____、生命线、消息和激活构成。

二、选择题

1．以下说法正确的是_____。
　　A．对象是用例图中的用例

B．激活表示对象被创建了
C．对象可以在过程中被创建和撤销
D．顺序图从上向下表示时间，因此不需要标明消息的先后顺序

2．以下说法正确的是_____。
　　A．休眠表示对象被撤销了
　　B．同步消息和异步消息必须分辨清楚才能画图
　　C．简单消息是同步和异步消息之外的消息
　　D．简单消息是不区分同步和异步消息的消息

3．以下说法正确的是_____。

A．参与者可以像对象一样与其他对象进行交互

B．对象之间通过连线进行交互

C．消息分支流表示对象可以同时将消息发给不同对象

D．组合片段 neg 表示消息只有一种情况

三、简答题

1．顺序图的作用是什么？

2．对象之间如何进行通信？

3．同步消息和异步消息的区别是什么？

4．消息中条件的作用是什么？

5．在顺序图中如何使用消息创建或销毁对象？

四、分析题

1．分析图书管理系统的还书用例，为其建立顺序图模型。

2．下面列出了打印文件时的工作流。

❏ 用户通过计算机指定要打印的文件。

❏ 打印服务器根据打印机是否空闲，操作打印机打印文件。

❏ 如果打印机空闲，则打印机打印文件。

❏ 如果打印机忙，则将打印消息存放在队列中等待。

经分析人员分析确认，该系统共有 4 个对象：Computer、PrintServer、Printer 和 Queue。请给出对应于该工作流的顺序图。

3．下面是一个客户在 ATM 机上的取款工作流。

❏ 客户选择取款功能选项。

❏ 系统提示插入。

❏ 客户插入 IC 卡后，系统提示用户输入密码。

❏ 客户输入自己的密码。

❏ 系统检查用户密码是否正确。

❏ 如果密码正确，则系统显示用户账户上的剩余金额，并提示用户输入想要提取的金额。

❏ 用户输入提取金额后，系统检查输入数据的合法性。

❏ 在获取用户输入的正确金额后，系统开始一个事务处理，减少账户上的余额，并输出相应的现金。

从该工作流中分析求出所涉及到的对象，并用顺序图描述这个过程。

第7章
通信图

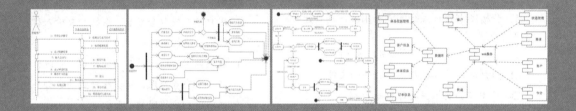

　　通信图与顺序图都属于交互图，但顺序图主要描述系统各对象之间交互的次序，通信图则从另一个角度描述系统对象之间的链接，强调的是发送和接收消息的对象之间的组织结构。一个通信图显示了一系列的对象和这些对象之间的联系以及对象间发送和接收的消息。

　　通信图显示对象之间的关系，它更有利于理解对给定对象的所有影响，也更适合过程设计。

本章学习要点：

- ➤ 掌握通信图的含义及构成
- ➤ 理解对象和类角色
- ➤ 理解链接和关联角色
- ➤ 掌握消息的含义及作用
- ➤ 熟练使用通信图

7.1 通信图的含义及构成

通信图(Collaboration Diagram /Communication Diagram，协作图)显示了某组对象为了一个系统事件而与另一组对象进行协作的交互图。特点如下。

❑ 通信图描述的是和对象结构相关的信息。

❑ 通信图的用途是表示一个类操作的实现。

❑ 通信图对交互中有意义的对象和对象之间的链建模。

❑ 在 UML 中，通信图用几何排列来表示交互作用中的对象和链。

一个通信图显示了对象间的联系以及对象间发送和接收的消息。对象通常是命名或匿名的类的实例，也可以代表其他事物的实例，例如协作、组件和节点。使用通信图来说明系统的动态情况，使描述复杂的程序逻辑和多个平行事务变得容易。

通信图有五个概念：类角色、关联角色、对象（Object）、通信链接（Link）、消息（Message）。

其中，类角色和关联角色描述了对象的配置和交互的实例执行的链接。当交互被实例化时，对象受限于类角色，链接受限于关联角色。

关联角色可以被各种不同的临时链接所担当。虽然整个系统中可能有其他的对象，但只有涉及到交互的对象才会被表示出来。换而言之，通信图只对相互之间具有交互作用的对象和对象间的关联建模，而忽略了其他对象和关联。

通信图包含的是类角色和关联角色，而不仅仅是类和关联。

通信图使用长方形框表示对象。当两个对象间有消息传递时用带箭头的直线连接这两个对象。直线的箭头方向表示传递消息的方向，直线上方使用带有标记的箭头表示消息。为表示发送消息的时间顺序，在每个消息前附加数字编号。

如图 7-1 所示为网购系统的部分通信图。

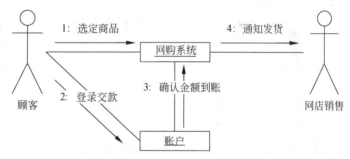

◢ 图 7-1 网购通信

通信图作为表示对象间相关作用的图形表示，也可以有层次结构。可以把多个对象作为一个抽象对象，通过分解，用下层通信图表示出这多个对象间的协作关系，这样可缓解问题的复杂度。

7.1.1 对象与类角色

由于在通信图中要建模系统的交互，而类在运行时不做任何工作，系统的交互是由类的实例化形式（对象）完成所有的工作，因此，首要关心的问题是对象之间的交互。顺序图中使用 3 种类型的对象实例，通信图中对象的概念与顺序图是一样的，但通信图在具体描述时将对象分为 3 类：对象、对象实例角色、类角色。

除了对象，还有对象实例角
色和类角色参与交互。有 4 种方
法来标识对象实例角色，其分类
和表示方式如图 7-2 所示。

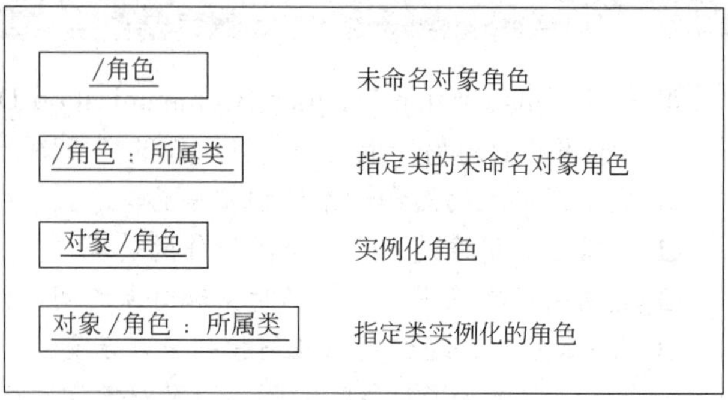

/角色	未命名对象角色
/角色：所属类	指定类的未命名对象角色
对象/角色	实例化角色
对象/角色：所属类	指定类实例化的角色

❏ 第一种表示方法显示了未
命名的对象扮演的角色。

❏ 第二种表示方法显示指定
类的未命名的对象角色。

❏ 第三种表示方法显示了具
体某个对象实例的具体的
角色。

图 7-2 对象实例角色

❏ 第四种表示方法则显示了指定类的实例化对象的角色。

一个角色不是独立的对象，而是表示一个或一组对象在完成目标的过程中所起的部
分作用。对象是角色所属类的直接或间接实例，在通信图中，一个类的对象可能充当多
个角色。

类角色用于定义类的通用对象在通信图中所扮演的角色，类角色是用类的符号（矩
形）表示，符号中带有用冒号分隔开的角色名和类名字，即，角色名：基类。

角色名和类的名字都可以省略，但是分号必须保留，从而与普通的类相区别。在一
个通信中，由于所有的参与者都是角色，因而不易混淆。类角色可能会表示类特征的一
个子集，即在给定的情况中的属性和操作。其余未被用到的特征将被隐藏。图 7-3 展示
了类角色的各种表示法。

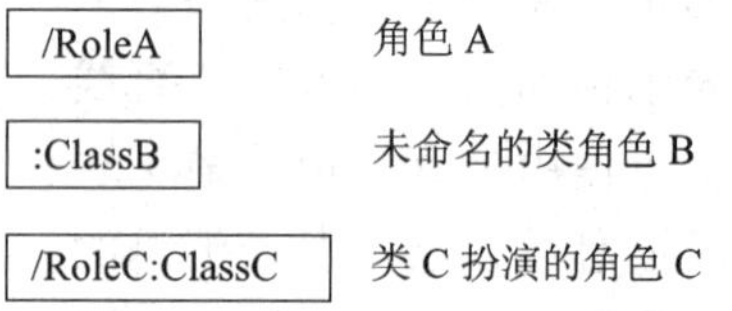

❏ 第一种方法只用角色名，没有指定角色代表
的类。

❏ 第二种方法则与此相反，它指定了类名而未指
定角色名。

/RoleA	角色 A
:ClassB	未命名的类角色 B
/RoleC:ClassC	类 C 扮演的角色 C

图 7-3 类角色的各种表示法

❏ 第三种方法则完全限定了类名和角色名，方法
是同时指定角色名和类名。

❏ 比较对象、对象实例角色与类角色，对象名与对象实例角色总是带有下划线，而
类角色名则不带有下划线。

7.1.2 关联角色与链接

关联角色代表类角色在交互中的扮演角色。类角色通过关联角色与其他类角色相连
接。关联角色适用于在通信图中说明特定情况下的两个类角色之间的关联。通信图中的
关联角色对应类图中的关联。

关联角色与关联的表示法相同，也就是在两个类角色符号间的一条实线。

可以把多重性添加到关联角色中，以指示一个类的多少个对象与另一个类的一个对
象相关联。下面的示例说明一个学生可以借阅多本图书，如图 7-4 所示。

UML 建模、设计与分析标准教程（2013—2015 版）

链接是通信图特有的元素，是对象间发送消息的路径，用来在通信图中关联对象。链接以连接两个参与者的单一线条表示。

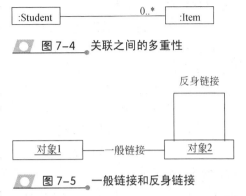

图 7-4　关联之间的多重性

链接的目的是让消息在不同系统对象之间传递。没有链接，两个系统对象之间无法彼此交互。要在通信图中增加消息，必须先建立对象之间的链接。

链接一般建立在两个对象或者两个对象之间，也可以建立反身链接。如图 7-5 所示。

图 7-5　一般链接和反身链接

链接可以使用 parameter 或者 local 固化类型。parameter 固化类型指示一个对象是另一个对象的参数，而 local 固化类型指定一个对象像变量一样在其他对象中具有局部作用域。这样做可以指示关系和变量对象是临时的，会随着所有者对象一同销毁，如图 7-6 所示。

图 7-6 中 Message 对象是局部的，临时产生临时销毁。而图书信息和读者信息是借书过程中的参数，也是临时的。当对象销毁时，链接也会随着销毁。

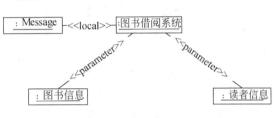

注意，如果一条线将两个表示对象的标号连在一起，那么它是一个链接；如果连接的是两个类角色，则连线为关联角色。

图 7-6　**parameter** 与 **local** 固化类型链接示例

7.1.3　消息

消息是通信图中对象与对象或类角色与类角色之间交互的方式。通信图上的消息使用直线和实心箭头从消息发送者指向消息接收者。如图 7-7 所示。

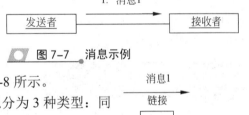

图 7-7　消息示例

与顺序图一样，通信图上的参与者也能给自己发送消息。这首先需要一个从对象到其本身的通信链接，以便能够调用消息，如图 7-8 所示。

与顺序图类似，在通信图中的消息也可以分为 3 种类型：同步消息、异步消息和简单消息。它们与顺序图中的同类型消息相同。

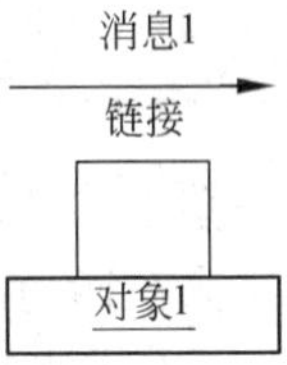

7.2　消息的序列号与控制点

图 7-8　对象调用
自身示例

与顺序图上的消息类似，消息也可以由一系列的名称和参数组成。但是与顺序图不同的是，由于通信图不能像顺序图一样从图的页面上方流向下方，因此，在每个消息之前使用数字表示通信图上的次序。每个消息数字表明调用消息的次序，格式与顺序图中的消息一样，如图 7-9 所示。

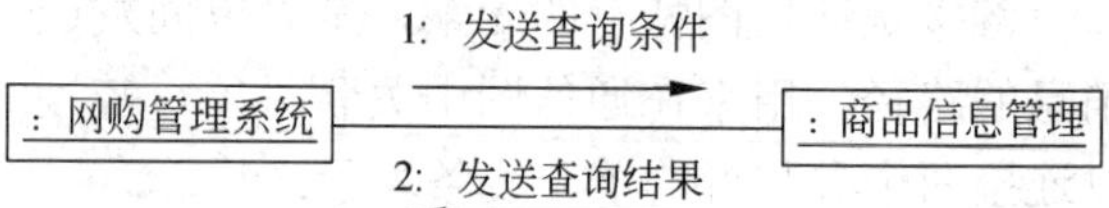

在上面的示例中，对消息添加序号后明确了对象之间的通信顺序。在本示例中，消息的通信顺序如下。

图 7-9　消息序号示例

- ❑ 网购系统将客户查询商品的查询条件发送给商品管理系统。
- ❑ 商品管理系统收到查询条件后执行查询并发送查询结果。

在单个关联角色或链接之间还可以有多个消息，并且这些消息可以同时调用。为在通信图中表示这种并发的多个消息，在 Rose 中，消息可以按两种方式编号：Top-Level（顶级编号）方式，如 1、2、3；或者 Hierarchical（等级编号）方式，如 1.1.1、1.1.2、1.1.3。

在通信图中，消息只能采用 Top-Level 编号，但如果通信图是由顺序图转换而来，图中也可以使用 Hierarchical 编号。

如图 7-10 所示，在网吧开一台机器，在吧台操作系统，系统在为空闲电脑开户的同时，也要根据需求限定使用时间。

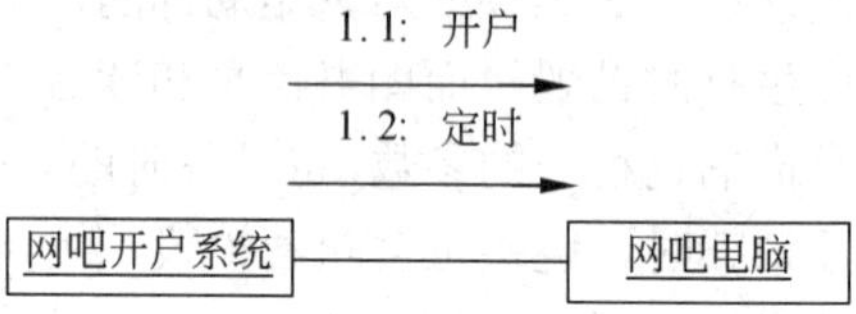

在其他建模工具中也可采用数字加字母的表示法。如 1.a、1.b 等，将图 7-10 中消息序号转换成数字加字母的表示法，如图 7-11 所示。

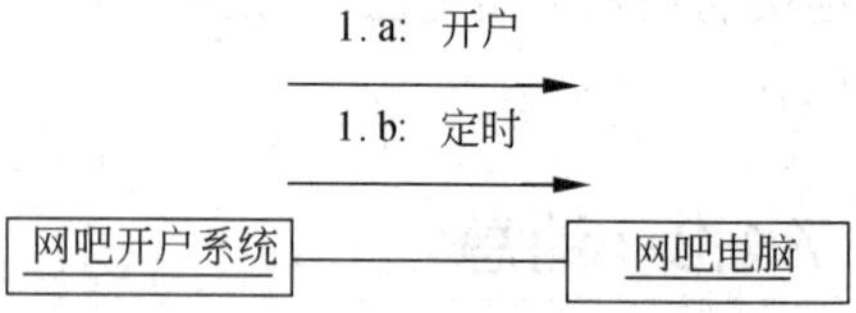

图 7-10　Rose 链接中的并发消息

有时消息只有在特定条件为真时才应该被调用。例如，当打印文件时，只有打印机处于空闲状态才会进行打印工作。为此，需要在通信图中添加一组控制点，描述调用消息之前需要评估的条件。

图 7-11　消息序号的数字加字母表示法

控制点由一组逻辑判断语句组成，只有当逻辑判断语句为真时，才调用相关的消息。如图 7-12 所示的示例，当在消息中添加控制点后，只有当打印机 Printer 空闲时才打印。

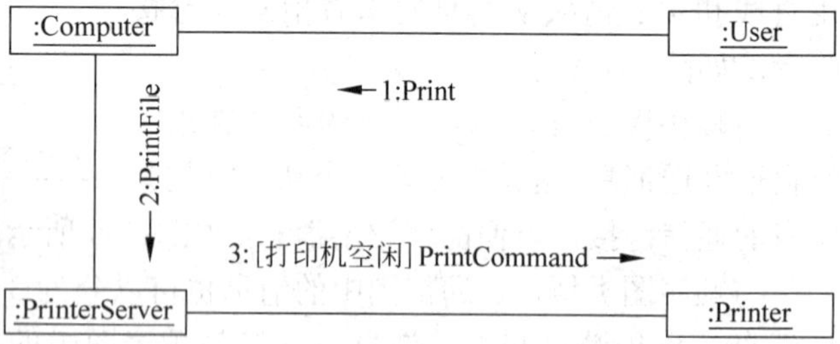

7.3　创建对象

图 7-12　消息中的控制点

与顺序图中的消息相同，消息也可以用来在通信图中创建对象。为此，一个消息将会发送到新创建的对象实例。对象实例使用 new 固化类型，消息使用 create 固化类型，以明确指示该对象是在运行过程中创建的。如图 7-13 所示，BorrowDialog 对象通过调用 DisplayMessage（Message）操作来创建 MessageBox 对象。

在本示例中，固化类型 create 用于 BorrowDialog 对象和新创建的 MessageBox 对象之间的链接中。如果消息的发送足以直观地指示出接收的对象将会被创建，就没有必要使用固化类型。

7.4 消息迭代

迭代对任何系统和组件都是一种非常基本和重要的控制流类型。迭代可以在通信图中方便地建模，用来指示重复的处理过程。

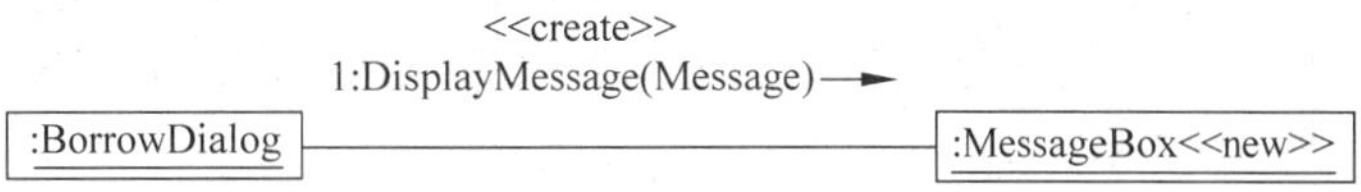

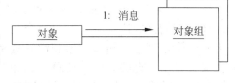

图 7-13　在通信图中创建对象示例

通信图中的迭代有两种标记符。

第一种标记符用于单个对象发送消息到一组对象，这组对象代表了类的多个实例，使用叠加的矩形表示。这种迭代表示一组对象的每个成员都将参与交互。

如图 7-14 所示。其中接收对象消息的对象组实际上表示对象的集合。

第二种类似的迭代标记符是指示消息从一个对象到另一个对象被发送多次。其表示法如图 7-15 所示。

图 7-15 表示对象 ObjectA 要向对象 ObjectB 发送 n 条 Message 消息。

图 7-14　通信图对象组

迭代通过在顺序编号前加上一个迭代符"*"和一个可选的迭代表达式来表示。UML 没有强制规定迭代表达式语法，因此可以使用任何可读的、有意义的表达式来表示。常用的迭代表达式如表 7-1 所示。

图 7-15　多消息迭代

表 7-1　常用迭代表达式

迭代表达式	语　义
[i:=1..n]	迭代 n 次
[i=1..10]	迭代 10 次
[while(表达式)]	表达式为 true 时才进行迭代
[until(表达式)]	迭代到表达式为 true 时，才停止迭代
[for each(对象集合)]	在对象集合上迭代

如图 7-16 所示，某店铺搞促销，为每个月前 200 名顾客发送小礼品，使用 while 表达式描述迭代条件。

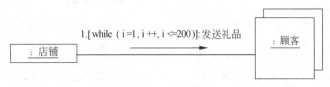

图 7-16　店铺促销活动通信图

7.5 顺序图与通信图

顺序图和通信图在语义上是等价的，所以顺序图和通信图可以彼此转换而不会损失信息：通信图的角色和顺序图的对象是一一对应的，而通信图上的各对象上的协作关系和顺序图上的消息传递是一一对应的。

顺序图强调的是交互的时间顺序，而通信图强调的是交互的情况和参与交互的对象的整体组织。还可以从另一个角度来看这两种图：顺序图按照时间顺序布图；而通信图按照空间组织布图。

使用通信图可以显示对象角色之间的关系，如为实现某个操作或达到某种结果而在对象间交换的一组消息。如果需要强调时间和序列，最好选择序列图；如果需要强调上下文相关，最好选择通信图。

通信图与顺序图只是从不同的观点反映系统交互模型，通信图较顺序图而言，能更好地显示系统参与者与对象，以及它们之间的消息链接。因此，在为系统交互建模时，建模人员可以根据以下两点决定是使用通信图，还是使用顺序图。

❏ 如果主要针对特定交互期间的消息流，则可以使用顺序图。
❏ 如果集中处理交互所涉及的不同参与者与对象之间的链接，则可以使用通信图。

通信图的格式决定了它们更适合在分析活动中使用，它们特别适合用来描述少量对象之间的简单交互。随着对象和消息数量的增多，理解通信图将越来越困难。此外，通信图很难显示补充的说明性信息，例如时间、判定点或其他非结构化的信息，但可以使用顺序图中的注释，通信图与顺序图各有特色，在建模过程中应扬长避短、相互配合。

在 UML 1.x 中，通信图和顺序图是最常使用的交互图类型，而 UML 2.0 提供了更为专门化的交互图类型——时间图。时间图主要处理交互时间上的约束，这对实时系统的建模尤其有用。下一章将对 UML 2.0 的时序图作专门介绍。

7.6　思考与练习

一、填空题

1．通信图与顺序图都是_____的一种。
2．通信中创建对象的消息使用_____固化类型。
3．顺序图与通信图中，集中处理交互链接的是_____。
4．通信图由对象、衔接和_____构成。

二、选择题

1．以下说法正确的是_____。
　A．通信图中的消息与顺序图一样，可以省略序号
　B．消息是通信图和顺序图都拥有的
　C．链接是通信图和顺序图都拥有的
　D．生命线是通信图和顺序图都有的
2．以下各项不属于交互图的是_____。
　A．用例图
　B．顺序图
　C．通信图
　D．时间图
3．以下说法不正确的的是_____。
　A．顺序图与通信图都能够创建对象
　B．消息描述了通信图中的交互方式
　C．对象通过链接相交互
　D．类角色通过链接相交互

三、简答题

1．简述通信图中消息序号的重要性。
2．简述系统对象之间的通信链接的重要性。
3．在通信图中如何表示消息的迭代？
4．如何为通信图中的消息添加控制点？
5．建模一个通信图来演示打电话时的通信过程。

四、分析题

1．分析图书管理系统的还书用例，为其建立通信图模型。
2．为下面打印文件时的工作流建模通信图。
❏ 用户通过计算机指定要打印的文件。
❏ 打印服务器根据打印机是否空闲，操作打印机打印文件。
❏ 如果打印机空闲，则打印机打印文件。
❏ 如果打印机忙，则将打印消息存放在队列中等待。
❏ 该系统共有 4 个对象：Computer、PrintServer、Printer 和 Queue。
3．根据 ATM 机上取款工作流的顺序图，为其建立通信图模型。

UML 建模、设计与分析标准教程（2013—2015 版）

第8章

时间图

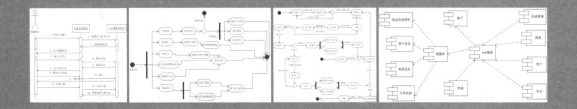

顺序图着重于消息次序，通信图集中处理系统对象之间的链接，但是这些交互图没有详细的时间信息。例如描述一个必须在少于 10s 的时间内完成的交互过程。

事实上，无论是哪种被建模的系统类型，对交互的准确时间进行建模都是非常必要的。

时间图（Timing Diagram）能够准确描述关联中的时间信息，常应用到实时或嵌入式系统的开发中，但它并不局限于此。

本章详细讲述时间图的作用、构成及其使用说明。

本章学习要点：

➢ 理解时间图的含义及作用
➢ 掌握时间图的各部分构成
➢ 理解时间图的时间约束
➢ 掌握时间图的一般表示法和替代表示法
➢ 熟练使用时间图

8.1 时间图及其构成

在时间图中，每个消息都有与其相关联的时间信息，准确描述了何时发送消息，消息的接收对象会花多长时间收到该消息，以及消息的接收对象需要多少时间处于某种特定状态等。虽然在描述系统交互时，顺序图和通信图非常相似，但时间图则增加了全新的信息，且这些信息不容易在其他 UML 交互图中表示。

UML 通过时间图来表述生命线的状态与时间量度。时间图是顺序图的另一种表现形式。

时间图显示系统内各对象处于某种特定状态的时间，以及触发这些状态发生变化的消息。构造一个时间图最好的方法是从顺序图中提取信息，按照时间图的构成原则，相应添加时间图的各构成部件。

时间图与顺序图的区别如下。

❏ 时间图自左向右表示时间的持续，并常在下方给出时间刻度。

❏ 生命线垂直排列，分布在不同的区间中，各个区间用实线分割。

❏ 生命线上下跳动，在每个位置上都代表对象处于某种状态。状态需要说明其名称或条件。

❏ 生命线需要注明不同的状态或不同的值。

❏ 时间图拥有多种时间约束，可针对时间段，也可针对时间点。

时间图由对象、状态、时间刻度、状态线以及事件与消息构成，如图 8-1 所示为时间图的一般表示法和替代表示法。

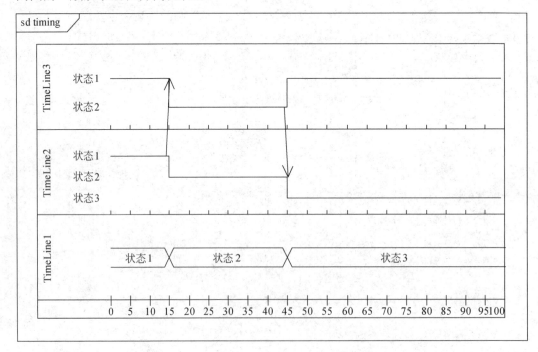

图 8-1　时间图示例

UML 建模、设计与分析标准教程（2013—2015 版）

图 8-1 中，TimeLine3 中对象有 2 种状态：状态 1 和状态 2。TimeLine2 中对象有 3 种状态：状态 1、状态 2 和状态 3。

在最下方时间轴的 15 时刻处，TimeLine3 中对象与 TimeLine2 中对象发生了交互，两个对象都改变了状态。在 45 时刻处又发生一次交互，两个对象的状态再次改变。

TimeLine1 中对象有 3 种状态：状态 1、状态 2 和状态 3，分别在 15 时刻和 45 时刻转换了状态。

8.1.1　时间图中的对象

时间图与顺序图和通信图一样，都用于描述系统特定情况下各对象之间的交互。因此，在创建时间图时，首要任务是创建该例所涉及到的系统对象。系统对象在时间图中用一矩形及其内部左侧的文字标识。

从顺序图可以很容易找出系统对象。构造时间图时，可以将这些对象以时间图中的表示方法添加到时间图中。

如图 8-2 所示为两个对象在时间图中的符号表示。对象 1、对象 2 是两个对象的名称，在创建时默认一种状态。

在系统建模活动期间，需要决定哪些对象应该明确布置

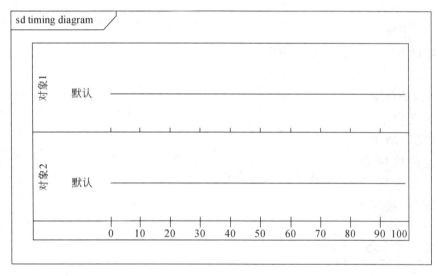

图 8-2　时间图对象

于时间图中，而哪些对象不需要布置于时间图中。这取决于以下两点。

❑ 该对象的细节对理解正在建模的内容是否重要。

❑ 若将此细节包含进来是否会让模型变得清晰明了。

如果一个对象的细节对这两个问题的答案是肯定的，那么应该将此对象包含在图中。时间图是特殊的交互图，他所描述的重点不是交互顺序和内容，而是交互具体时间段和时间点。

交互在顺序图中重点突出了交互序列，并在通信图中重点突出了交互对象及交互内容。因此时间图中的对象只需如顺序图一样找出交互活动的参与者，并排除不需要细化的对象即可。

8.1.2 状态

在交互期间，参与者可以以任意数目的状态存在，如激活状态、等待状态、休眠状态等。当系统对象接收到一个事件时，它处于一种特定的状态；接着，系统对象会一直处于该状态，直到另一个事件发生。

时间图上的状态放置在对象范围的内部，挨着对象名称在对象名称的右侧；各状态上下排列，如图 8-3 所示。

图8-3中，在状态名称的右侧有一条直线，这是时间图默认的描述状态的状态线。在时间图的下方有一条带刻度的直线，刻度自左向右依次增加，这是时间图中描述时间刻度的线。

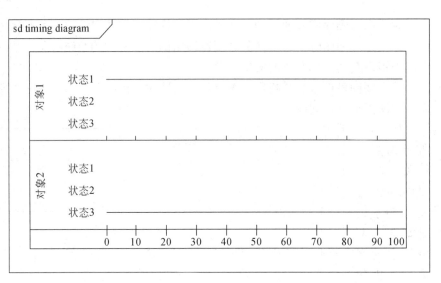

图 8-3 状态实例

8.1.3 时间

时间图侧重于描述时间对系统交互的影响，因此时间图的一个重要的特征是加入了时间元素。时间图用一条带刻度的直线描述对象在不同时间的状态变化。有如下两个特点。

❑ 时间刻度自左向右依次增加，刻度间隔可大可小。

❑ 时间刻度的单位放在时间图底层，对象名称下方，可自定义刻度单位。

如图 8-4 所示，第一个图刻度以 5 间隔，单位为"秒"，第二个图刻度以 10 为间隔，单位为"分"，单位放在底层左侧。

对时间的度量可以使用许多不同的方式表达。可以使用精确的时间度量，也可以使用相对时间指标，如图 8-5 所示。

图 8-5 中的时间单位为"T"，T 的大小可以忽略，该时间图的目的只是描述相对时间段对象状态的变化。

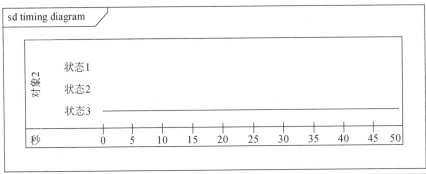

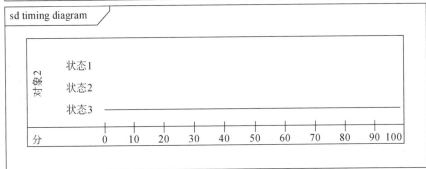

图 8-4　时间以标尺的形式放置在时间图的底部

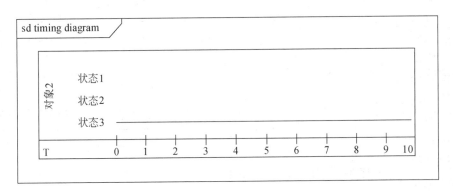

图 8-5　相对时间

8.1.4　状态线

　　状态线是描述对象的状态随时间变化的，在了解了状态和时间刻度的表示方法后，理解状态线相对较容易。

　　状态线是一条分段直线，始终保持水平或垂直状态。状态线从左往右描述对象的状态变化。每个对象只有一条状态线描述对象状态变化。

　　❏　当状态线位于某个指定状态右侧，与该状态处于同一水平位置，则说明对象在状态线对应的时间段内处于该状态。

　　❏　状态线垂直表示对象的状态在该时间点发生变化。

　　如图 8-6 所示的对象 2，该对象在系统进行的过程中有 3 种状态：状态 1、状态 2 和状态3。

图 8-6 中，状态线一开始在状态 1 右侧，说明对象 1 处于状态 1 的状态。随后在 15 秒时刻，对象 2 状态发生变化，状态线在状态 2 右侧，对象处在状态 2 的状态。最后在 35 秒的时刻，对象呈现状态 3 的状态。

这是简单的时间图，但状态线的作用不止如此。状态线还包括每个状态的开始时刻和持续时间。

如图 8-7 所示，在状态线每个水平线段的左端下方，都标有该状态开始的时刻，而水平线段上方标注了该状态持续的时间。

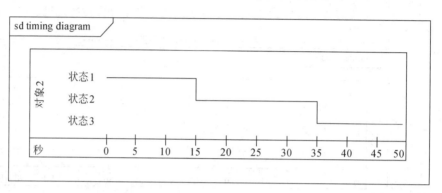

图 8-6 时间图状态变化

时间图是特殊的交互图，以上的实例已经能够将对象的状态变化描述完整，但交互图免不了对象间的相互作用，及在

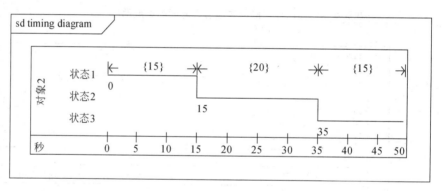

图 8-7 时间图中的状态线

顺序图和通信图中都出现过的描述对象交互内容的消息。

8.1.5 事件与消息

在时间图上，对象的状态变化是为了响应事件，这些事件可能是消息的调用等。时间图中的事件与消息描述了对象状态改变的原因及对象间的交互。

事件与消息使用直线和箭头，由对象的状态线指向另一个对象的状态线。如图 8-8 所示，在 15 时刻由消息 1 从对象 2 指向对象 1。

为时间图添加事件实际上相当简单，因为顺序图已经显示出系统对象之间传递的消息，因此，可以简单地把消息添加到时间图上。

对于一个完整的时间图而言，系统对象的每一个状态转变都是由事件或消息触发的。在拥有了对象、状态、时间、状态线、事件与消息之后，时间图就成型了，简单的

UML 建模、设计与分析标准教程（2013—2015 版）

时间图就是
如此。

图 8-9 描
述了商品信息
查询过程的时
间图，包含两
个对象，下面
的管理系统和
上面的商品信
息系统。

图 8-9 中，
商品管理系统
有 2 种状态：
休眠状态和搜
索状态。管理

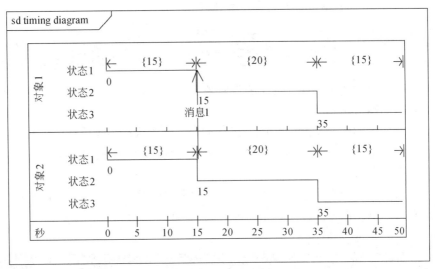

图 8-8 时间图中的消息

系统有 3 种状态：接收用户信息状态、等待查询状态和处理结果的状态。整个交互过程
如下。

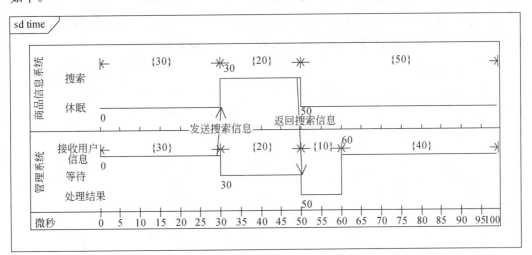

图 8-9 商品查询过程的时间图

❑ 开始时商品信息系统处在休眠状态，此时管理系统没有接收到用户发送的搜索
  信息。

❑ 在 30 时刻管理系统接收到搜索信息，管理系统将信息发送给商品信息系统，将
  商品信息系统激活。

❑ 在 30 时刻到 50 时刻之间，商品信息系统根据接收到的搜索条件搜索商品信息，
  而管理系统等待着商品信息结果。

❑ 在 50 时刻，商品信息系统将搜索结果发送给管理系统，并再次回到休眠状态。

❑ 在 50 时刻管理系统接到搜索结果之后，便进入到商品信息结果的处理阶段。

❑ 在 60 时刻管理系统将结果处理好并展示给用户，接着再次回到接收用户信息的状态，等待用户发出命令或请求。

8.2　时间约束

现在建立的时间图包含了系统对象、状态、状态线、时间和事件与消息等元素，这只是时间图最基本的构成。

时间图的核心是时间约束。在 8.1.4 节讲述状态线时曾使用过状态的持续时间，持续时间的描述属于时间约束。时间约束有两种，一种是持续时间的约束，另一种是与信息相关的约束。

时间约束详细描述了交互中特定部分应该持续多长时间。时间约束根据正在建模的信息可以以不同方式指定。常见的时间约束格式如表 8-1 所示。

表 8-1　时间约束格式

时间约束格式	说　　明
{t...t+3s} 或 {<3s}	消息或状态持续时间小于 3 秒
{>3s,<5s}	消息或状态持续时间大于 3 秒，但小于 5 秒
{t}	持续时间为相对时间 t，此处 t 可以为任何时间值
{3t}	持续时间为相对时间 t 的 3 倍

时间约束通常应用于系统对象处于特定状态的时间量，或者应该花多长时间调用及接收事件。即时间约束可以限制消息或对象的状态，如图 8-10 所示。

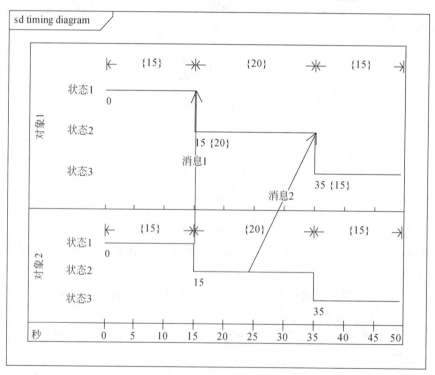

图 8-10　时间图上的时间约束

图 8-10 中，消息 1 的箭头与对象 1 的状态线交汇，在状态 2 的开始时刻处，除了状态 2 的开始时间 15 以外，还有标识{20}，这就是对消息 1 的时间约束。同样，对象 1 的状态 3 开始时刻处，有对消息 2 的时间约束{15}。

8.3 时间图的替代表示法

使用时间图为系统交互建模的代价是比较昂贵的，对于任何包含少数状态的小交互而言，这种代价还可以接受；而当系统对象的状态比较多时，创建时间图无疑是非常麻烦的。为此，UML 引用了一种简单的替代表示法，可以在交互包含大量的状态时使用，如图 8-11 所示。

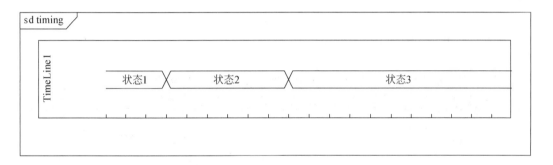

图 8-11 时间图替代法

如图 8-11 所示，替代表示法将对象的状态按时间顺序排列，使用两条平行于时间轴，有交互的线描述状态持续时间。状态位于两条线内侧，线的交互点即状态交互点。对象的状态在线的交汇点发生改变，按顺序排列的状态清晰描绘了对象状态的时间变化。

如图 8-12 和图 8-13 分别显示时间图的一般表示法和替代表示法。

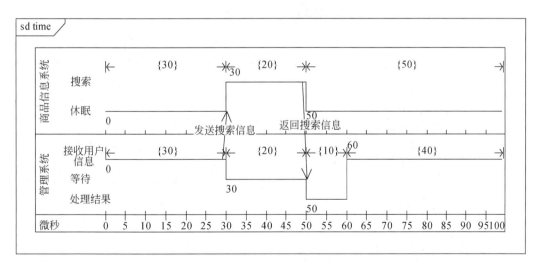

图 8-12 商品查询时间图一般表示法

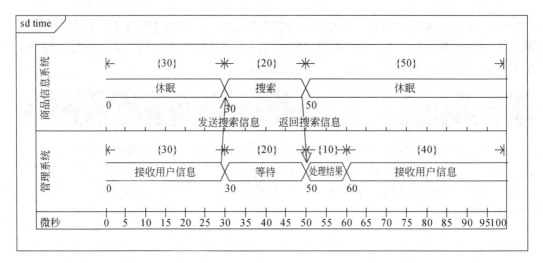

图 8-13 商品查询时间图替代表示法

8.4 思考与练习

一、填空题

1. 时间图是一种特殊的_____。
2. 时间图中对象的状态名称位于对象名称的_____。
3. 时间图由对象、_____、时间刻度、状态线以及事件与消息构成。

二、选择题

1. 时间图中的对象与下列哪个图最接近_____。
    A. 用例图
    B. 类图
    C. 通信图
    D. 顺序图
2. 以下说法正确的是_____。
    A. 时间图是用来描述对象状态随时间变化，不需要描述对象间的交互
    B. 时间图有两种表示方法
    C. 时间图的时间约束即对状态持续时间的约束
    D. 状态线是一条垂直于时间轴的线
3. 以下说法正确的是_____。
    A. 时间约束也可以用于对消息的约束
    B. 时间图替代法说明时间图是不必要的
    C. 时间约束{3t}表示状态从 3t 时刻开始

D. 状态分为对象状态和消息状态

三、简答题

1. 简述时间图的作用。
2. 简述时间图的基本构成元素。
3. 为时间图添加对象的原则是什么？
4. 简述时间图的一般表示法与替代表示法之间的差异。

四、分析题

1. 继续完成本章用例的时间图，假设图书管理员输入学生信息到借阅完成需要在 3 秒内完成，并且借阅每本图书的反应时间少于 1 秒。
2. 为下面打印文件时的系统交互建模时间图。添加时间约束后的各工作过程如下。

❏ 用户通过计算机指定要打印的文件，系统反应时间 1 秒。

❏ 打印服务器根据打印机是否空闲，操作打印机打印文件。

❏ 如果打印机空闲，则打印机打印文件。

❏ 如果打印机忙，则将打印消息存放在队列中等待，打印消息等待 120 秒后，如果未响应，则放弃该打印消息。

第 9 章

状态机图

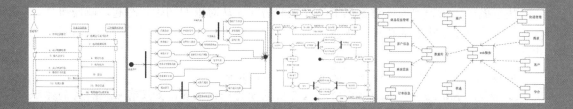

　　状态机图是系统分析的一种常用工具，用于描述系统的行为。状态机图描述了一个对象在其生命期内所经历的各种状态，以及状态之间的转移、发生转移的原因、条件和转移中所执行的活动。指定对象的行为、不同状态间的差别，以及引发类对象状态改变的事件。

　　本章主要介绍状态机的含义、作用、构成及其创建和应用。

本章学习要点：

➤ 理解状态机及其构成
➤ 掌握状态机图中的基本标记符
➤ 理解转移的概念
➤ 掌握事件和动作的含义及使用
➤ 理解子状态机图组合状态
➤ 掌握同步状态的使用
➤ 掌握历史状态的使用

9.1 状态机图概述

在 UML 中状态机可以用两种方式可视化地表达：状态机图和活动图。

状态机图（State Machine Diagram）着重于对一个模型元素的可能的状态及其转移建立模型。活动图着重于对一个活动到另一个活动的控制流建立模型。

状态机图在一般的面向对象技术中又称为状态迁移图，它是有限状态机的图形表示，用于描述类的一个对象在其生存期间的行为。

UML 的状态机图主要用于建立类或对象的动态行为模型，表现一个对象所经历的状态序列，引起状态或活动转移的事件，以及因状态或活动转移而伴随的动作。

9.1.1 状态机及其构成

状态机用于对一个模型元素建立行为模型，该模型元素通常是一个类，也可以是一个 Use Case，甚至整个系统。

状态机可以精确地描述对象在生命周期的情况：从对象的初始状态起，响应事件、执行某些动作、新状态的转换、状态下响应事件、执行动作，转换至另一个新状态，如此循环直到终止状态。

状态机由状态、转移、事件、活动、动作等元素组成。

- ❑ **状态（State）** 表示一个模型元素在生存期的一种状况，如没有任何行为的休眠状态、被激发的运行状态等。一个状态在一个有限的时间段内存在。
- ❑ **转移（Transition）** 表示一个模型元素的不同状态之间的联系。在事件的触发下，模型元素由一个状态可以转移到另一个状态。
- ❑ **事件（Event）** 表示一个有意义的出现的说明。该出现在某个时间和空间点发生，并且立即触发一个状态的转移。
- ❑ **活动（Activity）** 表示在状态机中进行的一个非原子的执行，它由一系列的动作组成。
- ❑ **动作（Action）** 表示一个可执行的原子计算，它导致状态的变更或返回一个值。

对象始终处于某种状态，或休眠或激发，并保持这种状态，直到有事件发生，影响了模型元素，使它改变状态发生转移。状态机是为对象建立的行为模型，记录了对象状态转移。

9.1.2 状态机图标记符

状态机图中某些标记符与活动图的标记符相似，但意义不同，容易混淆。状态机图由表示状态的节点和表示状态之间的转移的弧组成。

在状态机图中，若干个状态节点由一条或多条转移弧连接，状态的转移由事件触发。模型元素的行为模型化为在状态机图中的一个周游，在此周游中状态机执行一系列的动作。

一个状态机图表现了一个对象（或模型元素）的生存史，显示触发状态转移的事件

UML 建模、设计与分析标准教程（2013—2015 版）

和因状态改变而导致的动作。

状态机图中的标识符有：状态、初始状态、终结状态、转移、判定决策点和同步。

1. 状态

状态是指对象某个时刻存在的方式，如休眠、打印、验证等。

状态和事件之间的关系是状态机图的基础。状态与之前在活动图中讲到的相同，同样使用了圆角矩形。中间是状态的名称，名称也可以作为一个标记置于状态机图标上面。

除了简单的状态，UML 还定义了如下两种特别的状态。

❑ **初始状态**　初始状态使用一个实心圆表示。

❑ **终止状态**　终止状态类似于在初始状态外加一个圆圈。

图 9-1 中的状态 1 又称为简单状态，标记符显示为圆角矩形，状态名位于矩形中。状态名可以包含任意数量的字母、数字和某些特殊的标记符号。

图 9-1　状态的 4 种形式

图 9-1 中的第二种是初始状态，代表一个状态机图的起始点。第三种是终止状态，表示对象在生命周期结束时的状态，为状态图的终点。在一个状态机图中可以包含 0 个或多个开始状态，也可以包含多个终止状态。

图 9-1 中的第四种状态是添加了动作的状态。图中共添加了两个动作，上层是进入状态时执行的动作；下层是离开状态时执行的动作。

添加动作的状态，状态名与动作中间以一条斜线隔开。此时状态命名方法与一般状态相同。

2. 转移

转移用来显示从一个状态到另一个状态的控制流，它描述了对象在两种状态间的转变方式。

转移用实线和箭头表示，由源状态指向目标状态。箭头上方标注转移的方式，及引起状态转移的事件或动作。

当处于源状态的对象接收到一个事件，将执行相应的动作，并从源状态转移到目标状态。如果在转移箭线上不标示触发转移的事件时，则从源状态转移到目标状态是自动进行的。如图 9-2 所示。

图 9-2 中，对象在接收结果事件发生之后，由等待结果的状态转移到处理结果的状态。接收

图 9-2　状态转移

结果是引发状态改变的时间。

而对象由处理结果的状态转移到显示结果状态，这个过程并没有外部作用，是对象处理结果状态自发改变的。当结果处理完成，对象处理结果的状态改变，转移到显示结果的状态。

3．判断决策点

在第 5 章活动图中讲到过决策点，在状态机图中也需要用到决策点。它在建模状态机图时提供了方便，通过在中心位置分组转移到各自的方向，从而提高了状态机图的可视性。

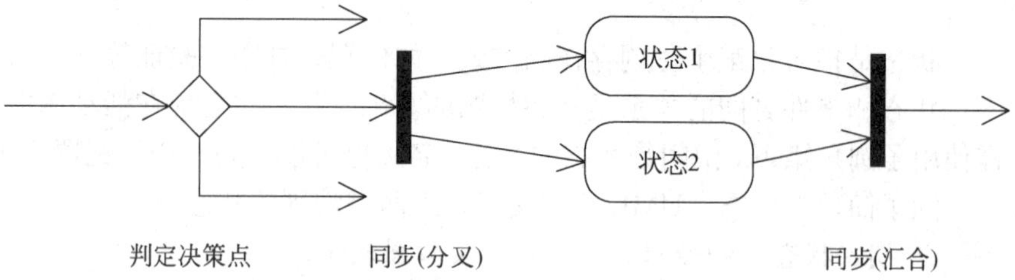

判定决策点　　　　　　同步(分叉)　　　　　　　　同步(汇合)

图 9-3　判定点与同步标识

决策点标记符是一个空心菱形，如图 9-3 所示。

4．同步

状态机图中并发的控制流为同步控制流，使用同步条显示并发的转移，即同时发生的转移。同步条为实心矩形，同步分为两种形式：控制流的分叉和汇合，如图 9-3 所示。

第 5 章介绍过使用分叉和汇合表示并发的控制流，这里的同步与分叉和汇合类似，但同步确保了控制流在同步条同时进行下面的事件。

状态机图使用同步条来说明当同步条左侧的事件都完成了，同步条右侧的事件将同时发生。

除了状态间事件的同步性，不同区域的事件也存在同步状态，使用星号*来连接同步的事件，本章在 9.3 节详细介绍。

9.2　转移

转移用来显示从一个状态到另一个状态的控制流，它描述了对象在两种状态间的转变。

状态转移的原因有以下几种：对象被事件或动作影响，改变了状态；对象的状态不稳定，使其自身发生状态转移。

因此对于状态的转移，排除状态自身的影响，要先了解影响状态的时间和动作。

事件指示状态之间转移的条件。事件相当于通信图中的消息，事件被发送到对象，要求对象做某件事情，这个事情被称为动作。动作导致对象的状态发生变化。

9.2.1　转移简介

转移使用开放的箭头作为标记符，与活动图中的转移标记符相同。箭头连接源状态和终止状态，指向转移的目标状态。

一个转移有名称结束和动作列表。与之前讲到的活动图中的转移条件相似，状态机图中的转移也具有相同的形式，具体语法格式如下。

转移名：事件名 参数列表 守卫条件/动作列表

转移连接了源状态和目标状态。但需要各种条件才能激活转移。这些条件包括了事件、守卫条件和动作。

守卫条件是用方括号括起来的布尔表达式，它放在事件的后面。源状态的对象在事件触发后进行守卫条件计算，若满足守卫条件便激活相应转移。守卫条件不同可从源状态转移到不同的目标状态。

  ❑ 转移时，守卫条件在事件发生时计算一次。若转移被重新触发，则守卫条件将会再次被计算。
  ❑ 如果守卫条件和事件放在一起使用，则当且仅当事件发生且守卫条件布尔表达式成立时，状态转移才发生。
  ❑ 如果只有守卫条件，则只要守卫条件为真，状态就发生转移。

动作可以操作调用另一个对象的创建和撤销或向一个对象的信号发送，它不能被事件中断。

图9-4演示了带有事件、守卫条件和动作等的完整转移演示图。

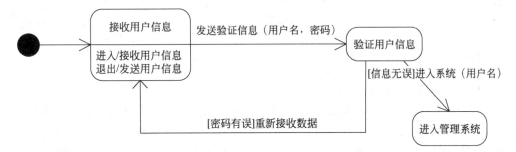

图9-4 转移示例

图9-4描述了系统登录的过程，在系统被打开时，系统呈现登录页面，处于接收信息的状态。在信息接收之后，将用户名和密码发送给验证状态进行信息的验证。验证的结果有两种：信息无误则进入管理系统；信息有误则返回登录页面。

在接受到信息之后发送信息到验证状态，用户输入的用户名和密码为发送事件的参数。由验证状态转移，出现了转移的条件，不同条件时事件将对象转移至不同状态。

9.2.2　事件

事件的发生能触发状态的转移，事件和转移总是相伴出现。事件可以有属性和参数，可分为内部事件和外部事件。

  ❑ 内部事件是指在系统内部对象之间传送的事件。例如，异常就是一个内部事件。
  ❑ 外部事件是指在系统和它的参与者之间传送的事件。例如，给系统一个命令就是外部事件，系统自身状态的改变是内部事件。

如图9-5所示显示了带有事件的状态机图。

图9-5中，发送命令事件含有命令参数，这个参数是用户传达给系统的，用户给予系统的命令即外部事件；而显示结果状态是执行命令状态自然产生的结果，因此事件3属于内部事件。

事件可以用在状态与状态之间来描述对象状态的转移，也可用在对象与对象之

图 9-5 带有事件的状态机图

间或直接用在对象状态的内部。

在 UML 中定义了如下 7 种事件：入口事件、出口事件、调用事件、信号事件、改变事件、时间事件和延迟事件。

事件可以添加对象状态，用来说明对象进入或离开状态时的事件，即入口事件和出口事件。如图 9-6 所示。

图 9-6 加入事件的状态符号

❑ 入口事件（Entry Event）

入口事件表示一个入口动作序列，用关键字 entry 说明，它在进入状态时执行。入口事件的动作是原子的，不能避开，而且先于任何内部活动或转移。入口事件可以不带参数，因为它是隐式调用的。在一个类的高层状态机中的入口事件可能有参数表，它对应于该类的一个对象在创建时所接收的变量。

❑ 出口事件（Exit Event）

出口事件表示一个出口动作序列，用关键字 exit 说明，它在退出状态时执行。出口事件的动作是原子的，必须执行。出口动作在内部活动之后和状态转移之前执行。出口事件可以不带参数，是隐式调用的。

针对 UML 中的其他几种事件，接下来依次介绍。

1. 调用事件

调用事件表示调用者对操作的请求，调用事件至少涉及两个以上的对象，一个对象请求调用另一个对象的操作。调用事件一般为同步调用，也可以是异步调用。

当一个对象调用另一个对象的某个操作时，控制就从发送者传送到接收者。该事件触发转移，完成操作后，接收者转到一个新的状态，并将控制返还给发送者。

在一个完整的 UML 建模中，调用事件往往对应类图中定义的方法、事件。主要描述对象间的时间。

❑ 调用事件的定义格式为：事件名（参数列表）。

❑ 参数的格式为：参数名：类型表达式。

2. 信号事件

信号是一个对象发送并由另一个对象接收的事件，信号可作为状态机中一个状态转

移的动作而被发送，也可作为交互中的一条消息而被发送。一个操作的执行也可以发送信号。

事实上，当建模人员为一个类或一个接口建模时，通常需要说明它的操作所发送的信号，如图9-7所示。

图 9-7 所示为用户发送信号事件，信号事件可用在对象之间、状态之间或状态内部。

一般来说，调用事件只能调用类图中相应对象的方法或事件，而信号事件可以定义任何需要的事件，不用去考虑是否存在对应的方法或事件。

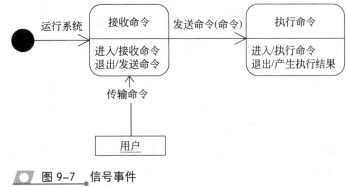

图 9-7　信号事件

3. 改变事件

改变事件是指定义的变化或条件成立时发生的事件。即当某个条件已为"真"时，触发一个转移。

改变事件用关键字 when 说明，后面带有括在圆括号中的布尔表达，并且跟有动作，意指当该布尔表达式为真时，执行规定的动作，引起状态的转移。

改变事件与消息产生的条件不同：条件在事件触发时求值，而改变事件是在条件为真时被触发，如图 9-8 所示。

图 9-8 描述了转移中的改变事件和状态内的改变事件，分别表述状态根据指定条件发生转移和状态自身的改变事件。

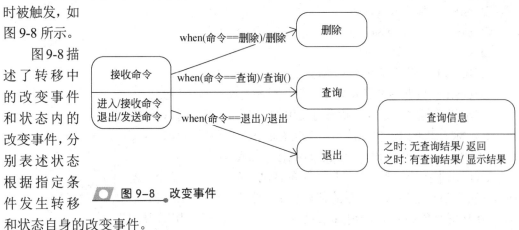

图 9-8　改变事件

4. 时间事件

时间事件是经过一定的时间或者到达某个绝对时间后发生的事件。在 UML 中时间事件使用关键字 after 来标识，后面跟着计算一段时间的表达式，如：after(10 分钟)。

如果没有特别说明，那么上面的表达式的开始时间是进入当前状态的时间。

如图 9-9 所示为系统在等待状态发生 30 秒内没有接收到命令，随后自动退出。时间事件同

图 9-9　转移中使用时间事件

样用于状态内。

5. 延迟事件

在 UML 中，建模人员有时需识别某些事件，延迟对它们的响应直到以后某个合适的时刻才执行，在描述这种行为时可以使用延迟事件。

延迟事件是在当前状态不处理、推迟或排队等到对象转移到另一个状态再处理的事件。

延迟事件使用关键字 defer 来标识，其语法形式为：延迟事件/defer。在实现时，所有的延迟事件被保存在一个列表中，这些事件在状态中的发生被延迟，直到对象进入了一个不再需要延迟这些事件并需使用它们的状态时，列表中的事件才会发生，并触发相应的转移。一旦对象进入了一个不延迟且没有使用这些事件的状态，它们就会从这个列表中删除。

事件是一个触发器，有时事件又被称为事件触发器。它触发了状态之间的转移和状态内部转移，接收事件的对象必须了解如何对触发器进行响应。在建模状态机图中根据需要使用事件，不仅能丰富状态机图，还能把对象描述得更加清晰。

9.2.3 动作

动作是一组可执行语句或计算过程。动作是原子的、不可被中断的。

动作可以由对象的操作和属性组成，也可以由事件说明中的参数组成，在一个状态中允许有多个动作。动作说明当事件发生的行为，状态可以有以下 5 种基本动作类型。

❑ **entry** 标记入口动作。

❑ **exit** 标记出口动作。

❑ **do** 标记内部活动。

❑ **include** 引用子状态机状态。

❑ **event** 用来指定当特定事件触发时指定相应动作的发生。

entry 标记用来指定进入状态时发生的动作。当对象进入状态时执行。

exit 标记用来指定状态被另一个状态取代时发生的动作，类似于入口动作，当对象退出一个状态时执行，如图 9-10 所示。

do 用来指定处于某种状态时发生的活动。当对象处于某个状态时，它可以进行与该状态关联的某些工作，这些工作称为活动。活动不会改变对象的状态。内部活动在入口动作执行完毕后开始执行。

当内部活动执行完毕，如果没有完成转移就触发它，否则状态将等待一个显式触发的转移。

如果内部活动正在执行时有一个转移被触发，此时内部活动将被终止，然后执行状态的出口动作。

内部活动语法形式为：do/活动表达式，如图 9-11 所示。

Include 表示引用子状态机状态，它的语法形式为：include 子状态机名。这样可以调用另一个状态机，针对 include 相关内容在

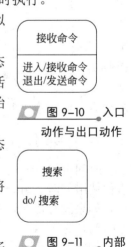

图 9-10 入口动作与出口动作

图 9-11 内部活动

后面的章节中有详细介绍。

event 用来指定当特定事件触发时指定相应动作的发生。event 事件与前面 entry、exit、do 和 include 有所不同，它并不是用关键字来标记事件。这种类型事件的语法形式为：event-name(parameters)[guard-condition]/action。当事件 event-name 发生时（守卫条件满足）会自动触发 action。使用 event 类型的动作时，与信号事件有相似之处，如图 9-12 所示。

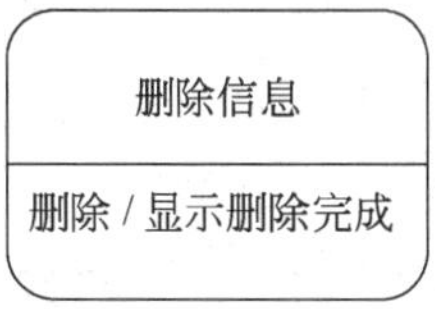

对象进入状态时执行相应的入口动作（以关键字 entry 标记），退出状态时执行相应的出口动作（以关键字 exit 标记）。但对一个跨越几个状态边界的转移而言，可以按嵌套顺序依次执行多个相关状态的入口动作和出口动作。具体执行顺序为执行最外层源状态出口动作、执行转移、执行内层目标状态的入口动作、如此循环。

图 9-12　event 事件

事件与动作的联系密切，不管是内部转移，还是外部转移，如果触发事件发生转移时，常常伴有动作的发生。不管是入口动作、出口动作还是内部动作，或是 event 类型动作，它们的使用方法都和事件有相似之处，这里同样可以认为它们是触发事件并且具有相同的语法结构 event-name/action。

不论是状态间的转移还是状态的内部转移，事件都可以伴有多个动作的发生。动作之间使用逗号分隔，用于表达同一事件下执行多个动作。

9.2.4　转移的类型

转移有多种分类，如自转移、内部转移、自动转移和复合转移等。

1．自转移

自转移用来描述对象接收到一个事件，该事件不改变对象的状态，但会导致状态的中断，这种事件被称为自转移。自转移打断当前状态下的所有活动，使用对象退出当前状态，然后又返回该状态。

自转移标记符使用一种弯曲的开放箭头，指向状态本身，如图 9-13 所示。

自转移描述了源状态和目标状态是同一个状态的转移。

自转移中有入口事件和出口事件，在作用时首先将当前状态下正在执行的动作全部中止，然后执行该状态的出口动作，接着执行引起转移事件的相关动作。

状态

图 9-13　自
转移标识符

2．内部转移

对象的状态并不是静态的，因此不可避免地发生一些在状态不变的情况下的事件，UML 使用内部转移来描述这种转移。

内部转移描述执行响应事件的内部动作或活动，但是对象的状态并不发生改变的转移。

内部转移只有源状态而没有目标状态，转移激发的结果并不改变状态本身。如果一个内部转移带有动作，动作也要被执行，但由于没有状态改变发生，因此不需要执行入口动作和出口动作。

在状态的内部转移中需给出内部动作列表，使用动作表达式规定动作。表达式与表达式之间使用逗号隔开。动作表达式可以用拥有该动作的实体的任何属性和连接来构成。

如网购的客户浏览网上商品，这个过程需要用户不断与网购系统交互，但系统一直处在这个状态没有改变，如图 9-14 所示。

图 9-14 描述了用户不断查询、查看信息以及系统不断查询并呈现信息的状态。

内部转移和自转移不同，虽然两者都不改变状态本身，但有着本质区别。自转移会触发入口动作和出口动作，而内部转移却不会。

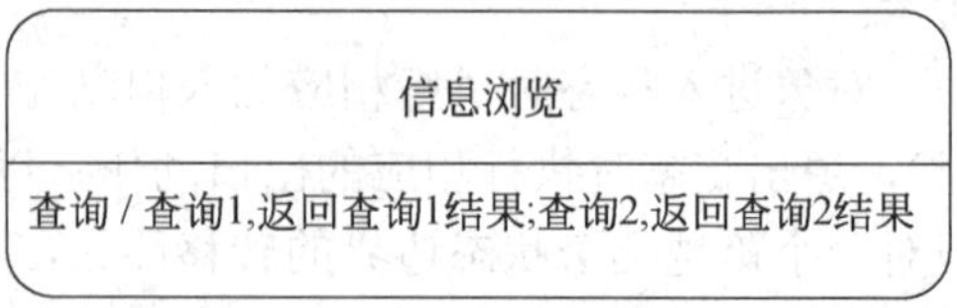

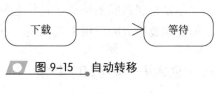

> 信息浏览
>
> 查询 / 查询1,返回查询1结果;查询2,返回查询2结果

图 9-14 内部转移动作列表

3. 自动转移

自动转移又称为完成转移。状态可能有一个不由事件触发的转移，它是根据该状态内的动作完成而自动触发的，如命令执行完毕后的状态转移，就是自动转移。

自动转移是特定状态的必然结果，不需要指定转移的事件或动作，如图 9-15 所示。

这是下载软件常见的状态变化，在下载状态完成之后处于没有任务的等待状态，类似于手机待机。

下载 → 等待

图 9-15 自动转移

4. 复合转移

复合转移由简单转移组成，这些简单转移通过判定、分叉或汇合组合在一起。

多条件的分支判定可以是链式的和非链式的，当多个转移同时被触发时将发生转移的冲突。此时需要用转移的优先级来解决。

子状态的转移的优先级比包含它的超状态的转移优先级高。

9.3 组合状态

状态可以是简单状态或组合状态。包含有子状态的状态称为组合状态（Composite State）。

在一个组合状态的嵌套状态机图的分隔框内放置被嵌套的子状态机图。对于一个简单状态，嵌套状态机图分隔框可以缺省。

子状态分解了对象状态机图描述的行为，描述对象处于特定状态时的行为及状态变化。

子状态可以是状态机图中单独的普通状态，也可以是用来描述一个状态的完整状态机图。

组成状态中的子状态分为顺序子状态和并发子状态。

9.3.1 顺序状态

如果一个组成状态的子状态对应的对象在其生命周期内的任何时刻都只能处于一个子状态，也就是说状态机图中多个子状态是互斥的，不能同时存在，这种子状态被称为顺序状态或叫互斥状态。在顺序状态中最多只能有一个初态和一个终态。

顺序状态又称为不相交状态，对象生命周期内的状态一个一个顺序转移。如果包含顺序子状态的状态是活动的，则只有该子状态是活动的。

当状态机图通过转移从某种状态转入组合状态时，该转移的目的可能是组成状态本身，也可能是这个组成状态的子状态。

- ❑ 如果是组成状态本身，状态机所描述的对象首先执行组合状态的入口动作，然后子状态进入初始状态并以此为起点开始运行。
- ❑ 如果转移的目的是组合状态的某一子状态，那么先执行组合状态的入口动作，然后以目标子状态为起点开始运行。

如图 9-16 所示描述了通过拨号自助查询手机特定业务的状态机图。

通过拨号打通了自助查询系统，根据系统提示发出命令，系统处理命令并

图 9-16　顺序子状态

通过短信将查询结果传给用户。整个过程没有分支和汇合，每一种状态都是互斥的。手机自助查询不止这一种方式，将拨号查询作为一个组合整体，为手机自助查询的子状态，则这个子状态为顺序子状态。

9.3.2 并发子状态

有时组成状态有两个或多个并发的子状态，此时称组成状态的子状态为并发子状态。并发子状态能说明很多事发生在同一时刻，为了分离不同的活动，组成状态被分解成区域，每个区域都包含一个不同的状态机图，各个状态机图在同一时刻分别运行。

如果并发子状态中有一个子状态比其他并发子状态先到达它的终态，那么先到的子状态的控制流将在它的终态等待，直到所有的子状态都到达终态。此时，所有子状态的控制流汇合成一个控制流，转移到下一个状态。

如果包含并发子状态的状态是活动的，则与它正交的所有子状态都是活动的。

图 9-17 演示了一个并发子状态的实例。

从图中可以看到，子状态中有 3 个并发子状态。转移进入组成状态时控制流分解成与并发子状态数目相同的并发流。在同一时刻 3 个并发子状态分别根据事件及守卫条件触发转移。

如果 3 个并发子状态从其初始状态都到达它们的终态，3 个并发控制流汇合成一个控制流进入 Passed 状态；如果在第三个并发子状态 FinalTest 状态激活了失败事件，那么其他两个并发子状态中正在执行的活动将全部被终止。然后，执行这些并发子状态的出

口动作，接着执行失败事件所触发的转移附带的动作，进入到 Failed 状态。

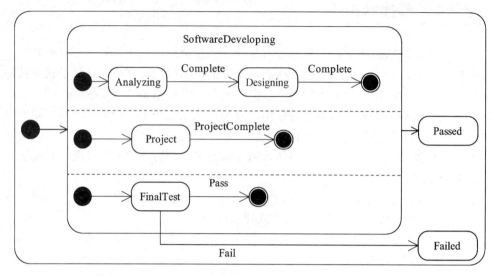

图 9-17 并发子状态实例

9.3.3 同步状态

同步状态是连接两个并发区域的特殊状态。在某些情况下，组合状态通常由多个并发区域组成，每个区域有自己的顺序子状态区域。当进入一个组合状态时，每个并发区域里有一个控制线程。其中，区域之间是独立的，如果要求对并发区域之间的控制进行同步，则需要使用同步状态。

同步状态就如同一个缓冲区，间接地把一个域中的分叉连接到另一个区域的汇合上。

同步状态使用同步条将一个区域内的分叉输出连接到同步输出，再将同步输出连接到另一个区域中的汇合输入上。

UML 中同步状态使用一个小圆圈表示，圆圈里面用一个整数或一个*表示上界，它一般发生在边界区域中。图 9-18 演示了同步状态。

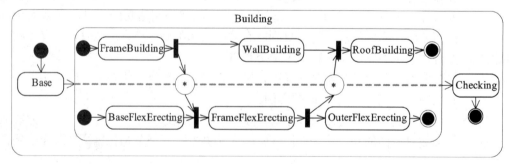

图 9-18 同步状态

图 9-18 演示了使用同步状态的状态机图，由于分叉和汇合在自己的区域里必须有一个输入和输出状态，因此同步状态不会改变每个并发区域的基本顺序行为，也不会改变

UML 建模、设计与分析标准教程（2013—2015 版）

形成组成状态的嵌套规则。

9.3.4 历史状态

历史状态用于在复杂的组合状态中标记转移过后需要返回的状态。状态的返回对于简单状态是常用易用的，但组合状态有着组合在一起的子状态，找出需要返回的状态虽然可以实现，但重复的组合状态机使状态机图变得复杂臃肿。使用历史状态标记简单易用，状态机图清晰了然。

UML 状态机图中历史状态分为浅历史状态（简略历史状态）和深历史状态（详细历史状态）两种。

浅历史状态保存并重新激活与它在同一个嵌套层次上记住的状态。如果一个转移从嵌套子状态直接退出组成状态，那么组成状态中的顶级封闭状态将被激活。

深历史状态可以记住组成状态中嵌套层次更深的状态，要记忆深历史状态，转移必须从深历史状态中转出。

浅历史状态标记符使用一个含有字母 H 的小圆圈表示，而深历史状态标记符使用内部含有 H* 的小圆圈表示，如图 9-19 所示。

（H） 简略历史 （H*） 详细历史

图 9-19 历史状态标识符

如果转移从深历史状态转移到浅历史状态，并由此转出组成状态，那么深历史状态将记忆该浅历史状态。无论在哪种情况下，如果一个嵌套状态机到达一个终态，那么历史状态将会丢失其存储的所有状态。图 9-20 演示了一个使用历史状态的状态机图。

该图只简单地描述了电话的使用状态，并没有判断和转移条件。Used 状态内的子状态是一个循环的过程，使用了一个历史状态用于记录这些状态。当对象第一次进入 Used 状态时，由于历史状态还没有记住历史，因此它首先激活状态 Dialing。如果对象处于 HangUp 状态的子状态 Talking 时发生了事件 Exception，那么控制将依次离开 Talking 和 HangUp 并执行它们的出口动作，并返回到 Unused 状态。

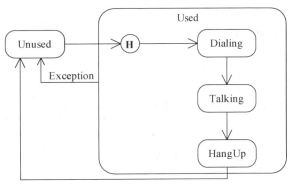

图 9-20 历史状态示例

9.3.5 子状态机引用状态

子状态机引用状态是表示激活其他子状态机的状态。子状态机引用状态和宏调用非常相似，因为它实际上是一种用来表示将一个复杂的规约嵌入到另一个规约的简单记号。

声明子状态机引用状态时，使用关键字 include 来标记，具体标记信息如下所示。

`include 子状态机名`

在进入子状态机时，可以通过子状态机的任何子状态或其默认的初态进入到子状态机中，同样也可从子状态机的任何子状态或其默认的终态退出子状态机。

如果子状态机不是通过其初态和终态进入和退出子状态机，可以使用桩状态来实现。桩状态分为入口桩和出口桩，分别表示子状态机非默认的入口和出口，桩状态的名字和子状态机中相应子状态相同。

图 9-21 演示了引用子状态的部分状态机图。该状态机描述有银行账户的顾客网络购物结账的步骤，它必须确认银行账户的真实性。由于确认银行账号真实性是其他状态机要求的，所以用一个独立的状态机来描述。

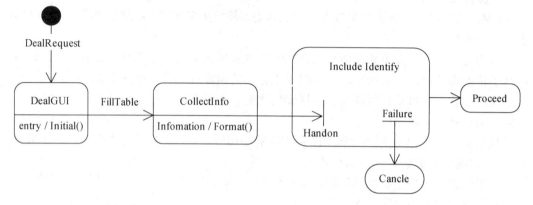

图 9-21　购物状态机图

在图中可以看到使用 "Include Identify" 就引用了子状态机 "Identify"，其中入口桩和出口桩分别为 InfoCheck 和 Failure。该图描述了网络购物简单的状态机图，其中确认输入信息由子状态机来描述，子状态机 "Identify" 的具体图形如图 9-22 所示。

该子状态机的作用是确认用户输入银行账号的真实性。如果检测结果是正确

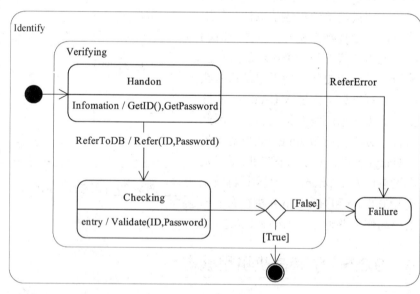

图 9-22　子状态机图

的，那么子状态机就在它的结束状态终结；否则，转移到状态 Failure。显式状态 Handon 的进入是通过子状态用符号里的一个桩的转移实现，该桩标有子状态机里的状态名。类似地，显式状态 Failure 的退出也是通过一个桩发出实现转移。

9.4 建造状态机图模型

本节针对常见的自动取款机系统来介绍状态机图模型的具体建模步骤。通常情况下，建模状态机图可以按照以下 5 步进行。

（1）标识出需要进一步建模的实体。

（2）标识出每个实体的开始和结束状态。

（3）确定与每一个实体相关的事件。

（4）从开始状态建模完整状态机图。

（5）如果必要则指定组成状态。

上述步骤涉及多个实体，但要注意一个状态机图只代表一个实体。执行上面步骤时需要对每一个涉及到的实体遍历执行。

本节选用的自动取款机系统虽是一个小系统，但涉及的内容多，本节只选用银行用户操作的取款和查询模块进行建模。

9.4.1 分析状态机图

建模前先要分析整个系统的对象，选取需要建模的对象为建模实体，进行状态分析。

状态机图应用于复杂的实体，而不应用于具有复杂行为的实体。对于有复杂行为或操作的实体，使用活动图会更加适合。具有清晰、有序状态的实体最适合使用状态机图进一步建模。

取款机管理系统对象只有银行管理员、用户和取款机系统，选用取款机系统作为本节建模的实体。

接着需要标记出实体的开始状态和结束状态，需要知道实体是如何实例化，以及实体是如何开始的。

对于取款和查询模块，在系统开始工作初始要有插卡和验证。当取款和查询结束后，用户取出卡，结束系统的工作。查询和取款是两种交互不多的功能模块，可编为两种组合状态。

9.4.2 完成状态机图

首先分析取款组合状态，这个过程是简单的，取款事项依次是：插卡、验证卡信息、输入密码、验证密码、输入取款金额、验证余额、查取对应金额钞票并打开取款箱、提示取走金额、提示退卡。

这些事项有用户的操作和系统的操作，有分支有返回，具体状态图如下。

接着分析查询，查询的过程为：插卡、验证卡信息、输入密码、验证密码、单击查询命令、选择查询内容、返回查询结果、提示退卡。状态机图如图 9-24 所示。

图中可以看出，一些操作和状态是可以共用的，对于完整的状态机图，这两个模块可以组合为组合状态，如图 9-25 所示。

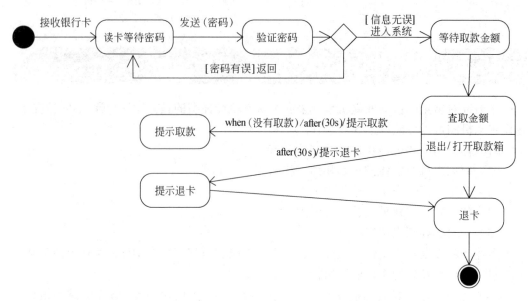

图 9-23　取款状态机

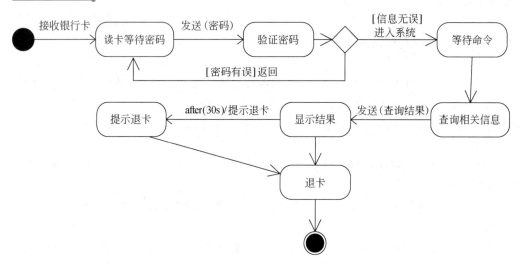

图 9-24　查询状态机

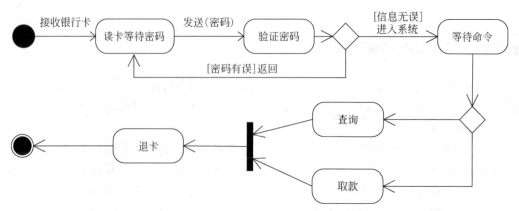

图 9-25　取款机状态机图

将图 9-23 与图 9-24 进入系统后到退卡前的部分，分别定义为组合状态取款和组合状态查询，就有了图 9-25 综合的取款机状态机图。其中取款组合状态如图 9-26 所示。

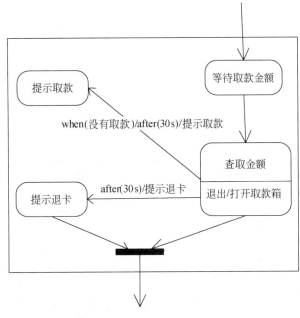

图 9-26 取款组合状态

9.5 思考与练习

一、填空题

1. 状态机由状态、_____、事件、活动、动作等元素组成。
2. 转移的过程包括事件和_____。
3. 组合状态的子状态分为两种，顺序子状态和_____。
4. 动作有 5 种基本类型：entry 、exit 、do 、include 和 _____。
5. 同步状态是连接两个并发区域的特殊状态，使用_____符号来连接并发区域。
6. 初始状态使用一个_____表示。

二、选择题

1. 以下不是状态机图标志符的是_____。
   A. ●
   B. ↻
   C. - - - →
   D. ◉

2. 下列各项中，不属于事件类型的是_____。
   A. 入口事件
   B. 出入事件
   C. 调用事件
   D. 改变事件

3. 下列不是转移类型的是_____。
   A. 自转移
   B. 自动转移
   C. 内部转移
   D. 旋转转移

4. 表示深历史状态的是_____。
   A. ●
   B. Ⓗ
   C. Ⓗ*
   D. ◉

5. 不属于状态机图元素的是_____。
   A. 链接
   B. 状态
   C. 事件
   D. 动作

三、简答题

1．简述状态机概念。

2．简要介绍状态机图概念和用途。

3．简要介绍状态机图中主要标记符状态、转移和决策点。

4．简述事件和动作，以及它们之间的关系。

5．简要说明顺序子状态和并发子状态的区别。

6．说明同步状态和历史状态。

四、分析题

1．通过阅读一个状态机图帮助读者加深对基本状态机图标记符的理解，帮助读者理解动作和事件的内在联系。阅读图 9-27，回答下面的问题。

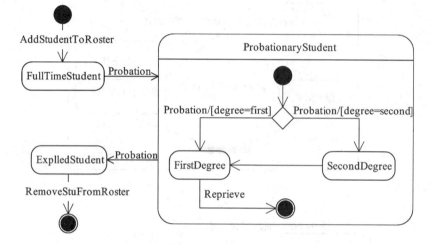

图 9-27　学生信息状态机图

2．建模状态机图，建模一个销售系统。对于其中的实体 sale 类创建一个状态机图，用来描述如何接受订单、处理订单、记入货存清单并且成功完成处理。这里给出以下主要状态：EmptyOrder、ValidOrder、Processing、Processed、Canceled。

依据状态机图创建步骤，利用上面状态组成完成状态机图，并检测是否需要组成状态来完成完整功能。建模状态机图时需要注意，状态机图和活动图在外观上有相似之处，一定要注意区分两种图形之间的区别。

第 10 章
组合结构图和交互概览图

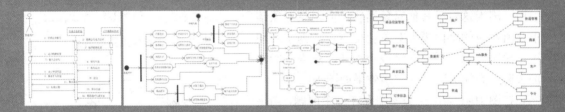

　　本章将讨论 UML 2.0 中新增的两种图：组合结构图和交互概览图。组合结构图可以对一组互联元素的组成结构进行建模，表示运行时的实例通过通信链接相互协作，以达到某些共同目标。交互概览图是一种特殊的交互图，它使用活动图的元素来描述控制流，其中的一个结点则是一个交互或者交互使用，再用序列图来描述结点内部子活动或者动作的细节。

本章学习要点：

> ➤ 了解为什么使用组织结构图
> ➤ 掌握内部结构的表示方式
> ➤ 掌握端口的表示方式
> ➤ 掌握协作的表示方式
> ➤ 理解交互概览图的概念
> ➤ 了解交互概览图的组成部分
> ➤ 掌握如何使用交互概览图表示交互

10.1 组合结构图

组合结构图（Composite Structure Diagram）是 UML 2.0 中新增最有价值的新视图，也称为组成结构图，它主要用于描述内部结构、端口和协作等。本节首先讨论为什么使用内部结构。

10.1.1 内部结构

在类图中可以使用关联和组件表示类之间的关系，而组合结构图提供了显示这些关系的替代方式。例如图 10-1 描述了类图中的组合关系，通过组合关系显示数据表类型包含字段类型和记录的对象。

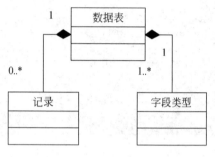

假设更新类图以反映记录到字段类型的一个引用，因为这对于其他对象而言，向记录对象请求它所对应的字段类型对象会更方便。为了实现这种情况，首先需要在字段类型和记录类之间添加关联，添加关联后的类图效果如图 10-2 所示。

图 10-1 类包含关系示例图

在图 10-1 显示的类图中存在一个问题，当指定一个记录类型的对象将有一个指向字段类型对象的引用时，它可能是任何一个字段类型对象，而不是同一个数据表实例所拥有的字段类型对象。这是因为在记录与字段类型对象之间的关联是为这些类型的所有实例而定义的。换言之，记录对字段类型和数据表之间的组合不敏感。所以根据图 10-1 可以产生如图 10-3 所示的错误对象图。

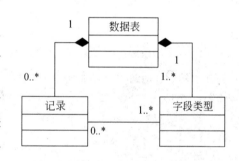

图 10-2 添加关联后的类图效果

如图 10-3 所示的对象结构图中，一个数据表中的记录引用另一个数据表中的字段

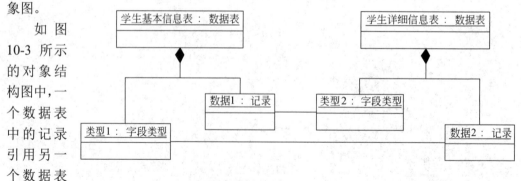

图 10-3 错误对象图

类型是完全错误的，而在图 10-1 所示的类图中则是合法的。而用户真正的意图是一个数据表中的记录引用同一个表中的数据类型，如图 10-4 所示的对象结构图才是用户真正想

要的。

　　造成这个
问题的原因是
类图不擅长表
示包含在类中
对象之间的关
联,这也就是为
什么使用组合

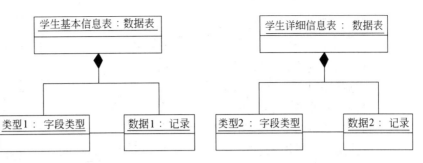

图 10-4 用户所需的对象结构图

结构图。如图 10-5 所示为使用组合结构图
显示数据表类的内部结构,它直接将包含
的类添加到对象内部,而不是通过实心菱
形箭头表示。关联的多重性被添加到内部
成员的右上角。

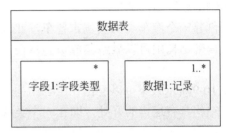

图 10-5 数据表类的内部结构

　　在组合结构图中,可以在类的成员之
间添加连接符,以显示成员之间的关系,
如图 10-6 所示。在连接符上也可以添加多
重性,其表示法与关联上的多重性相同。

　　内部成员是运行时存在于所属类实
例中的一组实例。例如运行一个数据表实
例,它可能包含 1~10 个记录类型的实例。
而内部成员则不考虑这些细节,它们通过
所扮演的角色来描述被包含对象的一般
性方法,因此,这些记录类型的实例都是
数据表实例中的一个成员。

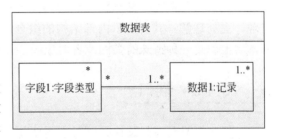

图 10-6 连接符链接内部成员

　　连接符使成员之间的通信成为可能
的链接,即表示成员在运行时各成员实例能够通信。连接符可以是运行时实例之间的关
联,或者是运行时所建立的动态链接,如参数的传递。

　　组合结构图除显示成员之外,也可以显示特性。特性通过关联被引用,可以为系统
里的其他类所共享。特性使用虚线框表示,而成员以实线外框表示。例如图 10-7 所示的
类图,其中一个汽车类关联到 4 个车轮类以及一个发动机类,右侧显示了组合结构图的
表示方法,并将车轮作为汽车类的特性。

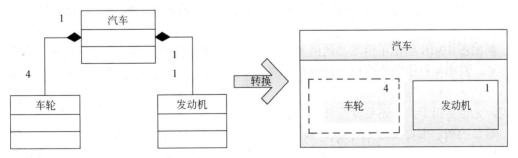

图 10-7 类内部结构中的成员和特性

特性和成员之间的差异除了以虚线框与实线框表示外，其他各个方面都是相同的。特性和成员都可以使用连接符连接到其他特性或成员。

组合结构图对于显示类内部结构成员和特性之间的复杂关系非常重要。例如，一个汽车有 4个轮子和连接车轮的 2 个车轴，其中左前车轮和右前车轮使用一个车轴（连接器），左后车轮和右后车轮使用一个车轴。如图 10-8 所示表示汽车、车轮和车轴的这种内部结构图。

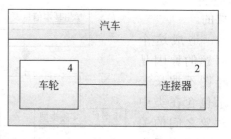

图 10-8　汽车类内部结构

下面创建一个汽车类的实例吉普车，此时在类实例的内部结构中可以显示其成员和特性，如图 10-9 所示。

从图 10-9 所示效果可以看出在组合结构图中使用内部结构具有这样的好处，即在一个类或者实例的方框中表示其内部结构，这样既能够表示封装结构，也能表示内部各元素之间的关系；而且每个元素又可描述内部结构，这样的图形更加直观、更易理解。其实表示内部结构的组合结构图本质上就是一种特殊的类图或者对象图，只是改变了表示方式而已。

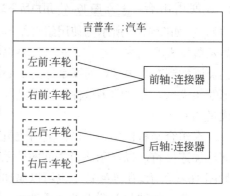

图 10-9　汽车类实例内部结构

10.1.2　端口

一般来说类具有封装性，同时它需要与外界进行交互才能正常工作，而端口就表示了类的这种性质。端口（Port）是类的一种性质，用于确定该类与外部环境之间的一个交互点，也可以确定该类与其内部各组件之间的交互点。类的端口通过连接器连接到该类上，通过端口来调用该类的特征。一个端口可以确定该类向环境提供的服务，也可确定一个类需要环境为其提供的某种服务。

端口与接口有些类似，一个端口可与多个接口关联，这些接口规范了通过该端口进行交互的本质。前面介绍过接口可以分为定义和实现，一个端口可同时具有定义和实现。端口的定义表示该类的外部环境通过端口向类发出的请求，即该类向外部环境提供的服务；端口的实现则表示了该类通过端口向外部环境发出的请求，即环境向该类提供的服务。

例如图 10-10 给出了引擎类的两种用途，汽车类和轮船类都将引擎作为它的一个组成部分。汽车类将引擎的端口 p 通过车轴与两个后轮连接起来；而轮船类则把引擎的端口 p 通过驱动轴与螺旋桨连接。这样一来，只要引擎与外部的交互符合端口 p 的定义和实现，无论是用于汽车还是轮船都可以很好地工作。

端口的概念来自 TCP/IP 协议，一个端口有一个编码，对应一种通信服务，如 21 端口提供 FTP 服务。同时，端口也与一些硬件设施有关。例如，对于一台计算机就拥有多种端口，例如输入端口，像鼠标端口和键盘端口；还有输出端口，像显示器端口等。计

算机通过
这些端口
与外部设
备进行数
据传递。

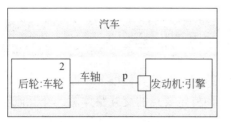 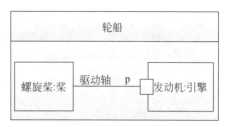

　　而在
UML 中，

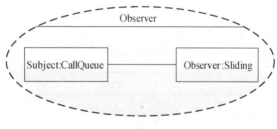

图 10-10　端口示例

一个端口确定了某个类对外部的一个交互点。端口的定义和实现规范了通过该端口所进行的交互所必须的内容。如果一个类与其环境的所有交互都是通过端口进行的，那么该类的内部就与外部环境完全隔离。这样一来该类可用于任何环境中，只要符合端口所定义的约束即可。

注　意

在像 Java 或者 C++的编程语言中并没有端口的概念，因此模型中的端口不能映射到编程语言中。

10.1.3　协作

　　在一个系统中一个类通常不是单独存在的，一般都需要与其他类结合以实现特定功能。协作（Collaboration）描述了参与结合的多个元素（角色）的一种结构，各自完成特定的功能，并通过协作提供某些新功能。协作的本意是用来解释一个系统或者一种机制的工作原理，通常仅描述相关的侧面，而一些细节（像参与协作的实例的具体名称和标识等）都可以省略。

　　一个协作更像是一个特殊的类，它定义了一组协同操作的实例及其角色，通过一组连接器来定义参与协作的实例之间的通信路径。一种协作规范了一组类的某种视图，确定了对应的实例之间必需的链接，这些实例在协作中各自扮演不同的角色。协作也描述了这些实例的类所必须的特性。另外，一个类可同时存在于多个协作中。

　　在 UML 中使用一个虚线的椭圆来表示一个协作，如图 10-11 所示。

　　在椭圆的上部标明协作的名称，协作的内部结构由一组角色和一组连接器组成。例如，在图 10-11 中协作名称为 Observer，其内部有两个角色 Subject

图 10-11　协作示例图

和 Observer，冒号后面是两个具体的类名。有时冒号和类名可以省略用于表示一种抽象的设计模式——观察者（Observer）。该设计模式是指，当 Subject 对象的状态发生某种改变时，或者 Subject 对象执行特定操作时，相关的 Observer 对象就应执行特定的操作。该模式主要用于协调多个对象之间的状态和行为的一致性。

提　示

协作的本意是解释一个系统中多个实体如何完成特定任务，而不必要描述太多的细节。

10.2　交互概览图

　　顺序图、通信图和时间图主要关注特定交互的具体细节，而交互概览图则将各种不同的交互结合在一起，形成针对系统某种特定要点的交互整体图。交互概览图的外观与活动图类似，只是将活动图中的动作元素改为交互概览图的交互关系。如果概览图内的一个交互涉及时间，则使用时间图；如果概览图中的另一个交互可能需要关注消息次序，则可以使用顺序图。交互概览图将系统内单独的交互结合起来，并针对每个特定交互使用最合理的表示法，以显示出它们如何协同工作来实现系统的主要功能。

10.2.1　组成部分

　　交互概览图具有类似活动图的外观，因此也可以按活动图的方式来理解，唯一不同的是使用交互代替了活动图中的动作。交互概览图中每个完整的交互都根据其自身的特点，以不同的交互图来表示，如图 10-12 所示。

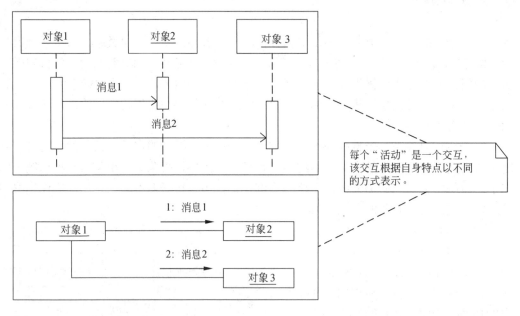

每个"活动"是一个交互，该交互根据自身特点以不同的方式表示。

　　图 10-12　交互概览图中的交互

　　交互概览图与活动图一样都是从初始节点开始，并以最终节点结束。在这两个节点之间的控制通过两者之间的所有交互。并且交互之间不局限于简单顺序的活动，它可以有判断、并行动作甚至循环，如图 10-13 所示。

　　在图 10-13 中从初始节点开始，控制流执行第一个顺序图表示的交互，然后并行执行两个通信图表示的交互，然后合并控制流，并在判断节点处根据判断条件值执行不同的交互；当条件为真时执行通信图表示的下一个交互，交互完成后结束，而条件为假时执行下一个顺序图表示的交互，该交互在结束之前将循环执行 8 次。

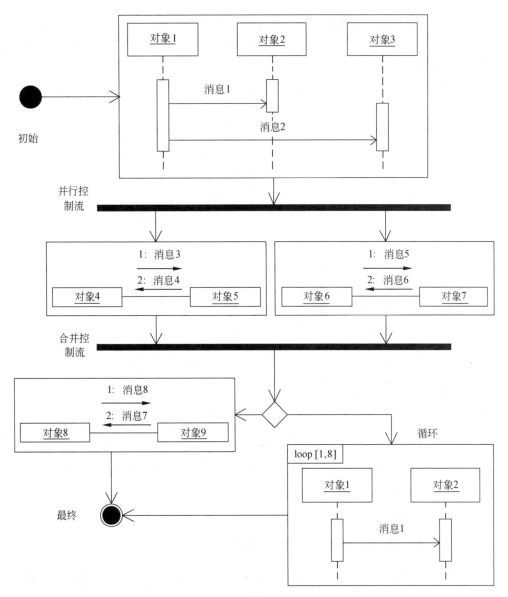

图 10-13 交互概览图

10.2.2 使用交互

以交互概览图为用例建模时，首先必须将用例分解成单独的交互，并确定最有效表示交互的图类型。例如，对"图书管理系统"中的借书用例的基本操作流程而言，它可以分为如下几个交互。

❑ 验证借阅者身份。
❑ 检验借阅者是否有超期的借阅信息。
❑ 获取借阅的图书信息。
❑ 检验借阅者借阅的图书数目。
❑ 记录借阅信息。

对于交互"验证借阅者身份"和"记录借阅信息"而言，消息的次序比任何其他因素都重要，因此对这些交互使用顺序图。此处可以重用建模顺序图中的相关步骤，如图 10-14 和图 10-15 所示。

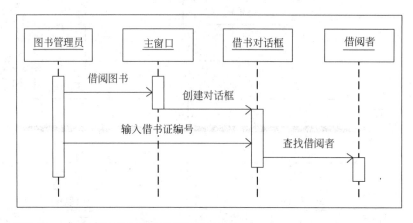

图 10-14 验证借阅者身份顺序图的交互

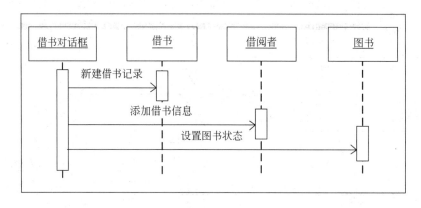

图 10-15 记录借阅信息顺序图的交互

为了使交互概览图中的交互多样化，"检验借阅者是否有超期的借阅信息"和"检验借阅者借阅的图书数目"交互将以通信图表示，如图 10-16 和图 10-17 所示。

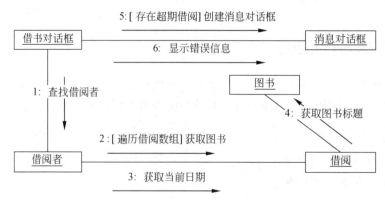

图 10-16 检验借阅者是否有超期通信图的交互

UML 建模、设计与分析标准教程（2013—2015 版）

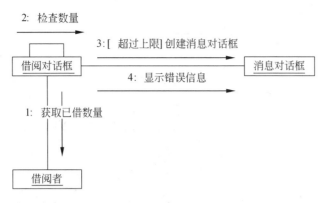

图 10-17　检验超过规定借书数量通信图的交互

假设"获取借阅的图书信息"交互对时间非常敏感,它要求整个交互要在 1 秒内完成。这部分交互主要关注时间,并且交互概览图能包含任何不同的交互图类型。因此,这部分交互在交互概览图中可以用时间图表示,如图 10-18 所示。

交互概览图中的时间图非常适合使用替代表示法。由于交互概览图可能会变得相当大,因而在此处使用替代表示法无疑是正确的,这可以节省有限的空间。

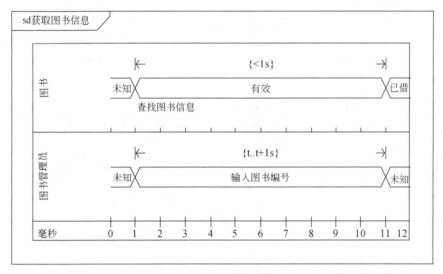

图 10-18　获取借阅的图书信息时间图的交互

10.2.3　组合交互

在分析交互概览图中的各个交互后,下一步就是根据操作步骤,使用控制线将各个交互连接起来形成一幅图——交互概览图。对用例借阅图书的交互概览图描述如图 10-19 所示。

在图 10-19 中通过控制流依次执行每个单独的交互,完成了对借阅图书用例的动态交互描述,并且针对各个交互的不同特点以不同的形式显示。通过交互概览图对顺序图、通信图和时间图的结合,可以显示更高级的整体图像。

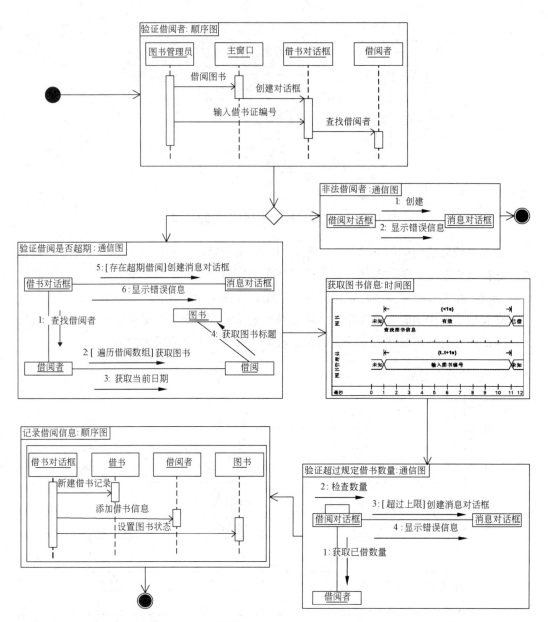

图 10-19 用例借阅图书的交互概览图

10.3 思考与练习

一、填空题

1. 使用组合结构的_____可以解决无法正确描述类中对象之间关联的问题。

2. _____描述了参与结合的多个元素（角色）的一种结构。

3. 使用_____为用例建模时，首先必须将用例分解成单独的交互，并确定最有效表示交互的图类型。

二、选择题

1. 下面元素中不属于组合结构图的是_____。
   A. 端口
   B. 接口

C．协作

D．内部结构

2．下列关于端口的描述不正确的是_____。

    A．端口必须有一个定义和实现

    B．一个端口可以有多个接口

    C．一个确定一个类与外部环境之间的一个交互点

    D．端口的种类多种多样，像打印机也是一种端口

3．下列关于协作的描述不正确的是_____。

    A．协作描述了一些细节（像参与协作的实例具体名称）

    B．协作确定了对应的实例之间必需的链接

    C．一个类可同时存在于多个协作中

    D．协作使用圆角矩形表示

4．下列关于交互概览图的描述不正确的是_____。

A．交互概览图将各种不同的交互结合在一起交互的整体图

B．在交互概览图中可以同时存在顺序图、通信图和时间图

C．交互概览图使用交互代替了活动图中的动作

D．交互概览图可以没有初始节点或者最终节点

三、简答题

1．简单分析内部结构图的特点。

2．组合结构图包含哪几方面的内容？

3．如何创建交互概览图？

四、分析题

1．分析图书管理系统的还书用例，假设系统更新借阅信息的时间不大于 1 秒，为其建立交互概况图。

2．为播放声音过程建立交互概览图。

第 11 章

组件图与部署图

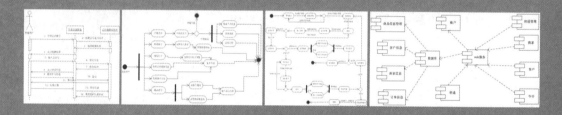

实现方式图在 UML 建模的早期就可以进行构造，但直到系统使用类图完全建模之后，实现方式图才能完全构造出来。构造实现方式图可以让与系统有关的人员，包括项目经理、开发者以及质量保证人员等，了解系统中各个组件的位置以及它们之间的关系。概括地说，实现方式图有助于设计系统的整体架构。

面向对象系统的物理方面建模时使用两种图，即组件图和部署图，这两种图可以称为实现方式图。它们可以描述应该如何根据系统硬、软件的各个组件间的关系来布置物理组件。完成系统的逻辑设计之后，接下来需要考虑的就是系统的物理实现。构造组件图可以描述软件的各个组件以及它们之间的关系，构造部署图可以描述硬件的各个组件以及它们之间的关系。本节将详细介绍与组件图和部署图相关的知识，包括概念、应用和建模实现等。

本章学习要点：

- ➤ 了解组件图的概念和用途
- ➤ 掌握组件的概念、类型以及与类的区别
- ➤ 熟悉接口概念、表示方法分类和目的
- ➤ 了解什么是组件嵌套
- ➤ 掌握组件图建模的步骤以及建模的 4 种方式
- ➤ 熟悉组件图的适用情况
- ➤ 了解部署图的概念、组成元素和如何读取等
- ➤ 掌握节点的相关内容
- ➤ 了解部署图之间的关联关系
- ➤ 熟悉部署图的适用情况
- ➤ 掌握部署图建模的步骤以及建模的 3 种方式

11.1 组件图概述

组件图（Component Diagram）也叫作构件图，它是一种构件图，表示一组构件及相互间的关系，它可以看作是类图或复合结构图的扩展。组件图也可以看作是类图或复合组合图的扩展。

11.1.1 组件图概述

组件图描述了软件的各种组件（包括源代码文件、二进制文件、脚本和可执行文件）和它们之间的依赖关系，它们是通过功能或位置（文件）组织在一起的。

组件图中通常会包含组件（Component）、接口（Interface）和依赖关系（Dependency）这3种元素。除此之外，组件图中还可以包括包（Package）和子系统（Subsystem）。组件图中的每个组件都实现一些接口，并且会使用另一些接口。当组件间的依赖关系与接口有关时，可以用具有同样接口的其他组件进行代替。如图 11-1 所示是租赁图书管理系统中的组件图。

在 图 11-1 中，镶嵌有两个小矩形的矩形方框是 UML 规范中的组件标识，带有箭头的虚线表示组件间的依赖关系。

组件图有很多用途，其具体说明如下。

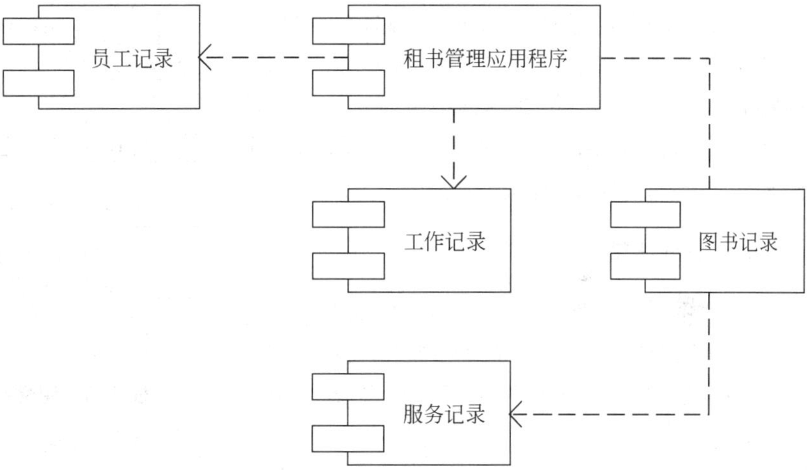

图 11-1 租赁图书管理系统中的组件图

- ❑ 使系统人员和开发人员能够从整体上了解系统的所有物理组件。
- ❑ 组件图显示了被开发系统所包含的组件之间的依赖关系。
- ❑ 从宏观的角度上，组件图把软件看作多个独立组件组装而成的集合，每个组件可以被实现相同接口的其他组件替换。
- ❑ 从软件架构的角度来描述一个系统的主要功能，如系统分成几个子系统。
- ❑ 可以清楚地看出系统的结构和功能，方便项目组的成员制定工作目标以及了解工作情况。
- ❑ 有助于对系统感兴趣的人了解某个功能单元位于软件包的什么位置。

组件图是系统实现视图的图形表示，一个组件图表示系统实现视图的一部分，系统中的所有组件结合起来才能表示出完整的系统实现视图。组件图中也可以包含注释、约束以及包或子系统。如果需要以图形化方式表示一个基于组件的实例，可以在组件图中添加一个实例。

11.1.2　组件

组件也叫构件，它表示系统中的一种模块。一个组件封装其内容，其承载文件在其环境中可以被替换。

组件是一种特殊设计的类，一个类所实现的一个接口称为该类的一个供口（Provided Interface），它表示该类向外部所提供的某种服务。如果一个类向某个接口请求某种服务，这个接口称为该类的一个需口（Required Interface），它表示该类需要外部为其提供的服务。通过需口和供口的连接，可简化系统的依赖关系。

1. 组件的表示方法

模型中组件的表示与类基本相同，也表示为一个矩形框。组件图的主图标是一个左侧附有两个大小矩形的大矩形框，组件的名称位于组件图标的中央，其本身是一个文本字符串。表示组件图标有两种方法：在组件图标中没有标识接口和在组件图标中标识接口。如图 14-2 和图 14-3 分别显示了它们的表示方法。

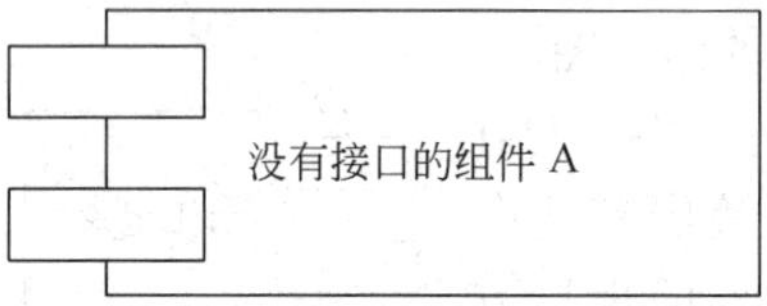

图 11-2　组件图标中没有标识接口

2. 组件原型

组件原型向组件在体系结构中扮演的角色提供可视性暗示，例如组件原型指定用来实现组件特征的制品类型。下面列举了一些具体的组件原型。

图 11-3　组件图标中实现了标识接口

- ❑ **<<executable>>**　在过程机上运行的组件。
- ❑ **<<library>>**　运行时段可执行文件引用的一组源。
- ❑ **<<table>>**　可执行文件访问的数据库组件。
- ❑ **<<file>>**　一般表示数据和源代码。
- ❑ **<<document>>**　像 Web 页一样的文档。

3. 组件的类型

组件可以分为 3 种类型：配置组件（Deployment Component）、工作产品组件（Work Product Component）和执行组件（Execution Component）。它们的具体说明如下所示。

❑ **配置组件**

配置组件也叫实施组件，它是构成一个可执行系统必要和充分的组件，也是生成可执行文件的数据基础。如操作系统、数据库管理系统和 Java 虚拟机等都属于配置组件。

❏ **工作产品组件**

工作产品组件包括模型、源代码和用于创建配置组件的数据文件,这些组件并不直接地参加可执行系统,而开发过程中的工作产品用于产生可执行系统。例如 UML 图、Java 类、JAR 文件以及数据库表等都是工作产品组件。

❏ **执行组件**

执行组件是作为一个正在执行的系统的结果而被创建的,它是可运行的系统产生的结果。例如 COM++对象、.NET 组件、Enterprice Java Beans、Servlets、HTML 文档、XML 文档以及 CORBA 组件等都属于执行组件。

4.组件的特性

组件作为一种特殊的结构化类,具体类的特性有封装性、继承性和多态性。但是组件更强调其重用性,而重用性取决于组件是如何定义、如何实现以及如何使用的。如下列举了组件的主要特性。

❏ **组件是基于接口定义的**

定义一个组件的行为是要确定其供口和需口,供口确定了可以向外部提供什么服务,需口确定了它需要其他组件或环境所提供的服务。

❏ **组件的内部实现是自包含的**

自包含的意思是"具备理解自身所需的全部信息,而不需要额外信息"。

❏ **组件的使用是可替换的**

一个组件是系统中的一个可替换单位,替换应基于接口兼容性而提供等同功能。替换可能发生在设计时刻,也可能发生在运行时刻。具体来说,一个组件的供口应与连接的需口具有相同类型或子类型,而且该组件的所有需口都以相同规则连接到其他组件,该组件方可替换。

5.组件和类的区别

组件和类有许多共同点,但是它们在许多地方也有不同之处。如表 11-1 列出了组件和类的异同点。

表 11-1　　组件和类的异同点

		组　件	类
不同点	定义不同	物理抽象,可以位于节点上	逻辑抽象
	抽象级别不同	组件是对其他逻辑元素的物理实现	仅仅表示逻辑上的概念
	是否有属性和操作	通常只有操作,这些操作只能通过组件的接口才能使用	既可以包含属性,又可以包含操作
相同点		它们都可以包含名称	
		它们都可以实现一组接口	
		它们都可以参与依赖、关联和泛化关系	
		它们都可以被嵌套	
		它们都可以有实例	
		它们都可以参与交互	

11.1.3 接口

接口是一组用于描述类或组件的一个服务的操作，它是一个被命名的操作的集合。接口与类不同，它不描述任何结构（因此不包含任何属性），也不描述任何实现（因此不包含任何实现操作的方法）。

每一个接口都有一个唯一的名称，在组件图中也可以使用接口。通过使用接口，组件可以使用其他组件中定义的操作；而且使用命名的接口可以防止系统中的不同组件直接发生依赖关系，这有利于组件的更新。如图 11-4 所示是一个包含接口的组件图的简单示例。

从图 11-4 中可以看出，组件图中接口的标识与类图中接口的标识是一样的，也是一个小圆圈。其中，用虚线箭头连接表示它们之间是依赖关系（Dependency）。另外，组件与其实现的接口之间还可以是实现关系。

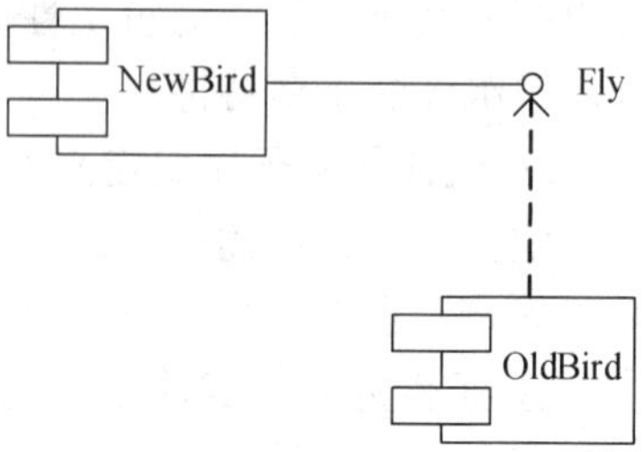

图 11-4 包含接口的组件图

1. 接口的表示方法

接口有两种表示方法，一种是使用小圆圈代替接口，也叫棒糖型接口。用实线将接口和组件连接起来，在这种语境中实线代表实现关系。另外一种是类状的接口，该接口使用一个矩形来表示，矩形中包含了与接口有关的信息。如图 11-5 所示为接口的两种不同的表示方法。

图 11-5 接口的两种表示方法

2. 接口的分类

组件中的接口可以分为两类：导入接口（Import Interface）和导出接口（Export Interface）。它们的具体说明如下。

- ❑ **导入接口**　在组件中所用到的其他组件所提供的接口，一个组件可以使用多个导入接口。
- ❑ **导出接口**　为其他组件提供服务的接口，一个组件可以有多个导出接口。

对于上图 11-4 来说，图中的接口对组件 NewBird 来说是导出接口，对于组件 OldBird 来说是导入接口。导出接口是由提供操作的组件所提供的，而导入接口则用于供访问操作的组件使用。

3. 接口的目的

接口的目的是希望将实现行为的具体类元的依赖从系统中分离出来。实例可以调用实现了需求接口的类元的实例，而不需要和实现类元有直接的关联。

实现接口的类元不需要具有和接口完全相同的结构，只需要向外部请求者提供相同的服务即可。另外，接口可以和其他接口之间存在关联，而且接口还可以和类元之间存在着关联。

11.1.4　组件间的关系与组件嵌套

与类之间的关系一样，组件之间也存在着关系。关系是事物之间的联系，在面向对象的建模中，最重要的关系是依赖、泛化、关联和实现，但是组件图中使用最多的是依赖和实现关系。另外，组件之间也允许进行多个嵌套。

1．组件间的关系

组件间的依赖关系不仅存在于组件和接口之间，而且存在于组件和组件之间。在组件图中，依赖关系代表了不同组件间存在的关系类型。组件间的依赖关系也用一个一端带有箭头的虚线表示，箭头从依赖的对象指向被依赖的对象。

组件间的实现关系 是指组件向外提供的服务，接口的表示方法有两种，所以在组件图中实现关系的表达也有两种，直接使用实线的棒糖型接口，或者使用与类相似的接口，但是需要使用一条带空心三角形箭头的虚线表示。如图11-6所示是一个简单的组件间的关系图。

从图 11-6 中可以看出，Order 系统组件依赖于客户资源库和库存系统组件。

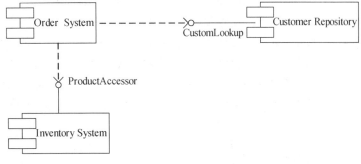

2．组件嵌套

一个组件也可以包含在其他的组件中，这可以通过在其他组件中建

图 11-6　组件间的关系图

模组件来表示，从而实现组件嵌套的功能。虽然 UML 规范并没有限制嵌套组件的层次，但是为了模型的清晰易读，通常不应有过多的嵌套组件。如图 11-7 所示为一个包含嵌套组件的模型图。

从图 11-7 中可以看出，组件嵌套模型图中事务处理组件由 3 个独立的组件组成，即系统的 3 个层次，它们分别是数据访问、事务逻辑和用户接口。

图 11-7　组件嵌套模型图

11.1.5　组件图的建模应用

件图用来反映代码的物理结构，从组件图中可以了解各软件组件之间的编译器和运行时依赖关系，使用组件图可以将系统划分为内聚组件并显示代码自身的结构。

使用不同计算机语言开发的程序具有不同的源代码文件，例如，使用 C++语言时，程序的源代码位于.h 文件和.cpp 文件中；使用 Java 语言时，程序的源代码位于.java 文件中。通常情况下由开发环境跟踪文件和文件间的关系，但是，有时候也有必要使用组件图为系统的文件和文件间的关系建模。使用组件图建模的主要步骤如下。

（1）对系统中的组件建模。

（2）定义相关组件提供的接口。

（3）对它们间的关系建模。

（4）将逻辑设计映射成物理实现。

（5）对建模的结果进行精化和细化。

组件图描述了软件的组成和具体结构，表示了系统的静态部分，能够帮助开发人员从总体上认识系统。通常情况下组件图也被看作是基于系统组件的特殊的类图，使用组件图为系统的实现视图进行建模时有 4 种方式：为源代码建模、为可执行程序建模、为数据库建模和为可适应的系统建模等。

1．为源代码建模

当前比较流行的面向对象编程语言（如 Java、C++和 C#等）使用集成化开发环境分割代码，并将源代码存储到文件中。使用组件图可以为这些文件的配置建模，并且可以设置配置管理系统。通过组件图可以清晰地表示出软件的所有源文件之间的关系，开发者能更好地理解各个源代码文件之间的依赖关系。但是为源代码建模需要遵循以下原则。

❑ 识别出感兴趣的相关源代码文件的集合，并把每个源代码文件标识为组件。

❑ 对于较大的系统，可以按照逻辑功能将源代码文件划分为不同的包（文件夹）。

❑ 在建模时可以使用不同的标记值描述（约束）源代码文件的一些附加信息。如作者、创建日期和版本号等。

❑ 可以通过建模组件间的依赖关系来表示源代码文件之间的编译依赖关系。利用工具来生成并管理这些关系。

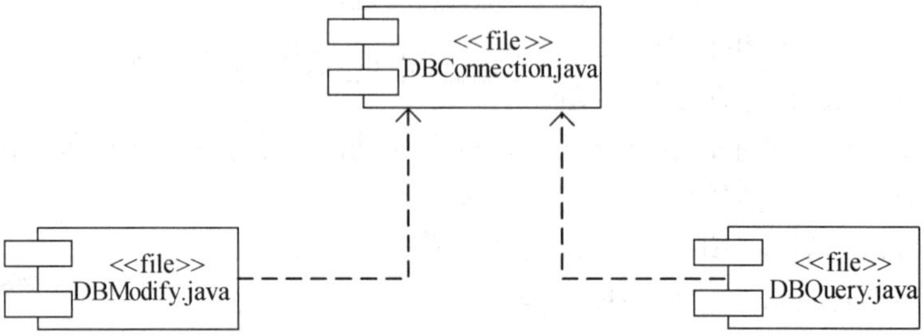

图 11-8　为系统建模示例

如图 11-8 所示是一个对系统建模的简单示例。

从图 11-8 中可以看出，组件图中包含了 3 个 java 源文件，文件 DBModify.java 和 DBQuery.java 在访问数据库时需要使用 DBConnection.java 文件，因此在文件 DBModify.java、DBQuery.java 和 DBConnection.java 之间存在着依赖关系。如果 DBConnection.java 文件被更改，那么其他两个源文件需要重新进行编译。

2．为可执行程序建模

通过组件图可以清晰地表示出各个可执行文件、链接库、数据库、帮助文件和资源文件等其他可运行的物理组件之间的关系，在对可执行程序的结构进行建模时，通常需要遵循一些原则。这些原则如下所示。

❑ 首先找出建模时的所有组件。

❑ 理解和区分每个组件的类型、接口和作用。

❑ 分析确定组件之间
的关系。

如图 11-9 所示是一个
为可执行程序建模的最基本
示例。

图 11-9 为可执行程序建模

3．为数据库建模

可以把数据库看作模式在比特世界中的具体实现，实际上模式提供了对永久信息的
应用程序编程接口，数据库模型表示这些信息在关系型数据库的表中或者在面向对象数
据库中的存储。为数据库建模时主要有 3 个步骤，如下所示。

（1）识别出代表逻辑数据库模型的类。

（2）确定如何将这些类映射到表。

（3）将数据库中的表建模
为带有 table 构造型的组件，
为映射进行可视化建模。

如图 11-10 所示是一个为
数据库建模的简单示例。

在图 11-10 所示的组件图
中，组件 Course.mdb 代表
Access 数据库，而组件
Student、Course 和 Elective 则

图 11-10 为数据库建模

代表组成数据库 Course.mdb 的 3 个表。

4．为可适应的系统建模

某些系统是静态的，其组件进入现场参与执行后再离开。另外一些系统则是较为动
态的，其中包括一些为了负载均衡和故障恢复而进行迁移的可移动的代理或组件。可以
将组件图与一些对行为建模的 UML 图结合起来表示这类系统。

11.1.6 组件图的适用情况

组件图可以看作是类图和复合组件图的扩展，它专门描述组件的内部组成，以及组
件之间的关系。如果一个组件图仅仅描述业务处理逻辑，那它就与类图、复合组合图没
有多大区别了。组件图的适用情况如下所示。

❑ 组件作为主要建模元素，尽管可能有类，但是一般只是引用已定义的类。

❑ 关注组件的内部结构，即组件内的实现类元（类和接口）以及内部组件组成。

❑ 关注组件之间的连接，而不关注组件作为类的特征（性质和操作）描述。

❑ 描述特定平台的组件结构，如 JavaBean、Applet、Servlet、COM+、.NET 组件与 EJB 等。

在组件设计中大多数设计人员倾向于设计大并且全的组件，表现为供口多或大，导致一个组件的功能过于庞大。从全局来看大的组件往往不适用于重用，具有良好重用性往往是功能单一、内聚性高的组件。

11.2　部署图

组件图表示组件类型的组织以及各种组件之间依赖关系的图，而部署图则用于描述系统硬件的物理拓扑结构以及在此结构上运行的软件。本节将详细介绍部署图的相关知识，包括概念、如何规范和如何应用等内容。

11.2.1　部署图概述

部署图（Deployment Diagram）是描述任何基于计算机应用系统的应用系统（特别是基于 Internet 和 Web 的分布式计算系统）的物理配置的有力工具。

部署图用于静态建模，它是表示运行时过程节点结构、组件实例及其对象结构的图。UML 部署图显示了基于计算机系统的物理体系结构，它可以描述计算机，展示它们之间的连接和驻留在每台机器中的软件。它也可以帮助系统的有关人员了解软件中各个组件驻留在什么硬件上，以及这些硬件之间的交互关系，如图 11-11 所示为一个简单的部署图。

从图 11-11 中可以看出，部署图中只有两个主要的标记符：节点和与其相关的关联关系标记符。

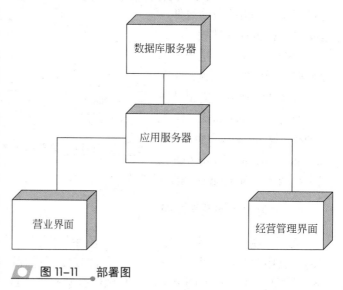

🔵 **图 11-11**　部署图

1. 部署图的组成元素

部署图的组成元素包括节点和节点间的连接，连接把多个节点关联在一起，从而构成了一个部署图。另外，部署图中还可以包含包、子系统和组件等。

2. 部署图的作用

一个 UML 部署图描述了一个运行时的硬件节点，以及在这些节点上运行时的软件的静态视图。部署图显示了系统的硬件、安装在硬件上的软件和用于连接异构机器之间的中间件。创建一个部署模型图的目的如下。

- ❑ 描述系统投产的相关问题。
- ❑ 描述系统与产生环境中的其他系统间的依赖关系，这些系统可能已经存在，或者是将要引入的。
- ❑ 描述一个商业应用主要的部署结构。
- ❑ 设计一个嵌入系统的硬件和软件结构。
- ❑ 描述一个组织的硬件/网络基础结构。

3．如何读取部署图

前面已经演示了关于部署图的简单示例，但是如果是比较复杂的部署图应该如何读取呢？如下为读取部署图的步骤（顺序）。

（1）首先看节点有哪些。

（2）查看节点的所有约束，从而理解节点的用途。

（3）查看节点之间的连接，理解节点之间的协作。

（4）看节点的内容，深入感兴趣的节点，了解需要部署什么。

11.2.2　节点和连接

节点代表一个运行时计算机系统中的硬件资源（物理元素），它一般都拥有内存，而且具有处理能力。比如一台计算机、一个工作站或者其他设备都属于节点。通过检查对系统有用的硬件资源有助于确定节点。例如，可以考虑计算机所处的物理位置，以及在计算机无法处理时不得不使用的其他辅助设置等方面来考虑。

在 UML 规范中，节点的标记是一个立方体，UML 2.0 中正式地把一个设备定义为一个执行工件的节点，有时还可以通过关键字 device 来指明节点类型，但是一般情况下不需要这样做。如图 11-11 中包含 4 个节点，分别使用 4 个立方体来表示，立方体内部的文字表示节点的名称。

1．节点名称

使用节点时必须为每一个节点进行命名，每个节点都必须有一个能唯一标识自己并且区别于其他节点的名称。节点名称有两种表示方法：简单名称和路径名称。简单名称就是一个文本字符串；在简单名称前面加上节点所在包的名称并且使用双冒号进行分隔就构成了路径名。一般情况下，部署图中只显示节点的名称，但是也可以在节点标识中添加标记值或者表示节点细节的附加栏，如图 11-12 所示。

2．节点分类

UML 部署图中按照节点是否有处理能力把节点分为两种类型：处理器和设备。其具体说明如下。

图 11-12　节点详细内容

- ❑ **处理器**　处理器是具有处理能力的节点，即能够执行组件。如服务器和工作站等都属于处理器。
- ❑ **设备**　设备是指不具有计算能力的节点，它们一般都是通过其接口为外部提供服务的。如打印机和扫描仪等都属于设备类型的节点。如果系统不考虑它们内部的芯片，就可以把它们看作设备。

3. 节点的属性和操作

与类一样，相关人员也可以为节点指定属性和操作，例如，可以为一个节点提供处理器速度、内存容量和网卡数量等属性；也可以为其提供启动、关机等操作。但是在大多数情况下它们的用途并不大，使用约束来描述它们的硬件需求则会更加实用。

4. 节点实例

节点可以建模为某种硬件的通用形式，例如 Web 服务器、路由器、扫描仪等，也可以通过修改节点的名称建模为某种硬件的特定实例。节点实例的名称下面带有下划线，它的后面是所属通用节点的名称，两者之间用冒号进行分隔，如图 11-13 所示。

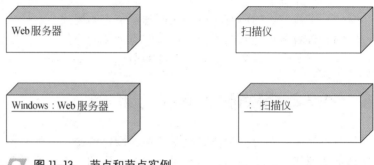

图 11-13 节点和节点实例

在图 11-13 中，上面两个节点是通用的，而下面两个节点则是通用节点的实例。在节点实例图中 Windows 是 Web 服务器的实例名称，图中只有一个 Windows 名称，但是存在许多的 Web 服务器；扫描仪节点没有具体的名称，因为它们对模型来说并不重要，通过在名称和冒号下面增加一条下划线就可以知道它们是没有指定名称的实例化节点。

> **提 示**
>
> 通过确定需要模型描述某个特定节点的信息还是所有节点实例的通用信息可以确定何时需要建模节点实例。

5. 节点和组件

节点中可以包含组件，这里的组件是指 11.1 节中介绍的组件图中的基本元素，它是系统可替换的物理部件。节点与组件之间有许多相同之处，例如二者都有名称，都可以参与依赖、泛化和关联关系，都可以被嵌套，都可以有实例以及都可以参与交互等。

除了相同点外，它们也有不同之处，如下所示。

- ❑ 组件是参与系统执行的事务，而节点是执行组件的事务。换句话说，组件是被节点执行的事物。
- ❑ 组件表示逻辑元素的物理模块，而节点表示组件的物理部署。这表明了一个组件是逻辑单元（如类）的物理实现，而一个节点则是组件被部署的地点。

●-- 11.2.3 部署间的关系

部署图之间可以存在多个关系，如依赖关系、泛化关系、实现关系和关联关系等，

UML 建模、设计与分析标准教程（2013—2015 版）

在构造部署图时，可以描述实际的计算机和设备（Node）以及它们之间的连接关系，也可以描述部署和部署之间的依赖关系；其中最常见的关系是关联关系。例如图 11-11 中的实线就表示节点之间的关联关系。在部署图中会被称之为"连接"，表示两个节点之间的物理连接。

部署图的关联关系用来表示两种节点（或硬件）通过某种方式彼此进行通信，通信方式使用与关联关系一起显示的固化类型来表示，如图 11-14 所示。固化类型通常用来描述两种硬件之间的通信方法或者协议，如图 11-15 所示是 Web 服务器通过 HTTP 协议与客户端计算机进行通信，客户端计算机通过 USB 协议与打印机进行通信。

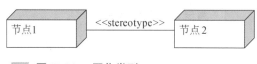

图 11-14　固化类型

试一试

本节仅仅使用简单的小示例演示了部署图之间的关联关系，感兴趣的读者可以对其他关系依次进行尝试。

图 11-15　固化类型表示通信协议

11.2.4　部署图的适用情况及如何绘制

绘制部署图主要是为了描述系统中的各个物理组成部分的分布、提交和安装过程。在实际开发过程中并不是每一个软件开发项目都必须绘制部署图。那么部署图到底适用于哪些情况呢？首先一起来看下哪些情况下不允许使用部署图。

- ❑ 如果软件制品的种类少、数量少、结构简单，只有一个文件或者少许几个文件就不需要部署图来描述制品之间的关系。
- ❑ 如果运行环境比较简单，只需要在特定操作系统上执行，而且不需要网络支持，就不需要部署图来描述节点间的关系。
- ❑ 如果软件部署运行很简单，只需要把可执行软件拷贝到一台计算机的一个目录下就可启动运行，就不需要部署图来描述部署的相关内容。

注　意

制品也可以叫作工件，用于对各种文件建模。如制品可以包括模型文件、源文件、脚本文件、二进制可执行文件、HTML 文件、JSP 文件、ASP 文件、XML 文件、数据库表、可发布软件、Word 文档和电子邮件等。

如果需要绘制部署图或者需要使用部署图建模，则可以按照下面的步骤进行绘制。
（1）对系统中的节点建模。
（2）对节点间的关系进行建模。
（3）对系统中的组件建模，这些组件来自组件图。
（4）对组件间的关系建模。
（5）对建模的结果进行精化和细化。

11.2.5 部署图的建模应用

对系统静态部署图进行建模时，通常使用 3 种方式：为嵌入式系统建模、为客户/服务器系统建模和为完全的分布式系统建模。

1. 为嵌入式系统建模

嵌入式系统控制设备的软件和由外部的刺激所控制的软件。使用部署图为嵌入式系统建模时需要遵循以下规则。

- ❑ 找出对于系统来说必不可少的节点。
- ❑ 使用 UML 的扩充机制为系统定义必要的原型。
- ❑ 建模处理器和设备之间的关系。
- ❑ 精化和细化智能化设备的部署图。

如图 11-16 所示是为嵌入式系统建模的一个示例。

图 11-16 所示为一个收银台的部署图，在该模型图中收银台由处理器 Charge 和

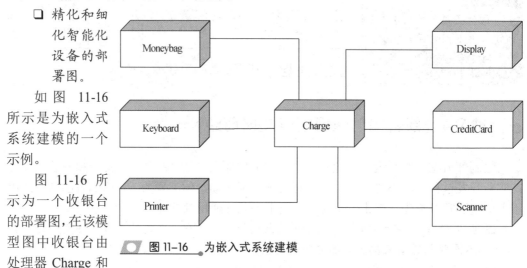

图 11-16 为嵌入式系统建模

设备 Display、Moneybag、Keyboard、CreditCard、Printer 和 Scanner 组成。

2. 为客户/服务器系统建模

使用部署图为客户/服务器系统建模时需要考虑客户端和服务器端的网络连接以及系统的软件组件在节点上的分布情况。能够分布于多个处理器上的客户/服务器系统有几种类型，包括"瘦"客户端类型和"胖"客户端类型。对于"瘦"客户端类型来说，客户端只有有限的计算能力，一般只管理用户界面和信息的可视化；对于"胖"客户端类型来说，客户端具有较多的计算能力，可以执行系统的部分商业逻辑。可以使用部署图来描述是选择"瘦"客户端类型还是"胖"客户端类型，以及软件组件在客户端和服务器端的分布情况。

使用部署图为客户/服务器系统建模时需要遵循以下规则。

- ❑ 为系统的客户处理器和服务器端处理器建模。
- ❑ 为系统中的关键设备建模。
- ❑ 使用 UML 扩充机制为处理器和设备提供可视化表示。

❏ 确定部署图中各元素之间的关系。

如图 11-17 所示是为客户/服务器系统建模的示例。

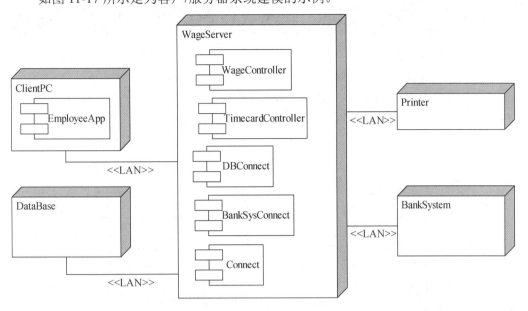

图 11-17 为客户/服务器系统建模

在图 11-17 中数据库 DataBase 所在的节点与服务器 WageServer 连接,客户端计算机和打印机也通过局域网连接到服务器,服务器与系统外的银行系统通过 Internet 相连接。

3. 为完全的分布式系统建模

完全的分布式系统分布于若干个分散的节点上,由于网络通信量的变化和网络故障等原因,系统是在动态变化着的,节点的数量和软件组件的分布可以不断变化。广泛意义上的分布式系统通常是由多级服务器构成的。可以使用部署图来描述分布式系统当前的拓扑结构和软件组件的分布情况。当为完全的分布式系统建模时,通常也将 Internet、LAN 等网络表示为一个节点。

如图 11-18 所示是为完全的分布式系统建模的示例。

在图 11-18 中包含 3 个客户端节点示例,即 Web 服务器、邮件服务器和文件服务器。客户端与服务器之间通过局域网连接起来,另外,局域网被表示为带有 <<network>> 原

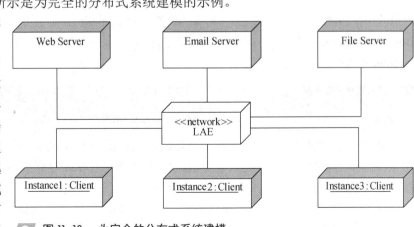

图 11-18 为完全的分布式系统建模

第 11 章 组件图与部署图

185

型的节点。

11.3　组合组件图和部署图

通过组合组件图和部署图可以可视化地描述应在什么硬件上部署软件以及怎样部署，它可以得到一个完整的实现方式图。

建模软件组件在相应硬件上的部署情况时有两种方式，其中一种形式是将硬件和安装在其上的软件组件用依赖关系连接起来，如图 11-19 所示。

第二种形式是将软件组件直接绘制在代表其所安装的硬件的节点上，如图 11-20 所示。

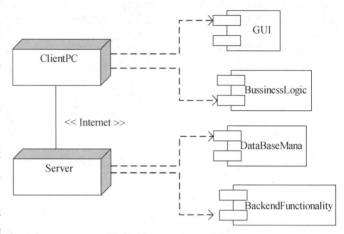

图 11-19　组合组件图和部署图 1

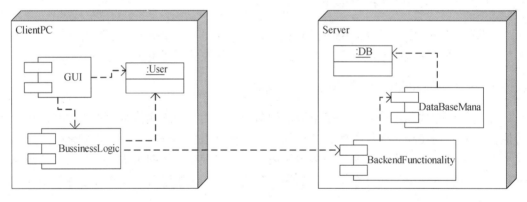

图 11-20　组合组件图和部署图 2

在图 11-20 中添加了两个对象来演示它们驻留在什么地方，组件 GUI 和 BusinessLogic 都依赖于 User 对象，它们都驻留在客户端计算机上，客户端计算机通过 Internet 连接到服务器上。

11.4　组件图和部署图的建模实现

前面已经详细讲解了组件图和部署图的相关应用，本节将通过一个示例介绍如何使用组件图和部署图建模。假设系统的功能允许用户通过 Web 对检索的商品进行扫描，系统的详细需求如下。

❑ 扫描仪通过 PCI 总线连接到网卡，用于控制扫描仪的代码驻留在扫描仪内部。

❑ 扫描仪中的网卡通过无线电波与 Web 服务器 WS 中的 Hub 通信，服务器通过

HTTP 协议向客户计算机提供 Web 页。
- ❑ 将 Web 服务器软件安装在服务器上，使用专用数据库访问组件与数据库通信。
- ❑ 在客户端计算机上安装浏览器软件，并在其上运行商品查询插件，浏览器只与定制服务器交互。

下面将通过简单的步骤演示该案例的实现。

11.4.1　添加节点和关联关系

实现该系统相关功能的第一步是需要为模型确定节点，然后通过分析系统的需求描述，从中抽取出如图 11-21 所示的代表硬件的节点。

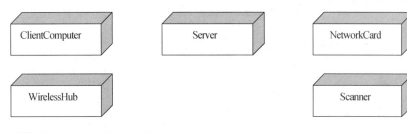

图 11-21　系统中的节点

确定系统中的节点后需要建立各节点之间的通信关联以及它们之间的通信类型，从系统需求描述中提取出下列信息作为上述工作的依据。

- ❑ 扫描仪通过 PCI 总线连接到网卡。
- ❑ 网卡通过无线电波与 Hub 通信。
- ❑ Hub 通过 USB 连接到名为 WS 的服务器。
- ❑ Web 服务器通过 HTTP 协议与客户端进行通信。

由于目前是在为名称为 WS 的单个服务器建模，所以需要将 Server 节点进行实例化，确定通信关联后的部署图如 11-22 所示。

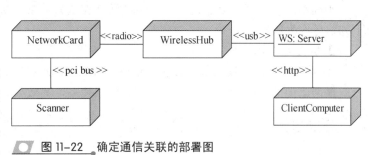

图 11-22　确定通信关联的部署图

11.4.2　添加组件、类和对象

添加节点和确定通信关联关系后需要向部署图中添加组件、类和对象等元素。从系统需求描述中提出下列信息作为依据。

- ❑ 控制扫描仪的代码驻留在扫描仪内部（定为 ScanControl 组件）。
- ❑ Web 服务器软件（定为 ServerSoft 组件）。
- ❑ 专用的数据库访问组件（定为 DBAccess 组件）。
- ❑ 浏览器软件（定为 Browser 组件）。

❑ 商品查询组件（定为 CommodityQuery 组件）。

相关人员依据上面的信息可以向部署图中添加相应的组件，另外也可以把所用的数据建模为一个对象，进一步完善后的部署图如 11-23 所示。

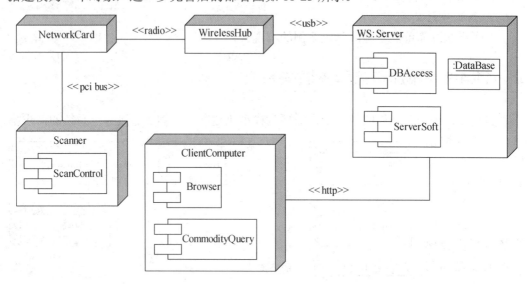

图 11-23　添加组件、类和相关对象

11.4.3　添加依赖关系

实现本系统的第三步是为各个组件之间添加依赖关系，从系统需求描述中可以提取下列信息作为依据。

❑ Web 服务器软件通过专用组件与数据库进行通信。

❑ 浏览器软件通过运行商品查询组件与 Web 服务器交互。

根据上面的依据内容为各个组件添加依赖关系，其效果如图 11-24 所示。

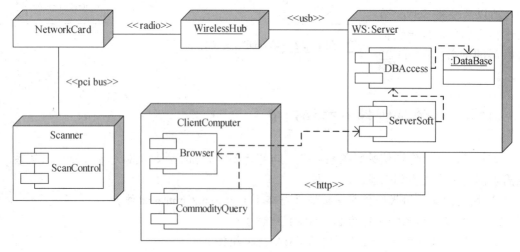

图 11-24　为部署图添加组件间的依赖关系

11.4.4 实现图书管理系统

本节依据图书管理系统，使用组件图和部署图为该系统进行建模。首先根据组件图建模的具体步骤（参考 11.1.5 小节）绘制本系统的相关组件图。如图 11-25 所示为业务对象的组件图；图 11-26 和图 11-27 分别为用户界面组件图。

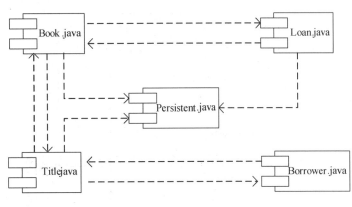

图 11-25 业务对象的组件图

使用组件图建模完成后再使用部署图对该系统的内容建模，相关人员可以根据绘制部署图的步骤（参考 11.2.4 节）进行建模。本书介绍的图书管理系统被设计成基于局域网和数据库的系统，其部署图基本效果如图 11-28 所示。

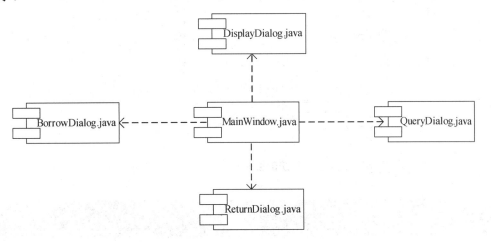

图 11-26 用户界面组件图 1

在部署图 11-28 中有 4 个节点：ClientPC（客户端计算机）、Application Server

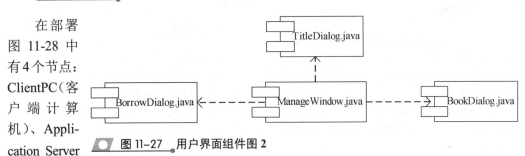

图 11-27 用户界面组件图 2

（图书管理系统服务器）、DataBase Server（数据库服务器）和 Printer（打印机）。其中 Application Server 提供了借书、还书服务以及维护借阅者信息、图书标题信息、管理员信息等服务；DataBase Server 保存了系统中所有的持久数据。ClientPC、DataBase Server、

Application Server 和 Printer 之间通过局域网进行连接。

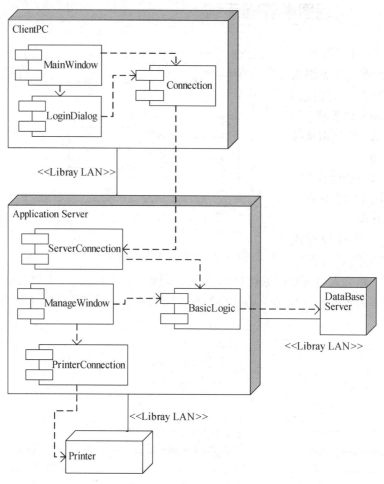

图 11-28　图书管理系统部署图

11.5　思考与练习

一、填空题

1. _____描述了软件的各种组件和它们之间的依赖关系。

2. 组件有 3 种类型：_____、工作产品组件和执行组件。

3. 使用组件图建模有 4 种方式：为源代码建模、_____、为数据库建模以及为可适应的系统建模。

4. _____用于描述系统硬件的物理拓扑结构以及在此结构上运行的软件。

5. 节点有两种表示方式：_____和路径名称。

二、选择题

1. 使用组件图建模时主要步骤是_____。

（1）定义相关组件提供的接口。

（2）对组件间的关系建模。

（3）对建模的结果进行精化和细化。

（4）对系统中的组件建模。

（5）将逻辑设计映射成物理实现。

　　A．（4）、（2）、（3）、（5）（1）

　　B．（4）、（1）、（2）、（5）、（3）

　　C．（1）、（4）、（2）、（5）、（3）

D．（1）、（2）、（3）、（4）、（5）

2．下面关于组件和类的说法中，选项
_____是错误的。

    A．组件和类都可以包含名称和接口

    B．组件是对其他逻辑元素物理实现，
      而类仅仅表示逻辑上的概念

    C．组件和类都可以参与依赖、关联和
      泛化关系

    D．组件和类中都可以包含属性和操作，
      并且属性和操作在组件与类中经常
      使用

3．使用部署图建模时主要步骤是
_____。

（1）对系统中的节点及节点间的关系建模。

（2）对建模的结果进行精化和细化。

（3）对来自于组件图系统中的组件建模。

（4）对组件间的关系建模。

    A．（3）、（4）、（2）、（1）

    B．（4）、（3）、（2）、（1）

    C．（1）、（3）、（4）、（2）

    D．（1）、（2）、（3）、（4）

4．下面选项中，_____的说法是错
误的。

    A．组件图可以看作是类图和复合组件
      图的扩展，它专门描述组件的内部
      组成，以及组件之间的关系

    B．部署图之间可以存在多个关系，如
      依赖关系、泛化关系、实现关系和
      关联关系等

    C．如果软件制品的种类少、数量少、
      结构简单，只有一个文件或者少许
      几个文件就需要部署图来描述制品
      之间的关系

    D．如果运行环境比较简单，只需要在
      特定操作系统上执行，而且不需要
      网络支持，就不需要部署图来描述
      节点间的关系

5．部署图建模的3种方式不包括_____。

    A．为可执行程序建模

    B．为嵌入式系统建模

    C．为客户/服务器系统建模

    D．为完全的分布式系统建模

三、简答题

1．请简述组件图的概念、组件图的用途以
及组件间的关系有哪些。

2．请简述部署图的概念和作用。

3．请分别简述组件图和部署图的适用情况。

4．请分别简述组件图和部署图建模的主要
步骤。

5．列举为客户/服务器端系统建模时需要遵
循的原则。

四、分析题

1．如图 11-29 所示为一个部署图，从该图
中识别出本章介绍的各种 UML 标记符，通用的
节点、节点对象以及节点之间的关联关系等。

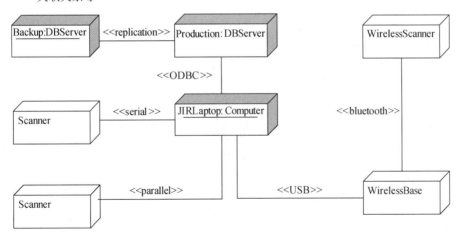

图 11-29 部署图示例

2．将本章学习的组件图与部署图相结合根
据下面列出的系统需求构造一个完整的方式图。

假设该系统为一个商品管理系统 GoodSystem，系
统需求描述如下所示。

（1）GoodSystem 的实例通过 L1 线与 WS 服务器进行通信，GoodSystem 会将信息发送到 WS 服务器接收请求软件。

（2）系统将维护一个 QueryByProtal 类和 QueryByCommodity 的实例，它们用于处理对服务器的请求。

（3）服务器将通过包含数据库访问组件的接收请求功能软件处理。

（4）数据库访问组件将会同时访问商品服务器和生产商服务器，WS 通过 Internet 访问这两个服务器。

（5）商品数据库的一个实例驻留在商品服务器上，生产商数据库的一个实例驻留在生产商服务器上，这两个服务器都通过运行在另一个应用程序服务器上的更新商品程序更新信息。

（6）应用程序服务器连接到商品服务器，商品服务器连接到生产商服务器，生产商服务器通过 Internet 连接到 WS。

（7）应用程序服务器还包括由更新商品程序使用的验证组件。

第 12 章

UML 与 RUP

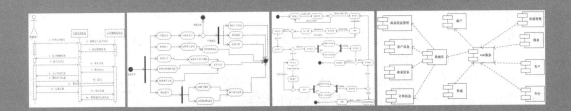

　　软件开发过程是软件工程的要素之一，有效的软件开发过程可以提高软件开发团队的生产效率，并且能够提高软件质量、降低成本、减少开发风险。UML 是一种可应用于软件开发的非常优秀的建模语言，但是 UML 本身并没有告诉人们怎样使用它，为了有效地使用 UML，需要有一种方法应用于它，当前最流行的使用方法是 RUP。它是软件开发过程的一种，为能够有效地使用统一建模语言 UML 提供了指导。

　　通过本章的学习，读者可以熟悉软件的开发过程，也可以对 RUP 进行详细的了解，如 RUP 的特点和开发要素、RUP 的工作流程、RUP 的开发阶段以及工作流程等。

本章学习要点：

➢ 了解软件开发过程的概念和常用的软件开发过程
➢ 掌握 RUP 的概念
➢ 掌握 RUP 开发周期的 4 个阶段及每个阶段的任务
➢ 了解 RUP 的优点和特点
➢ 掌握 RUP 的核心工作流
➢ 熟悉 RUP 的十大开发要素
➢ 熟悉 StarUML 的概念
➢ 了解 StarUML 与 RUP 的模型图关系

12.1 理解软件开发过程

软件开发过程是指应用于软件开发和维护当中的阶段、方法、技术、实践和相关产物（计划、文档、模型、代码、测试用例和手册等）的集合。它是开发高质量软件所需完成的任务的框架。软件工程是一种层次化的技术，如图 12-1 为软件工程的层次结构图。

所有工程方法都以有组织的质量保证为基础，软件工程也不例外。软件工

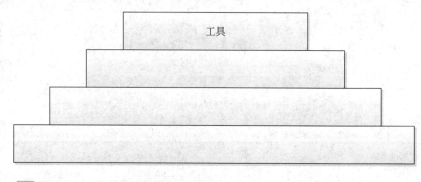

工具

图 12-1 ● 软件工程的层次结构图

程的方法层在技术层面上描述了应如何有效地进行软件开发，包括进行需求分析、系统设计、编码、测试和维护。

软件工程的工具层为软件过程和方法提供了自动或者半自动的支持。软件开发过程为软件开发提供了一个框架，该框架包含如下内容。

- ❏ 适用于任何软件项目的框架活动。
- ❏ 不同任务的集合。每个集合都由工作任务、阶段里程碑、产品以及质量保证点组成，它们使得框架活动适应于不同软件项目的特征和项目组的需求。
- ❏ 验证性的活动。例如，软件质量保证、软件配置管理、测试和评估，它们独立于任何一个框架活动，并贯穿于整个软件开发过程之中。

当前，软件的规模越来越大，复杂程度也越来越高，而且用户常常要求软件是具有交互性的、国际化的、界面友好的、具有高处理效率和高可靠性的，这都要求软件公司能够提供高质量的软件并尽可能地提高软件的可重用性，以及降低软件开发成本，提高软件开发效率。使用有效的软件开发过程可以为实现这些目标奠定基础。

当前，比较流行的软件开发过程主要包括以下几方面。

- ❏ Rational Unified Process（RUP）。
- ❏ OPEN Process。
- ❏ Object-Oriented Software Process（OOSP）。
- ❏ Extreme Programming（XP）。
- ❏ Catalysis。

12.2 RUP（Rational 统一过程）

RUP（Rational Unified Process）也叫 Rational 统一过程，统一过程是一个软件的开发过程，它将用户需求转化为软件系统所需的活动的集合。统一过程不仅仅是一个简单

的过程，而且是一个通用的过程。下面将介绍与 RUP 的相关知识。

12.2.1　理解 RUP

RUP 是一套软件工程方法，也是文档化的软件工程产品，所有 RUP 的实施细节及方法导引都以 Web 文档的方式集成在一张光盘上，由 Rational 公司开发、维护并销售，这是一套软件工程方法的框架，各个组织可以根据自身的实际情况和项目规模对 RUP 进行裁剪或者修改，以制定出合乎要求的软件工程过程。

1．RUP 的核心概念

RUP 中定义了一些核心概念，如图 12-2 所示。

从图 12-2 中可以看出 RUP 的核心概念包括角色、活动和工件。它们的具体说明如下。

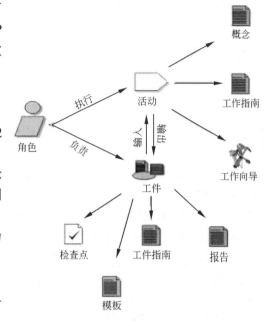

❑ **角色**　描述某个人或者一个小组的行为与职责。RUP 预先定义了很多角色。

❑ **活动**　是一个有明确目的的独立工作单元。

❑ **工件**　是活动生成、创建或修改的一段信息。

■ 图 12-2　RUP 的核心概念

2．RUP 的开发过程

RUP 中的软件生命周期在时间上被分解为 4 个顺序的阶段，每个阶段结束于一个主要的里程碑（Major Milestones），而且每个阶段本质上是两个里程碑之间的时间跨度。在每个阶段的结尾执行一次评估以确定这个阶段的目标是否已经满足。如果评估结果令人满意则允许项目进入下一个阶段。

❑ **初始阶段（Inception）**
RUP 的初始阶段用于确定要开发的系统，包括内容和业务，它是进行最初分析的阶段。在该阶段中，应当针对要设计的系统所能完成的工作与相关领域的专家以及最终用户进行讨论；应该确定并完善系统的业务需求，并建立系统的用例图模型。

❑ **筹划阶段（Elaboration）**
RUP 的筹划阶段用于确定系统的功能，该阶段是进行详细设计的阶段。设计人员应从在初始阶段建立的系统用例模型出发进行设计，以获得对如何构建系统的统一认识，然后应把系统分割为若干子系统，每个子系统都可以被独立建模。在该阶段中，应把在初始阶段中确定的用例发展成为对域、子系统以及相关的业务对象的设计。筹划阶段的工作是需要反复进行的，在这一阶段的最后，将会建立系统中的类以及类成员的模型。

❑ **构造阶段（Construction）**

RUP 的构造阶段是一个根据系统设计的结果进行实际的软件产品构建的过程，该过程是一个增量过程，代码在每个可管理的部分进行编写。在构建阶段可能会发现筹划阶段或者初始阶段工作中的错误或者不足，因而可能需要对系统进行再分析和再设计以修正错误或者完善系统。总之在该阶段中，可能需要多次返回到构建阶段以前的阶段，尤其是筹划阶段，以进一步完善系统。

❑ **转换阶段（Transition）**

转换阶段将会处理将软件系统交付给用户的事务。该阶段的完成并非意味着软件生命周期的真正结束，因为在这之后，还将需要对软件进行必要的维护和升级。

3．RUP 裁剪

RUP 是一个通用的过程模板，它包含很多开发指南、制品、开发过程所涉及到的角色说明，所以如果是具体的开发机构或项目，还可以使用 RUP 裁剪，即对 RUP 进行配置。RUP 就像一个元过程，通过对 RUP 进行裁剪可以得到很多不同的开发过程，这些软件开发过程可以看作 RUP 的具体实例。

RUP 裁剪可以分为以下几步。

（1）确定本项目需要哪些工作流。RUP 的 9 个核心工作流并不是必须的，可以取舍。

（2）确定每个工作流需要哪些制品。

（3）确定 4 个阶段之间如何演进。确定阶段间演进要以风险控制为原则，决定每个阶段要哪些工作流，每个工作流执行到什么程度，制品有哪些，每个制品完成到什么程度。

（4）确定每个阶段内的迭代计划，规划 RUP 的 4 个阶段中每次迭代开发的内容。

（5）规划工作流的内部结构，它通常用活动图的形式给出。工作流涉及角色、活动及制品，其复杂程度与项目规模即角色多少有关。

12.2.2 为什么要使用 RUP

RUP 是由发明 UML 的 3 位方法学家提出的，与其他软件开发过程相比，使用 RUP 可以更好地进行 UML 建模，而且 RUP 能够为软件开发团队提供指南、文档模板和工具，从而使软件开发团队能够最有效地利用当前软件开发实践中所获得的六大经验。

❑ **迭代式开发软件**

迭代式开发允许在每次迭代过程中需求可能有变化，通过不断细化来加深对问题的理解。RUP 在生命周期的每个阶段都强调风险最高的问题，从而有效地降低了项目的风险系数。使用迭代的方法开发软件好处如下：

❑ 便于系统用户的参与和反馈，从而能够有效地降低系统开发过程中的风险。

❑ 在每一次迭代过程结束时都能生成一个可执行的系统版本，这能使开发团队始终将注意力放在软件产品上。

❑ 迭代式开发软件有利于开发团队根据系统需求、设计的改变而方便地调整软件产品。

❑ 管理需求

确定系统的需求是一个连续的过程，开发人员在开发系统之前不可能完全详细地说明一个系统的真正需求。RUP 描述了如何启发和组织系统所需要的功能和约束，以及如何为它们建档，如何跟踪建档权衡与决策，并有利于表达商业需求和交流。

❑ 使用基于软件的架构

使用基于组件的架构技术能够设计出直观、适应变化、有利于系统重用的灵活的架构。RUP 支持基于组件的软件开发，它提供了使用旧组件和新组件定义架构的系统方法。

❑ 可视化模型

RUP 往往和 UML 联系在一起，对软件系统建立可视化模型帮助人们提供管理软件复杂性的能力。RUP 告诉人们如何可视化地对软件系统建模，获取有关体系结构与组件的结构和行为信息。有助于软件开发过程中不同层次、不同方面的人的沟通，并能保证系统各部件与代码相一致，维护设计与实现的一致性。

❑ 验证软件质量

软件性能和可靠性的低下是影响软件使用的最重要的因素，因此，应根据基于软件性能和软件可靠性的需求对软件质量进行评估。RUP 有助于进行软件质量评估，在 RUP 的每个活动中都存在软件质量评估，并可以让与系统有关的所有人员都参与进来，这样可以及早发现软件中的缺陷。

❑ 控制软件变更

迭代式开发中如果没有严格的控制和协调，整个软件开发过程很快就陷入混乱之中，RUP 描述了如何控制、跟踪和监视软件修改，从而保证了迭代开发过程的成功；RUP 还可以指导人们如何通过控制所有对软件制品（例如模型、代码、文档等）的修改来为所有开发人员建立安全的工作空间。

12.2.3 RUP 的特点

RUP 的特点包括两方面，其具体说明如下。

❑ **RUP 的二维开发模型**

RUP 软件开发生命周期是一个二维的软件开发模型。横轴通过时间组织，是过程展开的生命周期特征，体现开发过程的动态结构，用来描述它的术语主要包括周期(Cycle)、阶段（Phase）、迭代（Iteration）和里程碑(Milestone)；纵轴以内容来组织为自然的逻辑活动，体现开发过程的静态结构，用来描述它的术语主要包括活动（Activity）、产物（Artifact）、工作者（Worker）和工作流（Workflow）。

❑ **RUP 的迭代式开发模型**

RUP 中的每个阶段可以进一步分解为迭代，一个迭代是一个完整的开发循环，产生一个可执行的产品版本，是一个最终产品的一个子集，它是增量式发展，从一个迭代过程到另外一个迭代过程到最终系统。与传统的瀑布模型相比，其好处如下

❑ 降低了在一个增量上的开支风险。
❑ 降低了产品无法按照既定进度进入市场的风险。
❑ 加快了整个开发工作的进度。

❑ 迭代式开发模型更容易适应需求的变化。

12.3 RUP 的二维空间

从 RUP 的特点可以知道，RUP 软件开发生命周期是一个二维软件开发模型，并且它是沿着横轴和纵轴两个方向发展的。本节将详细介绍它们的相关知识。

12.3.1 时间维

时间维是 RUP 随着时间的动态组织。RUP 将软件生命周期划分为初始阶段、筹划阶段、构造阶段和转换阶段，每个阶段的结果都是一个里程碑，都要达到特定的目标。如图 12-3 所示为 RUP 的二维开发模型。

1. 初始阶段

RUP 初始阶段需要为软件系统建立商业模型并确定系统的边界。为此，需要识别出所有与系统交互的外部实体，包括识别出所有用例、描述一些关键用例，除此之外，还需要在较高层次上定义这些交互。商业系统将包括系统验收标准、风险评估报告、所需资源计划和系统开发规划。

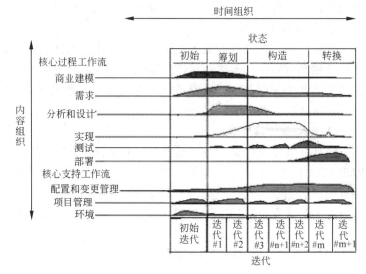

图 12-3　RUP 的二维开发模型

初始阶段的输出如下所示。

❑ 系统蓝图文档，包括对系统核心需求、关键特性、主要约束等的纲领性描述。

❑ 初始的用例模型（占完整模型的 10%～20%）。

❑ 初始的项目词汇表。

❑ 初始的商业案例，包括商业环境、验收标准（例如税收预测等）和金融预测。

❑ 初始的风险评估。

❑ 确定阶段和迭代的项目规划。

❑ 可选的商业模型。

❑ 若干个原型。

初始阶段结束之前需要使用如下评估准则对初始阶段的成果进行认真评估，只有达到了这些标准，初始阶段才算完成，否则就应修正项目甚至取消项目。

❑ 风险承担人是否赞成项目的范围定义、成本/进度估计。

❑ 主要用例能够无歧义地表达系统需求。

UML 建模、设计与分析标准教程（2013—2015 版）

❑ 成本/进度估计、优先级、风险和开发过程的可信度。

❑ 开发出的架构原型的深度和广度。

❑ 实际支出与计划支出的比较。

2. 筹划阶段

筹划阶段的主要任务是：分析问题域，建立合理的架构基础，制定项目规划，并消除项目中风险较高的因素。因此，应当对系统范围、主要功能需求和非功能需求有一个很好的理解。

筹划阶段的活动必须保证架构、需求和规划有足够的稳定性，充分降低风险，进而估计出系统的开发成本/进度。该阶段的输出如下。

❑ 用例模型（占完整模型的 80% 以上），已识别出所有用例和角色，并完成了大多数用例的描述。

❑ 补充性需求，包括非功能性需求以及与特定用例无关的需求。

❑ 系统架构描述。

❑ 可执行的架构原型。

❑ 修正过的风险清单和商业案例。

❑ 整个项目的开发规划，包含了迭代过程和每次迭代的评价准则。

❑ 更新过的开发案例。

❑ 可选的用户手册（初步的）。

在筹划阶段结束之前也需要使用包含如下问题的评价准则进行评价。

❑ 软件的前景是否稳定。

❑ 系统架构是否稳定。

❑ 当前的可执行版本是否强调了主要风险元素并已有效解决。

❑ 构建阶段的规划是否足够详细和准确，并有可靠的基础。

❑ 如果根据当前的规划来开发整个系统，并使用当前的架构，是否所有的风险承担者都同意系统达到了当前的需求。

❑ 实际资源支出与计划支出是否都是可接受的。

3. 构造阶段

构建阶段的主要工作是管理资源，控制运作，优化成本、进度和质量。在该阶段组件和应用程序的其余性能被开发、测试并被集成到系统中。

构建阶段的输出是可以交付给用户使用的软件产品，它应该包括如下几方面。

❑ 集成到适当平台上的软件产品。

❑ 用户手册。

❑ 对当前版本的描述。

在构建阶段结束以前需要使用包含如下问题的评价准则进行评价。

❑ 当前的软件版本是否足够稳定和成熟，并可以发布给用户。

❑ 是否所有风险承担者都做好了将软件交付给用户的准备。

❑ 实际支出和计划支出的对比是否仍可被接受。

4. 转换阶段

RUP 的转换阶段需要将软件产品交付给用户。将产品交付给用户后通常会产生一些新的要求，例如开发新版本、修正某些问题和完成被推迟的功能部件等。转换阶段中需要系统的一些可用子集达到一定的质量要求，并有用户文档，包括以下几方面。

- ❑ "beta 测试" 确认新系统已达到用户的预期要求。
- ❑ 将新、旧系统同时运行。
- ❑ 对运行的数据库进行转换。
- ❑ 训练系统用户和系统维护人员。
- ❑ 进行新产品展示。

评价 RUP 的转换阶段需要回答如下两个问题。

- ❑ 用户对系统是否满意。
- ❑ 开发系统的实际支出和计划支出的对比是否仍可被接受。

5. 迭代

RUP 中的每一个阶段都可以进一步细分为迭代，每个迭代都是一个完整的开发循环，在每一次迭代过程的末尾都会生成系统的可执行版本，每一个这样的版本都是最终版本的一个子集。系统开发增量式地向前推进，不断地迭代，直至完成最终的系统。

采用迭代的方法进行软件开发具有更灵活、风险更小的特点。通过不断地迭代，实现了软件的增量式开发。采用迭代方法开发的软件更易于根据用户需求的不断变化而做出调整，从而能够开发出充分满足用户需要的软件。

12.3.2 RUP 的静态结构

RUP 的静态结构是用工作人员、活动、产品和工作流等描述的，这些建模元素描述了什么人需要做什么，如何做，以及应该在什么时候做。

1. 工作人员、活动和产品

在 RUP 中工作人员是指个体或者工作团队的行为和责任，分配给工作人员的责任包括完成某项活动，以及是一组产品的负责人。

某个工作人员的活动是承担这一角色的人必须完成的一组工作，活动通常用创建或者更新某些产品来表示，包括模型、类和规划等，诸如规划一个迭代、找出用例和角色、审查设计、执行性能测试等都是活动的例子。

产品是一个过程所生产、修改或者使用的一组信息，是工作人员参与活动时的输入和完成活动时的输出。产品的形式主要包括以下几种。

- ❑ 模型，例如用例模型。
- ❑ 模型元素，例如类、用例和子系统等。
- ❑ 文档，例如软件架构文档。
- ❑ 源代码。

UML 建模、设计与分析标准教程（2013—2015 版）

2. 核心过程工作流

RUP 中的工作流程是由活动构成的活动序列，它包括 9 个核心工作流。其中有 6 个核心过程工作流（Core Process Workflows）和 3 个核心支持工作流（Core Supporting Workflows）。

❏ **商业建模（Business Modeling）**

商业建模工作流程描述了如何为新的目标组织开发模型，并以此为基础在商业用例模型和商业对象模型中定义组织的过程、角色和责任。它是为了确定系统功能和用户需要。在商业建模工作流中需要建立如下模型。

- 上下文模型，该模型描述了系统在整个环境中所发挥的作用。
- 系统的高层需求模型，例如用例模型。
- 系统的核心术语表。
- 域模型，例如类图。
- 商业过程模型，例如活动图。

❏ **需求分析（Requirement）**

需求工作流的目标是描述系统应该做什么，并使开发人员和用户就这一描述达成共识。为了达到这个目标，要对需要的功能和约束进行提取、组织、文档化；重要的是理解系统所解决问题的定义和范围。该工作流的主要结果是软件需求说明（SRS）。

❏ **分析和设计（Analysis and Design）**

分析和设计工作流将需求转化成未来系统的设计，为系统开发一个健壮的结构并调整设计使其与实现环境相匹配，优化其性能。分析设计工作的结果是一个设计模型和一个可选的分析模型。设计模型是源代码的抽象，由设计类和一些描述组成。设计类被组织成具有良好接口的包和子系统，而描述则体现了类的对象如何协同工作实现用例的功能。

❏ **实现（Implementation）**

实现工作流的内容有 4 个，其具体说明如下。

- 用层次化的子系统形式描述程序的组织结构。
- 用组件的形式实现系统中的类和对象，例如源文件、可执行文件、二进制文件等。
- 将系统以组件为单元进行测试。
- 将所有已开发的组件组装成可执行的系统。

❏ **测试（Test）**

RUP 提出了迭代的方法，意味着在整个项目中进行测试，从而尽可能早地发现缺陷，从根本上降低了修改缺陷的成本。测试类似于三维模型，分别从可靠性、功能性和系统性能来进行。而测试工作流的作用就是要验证对象间的交互作用，验证软件中所有组件的正确集成，检验所有的需求已被正确的实现，识别并确认缺陷在软件部署之前被提出并处理。

❏ **部署（Deployment）**

部署工作流的目的是成功地生成版本将软件分发给最终用户。它描述了与确保软件产品对最终用户具有可用性相关的活动，包含软件打包、生成软件本身以外的产品、安装软件、为用户提供帮助。在某些情况下还可能包含有计划地进行测试、移植现有的软件和数据以及正式验收。部署工作流的内容包括 3 部分，如下所示。

- 打包、发布、安装软件、升级旧系统。
- 培训用户及销售人员并提供技术。
- 制定并实施测试。

注 意

虽然核心过程工作流看似瀑布模型中的几个阶段，但是在迭代过程中这些工作流是一次又一次地重复出现的，这些工作流在项目中被轮流执行，在不同的迭代中以不同的侧重点被重复。

3. 核心支持工作流

核心支持工作流包括配置和变更管理、项目管理和环境 3 个部分。

❏ **配置和变更管理（Configuration and Change Management）**

跟踪并维护系统所有产品的完整性和一致性。配置和变更管理工作流描绘了如何在多个成员组成的项目中控制大量的产物，同时提供准则来管理演化系统中的多个变体，跟踪软件创建过程中的版本。工作流描述了如何管理并行开发、分布式开发，如何自动化创建工程。同时也阐述了对产品修改原因、时间、相关人员的审计记录。

❏ **项目管理（Project Management）**

项目管理工作流为计划、执行和监控软件开发项目提供可行性的指导；为风险管理提供框架。软件项目管理平衡各种可能产生冲突的目标，管理风险，克服各种约束并成功交付使用户满意的产品。其目标包括以下两个方面。

❏ 为项目的管理提供框架。
❏ 为计划、人员配备、执行和监控项目提供实用的准则。

❏ **环境（Environment）**

环境工作流为组织提供过程管理和工具的支持，其目的是向软件开发组织提供软件开发环境。环境工作流集中于配置项目过程中所需的活动，同样也支持开发项目规范的活动，提供了逐步的指导手册并介绍了如何在组织中实现过程。

12.4 核心工作流程

上一节已经对 RUP 中的工作流进行了概括性的介绍，本节将分别结合工作人员、产品和工作流这 3 个建模元素对 RUP 中的几个常用的核心过程工作流（如需要工作流、分析和设计工作流以及实现工作流等）进行详细介绍。

12.4.1 需求获取工作流

系统的用户对其所用系统在功能、性能、行为和设计约束等方面的要求就是软件的需求。需求获取就是通过对系统问题域的分析和理解而确定系统所涉及的信息、功能和系统行为，进而将系统用户的需求精确化、完全化。进行需求获取的任务主要是在 RUP 的初始阶段和筹划阶段完成的。

1．工作人员

需求分析阶段工作人员主要包括 4 种：系统分析师（System Analyst）、用例描述人员（Use Case Specifier）、GUI 设计人员（GUI Designer）和架构工程师（Architect）。它们的具体说明如下。

- **系统分析师**　系统分析师是该工作流程中的领导者和协调者，主要负责确定系统的边界、确定系统的参与者和用例。系统分析师在该工作流程中负责的产品是系统的用例模型、参与者和术语表。系统分析师在该阶段的工作是宏观的，虽然系统的用例模型和参与者是由系统分析师确定的，但是具体的用例是由专门的用例描述人员完成的。
- **用例描述人员**　要能够开发出充分满足用户需要的软件，就必须准确而充分地确定系统需求，这项任务通常需要系统分析师协同其他相关人员共同完成，他们一起来对若干个用例进行详细的描述，这些人员被称为用例描述人员。
- **GUI 设计人员**　GUI 设计人员负责设计系统与用户进行交互时的可视化界面。
- **架构工程师（Architect）**　架构工程师同样有必要参与需求获取工作流，因为这有助于描述用例模型的架构视图。

2．产品

在 RUP 的需求获取工作流中主要的 UML 产品如下所示。

- **用例模型（Use Case Model）**　用例模型主要包括系统的参与者、用例以及用例之间的关系。用例模型的构造有利于软件开发人员和系统用户之间的有效沟通，从而有利于充分而准确地确定用户需求。
- **参与者（Actor）**　参与者代表了系统为之服务或者与之交互的对象。
- **用例（Use Case）**　用例描述了系统所能提供的功能，一个功能可以用一个用例来表示，整个用例模型就描述了系统所能提供的完整功能。用例可以认为是一个类元，它具有属性和操作；用例可以用序列图和协作图进行详细描述。
- **架构描述**　系统的架构描述了系统所提供的关键功能的用例。
- **术语表**　每个领域都具有描述和表达该领域的独特术语，在需求获取工作流中需要理解和获取这些术语。术语表包括了主要的业务术语及其定义，这有利于所有的开发人员都使用统一的概念描述和表达系统，以便消除由于不同开发人员使用不同概念描述和表达同一事务所造成的不便甚至错误。
- **GUI 原型**　在需求获取工作流中，GUI 原型可以在系统用户的参与下确定，这样有助于设计出更好的用户界面。

3．工作流

需求获取工作流主要包含 5 个活动，它们的详细说明如下介绍。

- **确定参与者和用例。**
确定参与者和用例的内容包括以下 3 个方面。
  - 确定系统的边界。
  - 描述将有哪些参与者会与系统进行交互，以及他们需要系统提供哪些功能。

● 获取并定义术语表中的公用术语。

确定参与者和用例的过程包括 4 个并发进行的步骤：确定参与者、确定用例、简要描述每个用例、构造用例模型。如图 12-4 所示为确定参与者和用例的工作流程。

❏ **区分用例优先级**

区分用例优先级就是确定用例模型中用例开发的先后次序，有些用例需要在早期的迭代中进行开发，而有些用例则应在后期的迭代中进行开发。区分用例优先级的活动如图 12-5 所示。

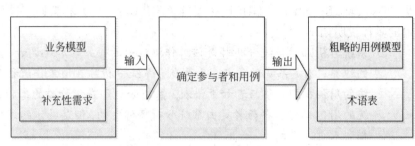

◗ **图 12-4** 确定参与者和用例的工作流程

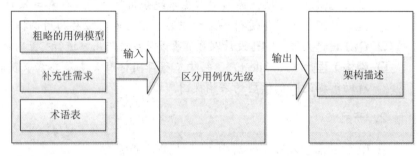

◗ **图 12-5** 区分用例优先级图

❏ **详细描述用例**

详细描述用例主要是详细描述事件流。该活动包括建立用例说明、确定用例说明中包括的内容、对用例说明进行形式化描述 3 个步骤。详细描述用例的活动如图 12-6 所示。

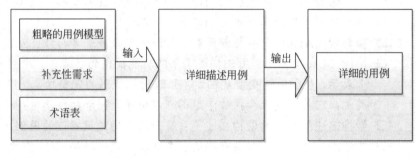

◗ **图 12-6** 详细描述用例图

❏ **构造 GUI 原型**

设计系统的用户界面是构造好用例模型之后需要做的工作。该活动由逻辑用户界面设计、实际用户界面设计和构造原型组成。如图 12-7 为构造 GUI 原型图。

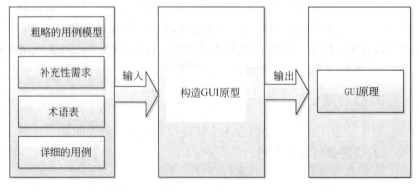

◗ **图 12-7** 构造 GUI 原型图

❑ **构造用例模型**

构造用例模型的活动主要包括以下 3 部分。

- 确定可共享的功能性说明。
- 确定补充性或者可选性功能说明。
- 确定用例之间的其他关系。

进行该活动是为了抽取通用的用例功能说明，这些用例功能说明可以被用以描述更详细的用例功能，以及抽取可以扩展具体用例说明的补充性或者可选性用例功能说明。该活动如图 12-8 所示。

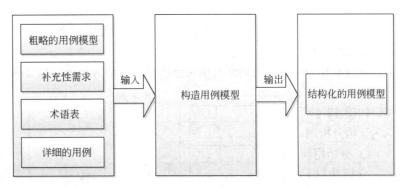

图 12-8 构造用例模型图

12.4.2 分析工作流

分析工作流的主要工作是从初始阶段的末尾开始进行的，但是大部分工作是在筹划阶段进行的。通常情况下，在对系统进行需求获取的同时也需要进行分析。

1. 工作人员

分析工作流阶段的工作人员包括 3 类：架构工程师、用例工程师和组件工程师。它们的具体说明如下。

- ❑ **架构工程师** 架构工程师在该过程中负责"分析模型"和"架构描述"两个 UML 产品，但是不需要对分析模型中各种产品的持续开发和维护负责。
- ❑ **用例工程师** 用例工程师的任务是完成若干用例的分析和设计，使这些用例实现相应的需求。
- ❑ **组件工程师** 在分析工作流中，组件工程师的任务是定义并维护若干个分析类，使它们都能实现相应用例实现的需求，并维护若干个包的完整性。

2. 产品

在 RUP 的工作流中 UML 产品如下所示。

- ❑ **分析模型** 该产品是由代表分析模型顶层包的分析系统表示的。
- ❑ **分析类** 分析类是对系统问题域所做的抽象，对应现实世界业务领域中的相关概念，对现实世界来说，分析类所作的抽象应是清晰而无歧义的。
- ❑ **用例实现的分析视图** 用例实现是由一组类组成的，这些类实现了相应用例中所描述的功能。分析类图是用例实现的关键部分，类图中类的实例可以协同实现若干用例所描述的功能。

- ❑ **分析包** 分析包用于对分析模型中的 UML 产品进行组织。分析包中可以包含用例、分析类、用例实现和其他分析包。
- ❑ **架构模型** 架构模型包含分析模型的架构视图。

3．工作流

分析工作流主要包含 4 个活动，它们的详细说明如下介绍。

❑ **架构分析**

进行架构分析的目的是通过确定分析包、粗略的分析类和公用的需求粗略地勾画系统的分析模型和构架。如图 12-9 所示为架构分析图。

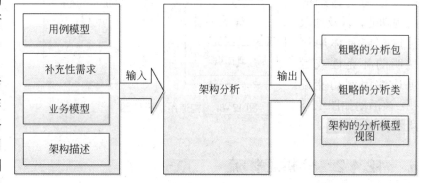

❑ **分析用例**

分析用例活动中要做的工作包括：确定粗略的分析类；将用例的功能封装到特定的分析类当中；获取用例实现中的特定需求，如图 12-10 所示。

图 12-9 架构分析图

❑ **分析类**

该活动的内容包括：根据分析类在用例实现中的角色确定分析类的职责；确定分析类的属性和参与的关系；获取对应于分析类实现的特定需求，如图 12-11 所示。

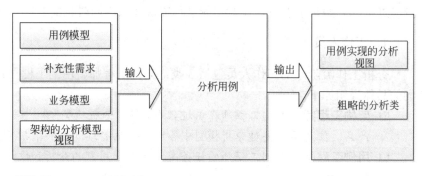

图 12-10 分析用例图

❑ **分析包**

进行分析包活动的目的是尽

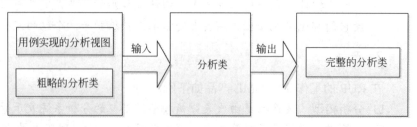

图 12-11 分析类活动图

可能保证该分析包的独立性，使该分析包能够实现一定领域内用例的功能等，如图 12-12 所示。

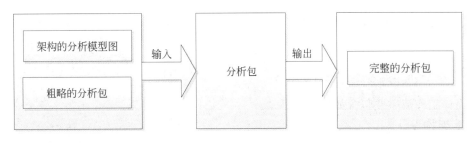

图 12-12 分析包活动图

> **提 示**
>
> 在分析工作流的包析包活动中通常需要定义该包与其他包的依赖关系，其目的是使该包包含合适的类。

12.4.3 设计工作流

设计工作流中的主要工作是在筹划阶段的末尾部分和构建阶段的开头部分完成的。在获取系统需求和分析活动比较完善之后，接下来的主要工作就是设计了。下面将对设计工作流进行详细介绍。

1. 工作人员

设计工作流中工作人员包括 3 类：架构工程师、用例工程师和组件工程师。它们的具体说明如下。

- ❑ **架构工程师**　在该工作流中，架构工程师的主要任务是确保系统设计和实现模型的完整性、准确性以及易理解性。
- ❑ **用例工程师**　在设计工作流中，用例工程师的任务是确保用例实现（设计）的图形和文本易于理解并且准确地描述系统的特定功能。
- ❑ **组件工程师**　组件工程师的任务是定义和维护设计类的属性、操作、方法、关系以及实现性需求，确保每个设计的类都实现特定的需求。

2. 产品

在 RUP 的设计工作流中 UML 的产品主要包括以下几种。

- ❑ **设计模型**　设计模型是用于描述用例实现的对象模型，由设计系统表示。
- ❑ **设计类**　设计类是对系统问题域和解域的抽象，是已完成规格说明并能被实现的类。架构设计师应当在设计工作流中确定类所具有的属性，并将分析类中相应的操作转化为方法。
- ❑ **用例实现**　该产品是实现用例的对象和设计类在设计模型内的协作，描述了特定用例的实现和执行情况。
- ❑ **设计子系统**　设计子系统可将设计模型中的产品组织成易于管理的功能块。设计子系统中的元素可以是设计类、用例实现、接口和其他的子系统。
- ❑ **接口**　接口用于描述设计类和子系统所提供的操作。

❑ **部署图** 在设计工作流中将生成初步的部署图，以描述软件系统在物理节点上的部署情况。

3. 工作流

设计工作流主要包含如下 4 个活动。

❑ **架构设计**

在架构设计活动中需要识别节点及其网络配置、子系统及其接口，以及重要设计类，进而构造设计和实现模型及其架构，如图 12-13 所示。

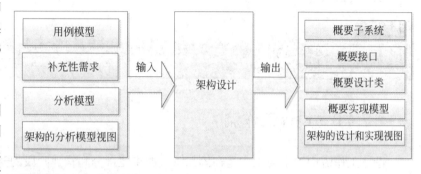

图 12-13 架构设计图

❑ **设计用例**

在设计用例活动中需要识别设计类或者子系统；把用例的行为分配到有交互作用的设计对象或者所参与的子系统；定义对设计对象或者子系统及其接口的操作需求；为用例获取实现性需求，如图 12-14 所示。

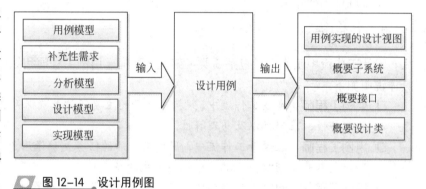

图 12-14 设计用例图

❑ **设计类**

设计类活动的内容包含以下 3 个方面。

❑ 操作、属性、所参与的关系。

❑ 实现操作的方法、强制状态、对任何通用设计机制的依赖与实现相关的需求。

❑ 需要提供的任何接口的正确实现。

设计类活动能够实现其在用例实现中以及非功能性需求中所要求的角色，如图 12-15 为该活动图。

❑ **设计一个子系统**

设计子系统的目的包括 3 个，它们分别如下所示。

❑ 保证该子系统尽可能独立于其他子系统或者它们的接口。

❑ 保证该子系统提供正确的接口。

❑ 保证该子系统提供其接口所定义操作的正确实现。

如图 12-16 所示为设计子系统的活动图。

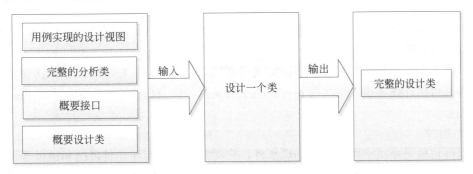

图 12-15 设计类活动图

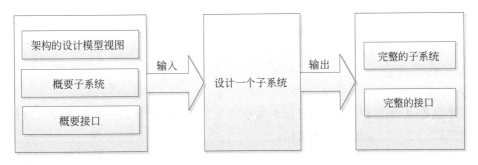

图 12-16 设计子系统活动图

12.4.4 实现工作流

实现工作流是 RUP 中构造阶段的重点，它是把系统的设计模型转换成可执行代码的过程，可以认为实现工作流的重点就是完成系统的可执行代码。系统的实现模型只是实现工作流的副产品，系统开发人员应当把重点放在开发系统的代码上。

1. 工作人员

RUP 的实现工作流中工作人员包括架构设计师、组件工程师和系统集成人员。它们的具体说明如下。

❑ **架构设计师** 在实现工作流中，架构设计师主要负责确保实现模型的完整性、正确性和易理解性。架构设计师必须对系统实现模型架构以及可执行体与节点间的映射负责，但实现模型中各种产品的继续开发和维护不属于他的职责范围。

❑ **组件工程师** 组件工程师的任务是定义和维护若干组件的源代码，保证系统中的每个组件都能正确实现其功能，除此之外，组件工程师还应确保实现子系统的正确性。

❑ **系统集成人员** 系统集成人员主要负责规划在每次迭代中所需的构造序列，并在实现每个构造后对其进行集成。

2．产品

RUP 的实现工作流中 UML 的主要产品如下所示。

❏ **实现模型**

该产品是一个包含组件和接口的实现子系统的层次结构，它用于描述如何使用源代码文件、可执行体等组件来实现设计模型中的元素，以及组件的组织情况和组件之间的依赖关系。

❏ **组件**

组件也就是系统中可替换的物理部件，它封装了系统实现并且遵循和提供若干接口的实现。也可以说，实现模型中的组件依赖于设计模型中的某个类。常用的组件包括以下几种。

    ❏ <<EXE>>，代表一个可以在节点上运行的程序。

    ❏ <<Database>>，代表一个数据库。

    ❏ <<Application>>，代表一个应用程序。

    ❏ <<Document>>，代表一个文档。

❏ **实现子系统**

该产品可以把实现模型的产品组织成更易于管理的功能块。一个子系统可以包含组件或者接口，也可以实现和提供接口。

❏ **接口**

实现工作流必须要能够实现接口所定义的全部操作，提供接口的子系统也必须包含提供该接口的组件。

❏ **架构的实现模型**

该产品描述了对架构来说比较重要的产品，例如，实现模型的子系统、子系统接口以及它们之间依赖关系的分解、关键的组件。

❏ **集成构造计划**

在增量的构造方式中，每一步增量中需要解决的集成问题并不多，增量的结果被称为构造，它是系统的一个可执行版本，包括部分或者全部的系统功能。

3．工作流

实现工作流主要包含 5 个活动，其具体说明如下介绍。

❏ **架构实现**

架构实现的过程主要包括：识别架构中的关键组件，如可执行组件；在相关的网络配置中将组件映射到节点上。该活动的输入和输出如图 12-17 所示。

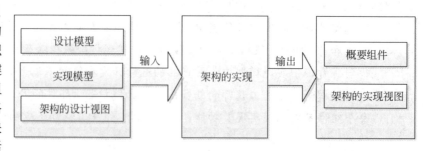

图 12-17 架构实现活动图

❑ 系统集成

系统集成的过程主要包括：创建集成构造计划，描述迭代中所需的构造和对每个构造的需求；在集成测试前集成每个构造。该活动的输入和输出如图 12-18 所示。

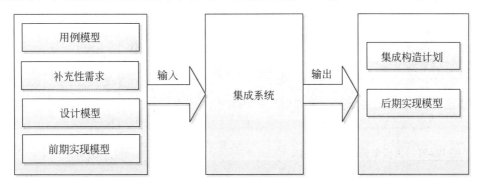

图 12-18 系统集成活动图

❑ 实现一个子系统

实现一个子系统是为了保证一个子系统扮演它在每个构造中的角色，该活动的输入和输出如图 12-19 所示。

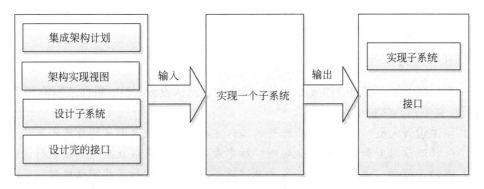

图 12-19 实现一个子系统活动图

❑ 实现一个类

进行该活动可以在一个文件组件中实现一个设计类，其过程包括的主要内容如下。

- 描绘出将包含源代码的文件组件。
- 从设计类及其所参与的关系中生成源代码。
- 实现设计类的操作。
- 保证组件提供与设计类相同的接口。

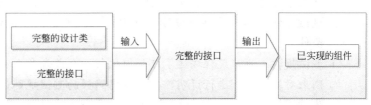

该活动的输入和输出如图 12-20 所示。

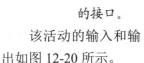

图 12-20 实现一个类活动图

❑ 执行单元测试

该活动的目的是把已实现的组件作为个体单元进行测试，其主要输入和输出如图
12-21 所示。

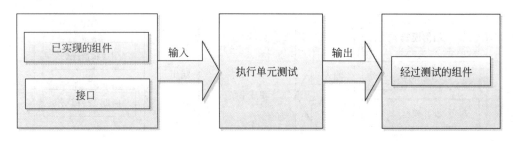

图 12-21 执行单元测试活动图

12.4.5 测试工作流

获取系统需求以及分析、设计和实现等阶段的工作都完成后，还需要认真查找软件
产品中潜藏的错误或者缺陷，并进行更正和完善。测试工作流的工作量通常会占到系统
开发总工作量的 40%以上。测试工作流贯穿于系统开发的整个过程，它开始于 RUP 的初
始阶段，并且是筹划阶段和构建阶段的重点。

1. 工作人员

RUP 测试工作流期间工作人员主要包括 3 类：测试设计人员、组件工程师和系统测
试人员。它们的具体说明如下。

❑ **测试设计人员**　该类人员所进行的工作主要包括：决定测试的目标和测试进度；
选择测试用例和相应的测试规则；对完成测试后的集成及系统测试进行评估。

❑ **组件工程师**　该类人员的任务是测试软件，以自动执行一些测试规程。

❑ **系统测试人员**　系统测试人员直接参与系统的测试工作，对作为完整迭代的结构
的构造进行系统测试。

2. 产品

RUP 测试工作流中 UML 主要产品如下所示。

❑ **测试模型**　该产品是测试用例、测试规格和测试组件的集合。测试模型主要描述
如何通过集成测试和系统测试对实现模型中的可执行组件进行测试。测试模型也
可以管理将要在测试中使用的测试用例、测试规格和测试组件。

❑ **测试用例**　该产品详细描述了使用输入或者结构测试什么以及能够进行测试的
条件。

❑ **测试规程**　测试规程描述了应如何执行一个或者多个测试用例。可以使用测试规
则来对测试用例进行说明，也可使用同样的测试规则说明不同的测试用例。

❑ **测试组件**　该产品自动执行一个或者多个测试规程，通常是由脚本语言或者编程
语言开发的。

- ❑ **测试计划**　测试计划对测试策略、所用资源和测试进度进行了详细规定。
- ❑ **缺陷**　进行软件测试就是为了在软件交付使用前找出并更正系统存在的缺陷。
- ❑ **评估测试**　评估测试是对系统测试工作所做的评估。

3．工作流

RUP 的测试工作流主要包含如下 6 个活动。

❑ **制定测试计划**

制定测试计划的活动内容主要包括 3 部分：描述测试方法；预计测试工作所需的人力和系统资源；制定测试进度。如图 12-22 所示为该活动的输入和输出图。

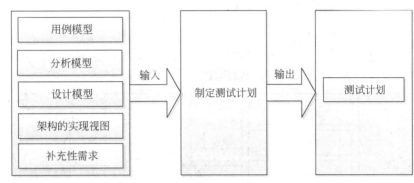

图 12-22　制定测试计划

❑ **测试设计**

测试设计的内容主要包括：识别并描述每个构造的测试用例；识别并构造测试规程。如图 12-23 所示为该活动的输入和输出图。

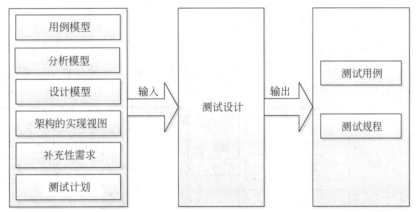

图 12-23　测试设计

❑ **实现测试**

进行该活动是要建立测试组件以使测试规程自动化，如图 12-24 所示为该活动的输入和输出图。

❑ **进行集成测试**

在进行集成

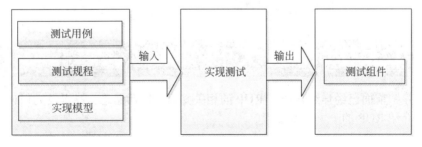

图 12-24　实现测试

测试中需要执行在迭代内创建的每个构造所需要的集成测试并获取测试的结果。如图 12-25 所示为该活动的输入和输出图。

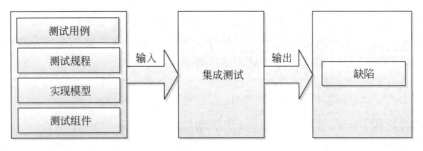

图 12-25 进行集成测试

❑ 进行系统测试

进行系统测试是要执行在每一次迭代中需要的系统测试并且获取测试的结果。如图 12-26 所示为该活动的输入和输出图。

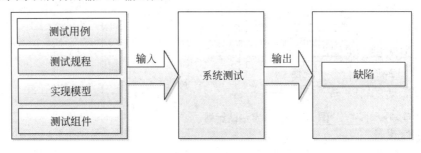

图 12-26 进行系统测试

❑ 评估测试

进行评估测试的目的是对一次迭代内的测试工作进行评估。如图 12-27 所示为该活动的输入和输出图。

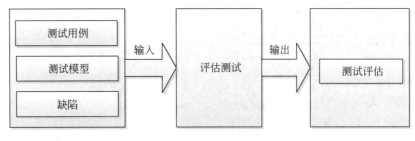

图 12-27 评估测试

12.5 RUP 的十大开发要素

前面已经详细介绍了 RUP 的相关知识,包括概念、特点及为何使用等,本节将详细介绍 RUP 的十大开发要素。

12.5.1 开发前景

前景抓住了 RUP 需求流程的要点,即分析问题、理解涉众需求、定义系统和当需求变化时管理需求。它给更详细的技术需求提供了一个高层的、有时候是合同式的基础，正像这个术语隐含的那样，它是软件项目的一个清晰的、通常是高层的视图，能被过程中任何决策者或者实施者借用。有一个清晰的前景是开发一个满足涉众真正需求的产品的关键。

由于前景构成了"项目是什么"和"为什么要进行这个项目"，所以可以把前景作为验证将来决策的方式之一。对前景的陈述应该能回答以下问题，需要的话这些问题还可以分成更小、更详细的问题。

- ❑ 关键术语是什么？
- ❑ 尝试解决的问题是什么？
- ❑ 涉众是谁？用户是谁？他们各自的需求是什么？
- ❑ 产品的特性是什么？
- ❑ 功能性需求是什么？
- ❑ 非功能性需求是什么？
- ❑ 设计约束是什么？

12.5.2 达成计划

"产品的质量只会和产品的计划一样好。"在 RUP 中软件开发计划（SDP）综合了管理项目所需的各种信息，也许会包括一些在先启阶段开发的单独的内容。SDP 必须在整个项目中被维护和更新。SDP 定义了项目时间表（包括项目计划和迭代计划）和资源需求（资源和工具），可以根据项目进度表来跟踪项目进展。同时它也指导了其他过程内容的计划。

- ❑ 项目组织。
- ❑ 需求管理计划。
- ❑ 配置管理计划。
- ❑ 问题解决计划。
- ❑ QA 计划。
- ❑ 测试计划。
- ❑ 评估计划。
- ❑ 产品验收计划。

在比较简单的项目中，对上述计划的陈述可能只有一两句话。例如配置管理计划可以简单陈述为：每天结束时项目目录的内容将会被压缩成 ZIP 包，拷贝到一个 ZIP 磁盘中，加上日期和版本标签，放到中央档案柜中。

软件开发计划的格式远远没有计划活动本身以及驱动这些活动的思想重要。正如 Dwight D.Eisenhower 所说："plan 什么也不是，planning 才是一切。"达成计划和标识和减小风险、分配和跟踪任务、检查商业理由以及验证和评价结果共同抓住了 RUP 中项目管理流程的要点。项目管理流程包括以下活动。

- ❑ 构思项目。
- ❑ 评估项目规模和风险。

❑ 监测与控制项目。
❑ 计划和评估每个迭代和阶段。

12.5.3 标识和减小风险

RUP 的要点之一是在项目早期就标识并处理最大的风险。项目组标识的每一个风险都应该有一个相应的缓解或解决计划。风险列表应该既作为项目活动的计划工具，又作为确定迭代的基础。

12.5.4 分配和跟踪任务

连续分析来源于正在进行的活动和进化产品的客观数据，定在任何项目中都很重要的。在 RUP 中定期的项目状态评估提供了供述、交流和解决管理问题、技术问题以及项目风险的机制，团队一旦发现了这些障碍物，他们就把所有这些问题都指定一个负责人，并指定解决日期。进度应该定期跟踪，如有必要，更新应该重新被发布。随着时间的变化，定期的评估使经理能捕获项目的历史，并且消除任何限制进度的障碍或瓶颈。

12.5.5 检查商业理由

商业理由从商业的角度提供了必要的信息以决定一个项目是否值得投资，它还可以帮助开发一个实现项目前景所需的经济计划。

商业理由提供了进行项目的理由，并建立经济约束。当项目继续时，分析人员用商业理由来正确地估算投资回报率，商业理由应该给项目创建一个简短但是引人注目的理由，以使所有项目成员容易理解和记住它。在关键里程碑处经理应该回顾商业理由，计算实际的花费和预计的回报决定项目是否继续进行。

12.5.6 设计组件构架

RUP 中软件系统的构架是指一个系统关键部件的组织或结构，部件之间通过接口交互，而部件是由一些更小的部件和接口组成的。

RUP 提供了一种设计、开发、验证构架的很系统的方法。在分析和设计流程中包括以下步骤。

（1）定义候选构架。
（2）精化构架。
（3）分析行为（用例分析）。
（4）设计组件。

如果要陈述和讨论软件构架，相关人员必须先创建一个构架表示方式，以便描述构架的重要方面。在 RUP 中构架表示由软件构架文档捕获，它给构架提供了多个视图。每个视图都描述了某一组涉众所关心的正在进行的系统的某个方面。涉众可以包括最终用户、设计人员、经理、系统工程师和系统管理员等。这个文档使系统构架师和其他项目组成员能就与构架相关的重大决策进行有效的交流。

12.5.7　对产品进行增量式的构建和测试

在 RUP 中实现和测试流程的要点是在整个项目生命周期中增量的编码、构建、测试系统组件，在开始之后每个迭代结束时生成可执行版本。在精化阶段后期已经有了一个可用于评估的构架原型，如果有必要可以包括一个用户界面原型。在构建阶段的每次迭代中，组件不断地被集成到可执行、经过测试的版本中，不断地向最终产品进化。动态及时的配置管理和复审活动也是这个基本过程元素的关键。

12.5.8　验证和评价结果

评估决定了迭代满足评价标准的程度，还包括学到的教训和实施的过程改进，RUP 的迭代评估捕获了迭代的结果。根据项目的规模和风险以及迭代的特点，评估可以是对演示及其结果的一条简单的纪录，也可能是一个完整的、正式的测试复审记录。关键是既关注过程问题又关注产品问题。越早发现问题，就越没有问题。

12.5.9　管理和控制变化

在 RUP 中配置和变更管理流程的要点是当变化发生时管理和控制项目的规模，并且贯穿整个生命周期。其目的是考虑所有的涉众需求，尽可能地满足，同时仍然能够及时交付合格的产品。用户拿到产品的第一个原型后往往会要求变更。重要的是变更的提出和管理过程始终保持一致。

变更请求提供了相应的手段来评估一个变更的潜在影响，同时记录就这些变更所作出的决策。他们也帮助确保所有的项目组成员都能理解变更的潜在影响。在 RUP 中变更请求通常用于记录和跟踪缺陷和增强功能的要求，或者对产品提出的任何其他类型的变更请求。

12.5.10　提供用户支持

在 RUP 中部署流程的要点是包装和交付产品，同时交付有助于最终用户学习、使用和维护产品的任何必要的材料。项目组至少要给用户提供一个用户指南，可能还有一个安装指南和版本发布说明。

根据产品的复杂度，用户也许还需要相应的培训材料。最后，通过一个材料清单清楚地记录应该和产品一起交付的那些材料。

12.6　StarUML 与 RUP

StarUML 是一个开源的、具有能满足所有建模环境（Web 开发、数据建模、Java、Visual Studio 和 C++）需求能力和灵活性的一套解决方案。StarUML 允许开发人员、项目经理、系统工程师和分析人员在软件开发周期将需求和系统的体系架构转换成代码，消除浪费的消耗，并且对需求和系统的体系架构进行可观化、理解和精炼。下面将介绍 StarUML 的相关知识，并且介绍它与 RUP 的关系。

12.6.1 StarUML 概述

StarUML 是支持 UML 的建模平台软件，基于 UML1.4 版本，提供 11 种不同类型的图，而且采纳了 UML2.0 的表示法。它通过支持 UML 轮廓的概念积极地支持 UML（Model DrivenArchitecture，模型驱动结构）方法。StarUML 特点在于用户环境可以定制，功能上的高度可以扩充。StarUML 是顶级领先软件模型工具之一，可以保证软件项目的高质量和高效率。

1．StarUML 的新特征

StarUML 的主要新特征如下。

❑ **精确的 UML 标准模型**

StarUML 严格坚持 OMG 对软件模型规定的 UML 标准规格说明，考虑到事实上设计信息的结果可能会影响 10 年或更远，因而特定开发商的不规则 UML 命名可能会很危险。StarUML 最大化遵循 UML1.4 标准和定义，并且采用基于稳定的元模型的 UML2.0 表示法。

❑ **开放的软件模型格式**

与很多有其私有格式的现存的产品不同，StarUML 以标准的 XML 格式管理所有的文件。代码编写的结构易读，方便用 XML 分析器改变。

❑ **真正的模型驱动**

StarUML 真实地支持 UML 轮廓，这样最大化了对 UML 的扩展，可广泛用在财务、国防、电子商务、保险和航天诸领域的建立应用模型。可以创建真正独立于平台的模型和特定平台模型，并且能以任意方式生成可执行代码。

❑ **方法学与平台的适用性**

StarUML 利用方法概念，创建的环境可以采用任何的方法学和过程，不仅可以像.NET 和 J2EE 平台这样的应用框架模型，而且软件模型的基本结构都可以轻松定义。

❑ **极好的可扩充性**

StarUML 工具的所有功能都自动支持 Microsoft COM，支持 COM 的任何语言（如 Visual Basic Script、JavaScript、VB、C++、C#、VB.NET 和 Python 等）都可以用于控制 StarUML 或者用于开发可集成的插件元素。

❑ **软件模型校验功能**

为了避免建立软件模型中用户犯的错误，StarUML 可以自动校验用户开发软件模型，便于较早发现错误，无瑕疵地完成软件开发。

❑ **好用的插件 Add-Ins**

StarUML 中包含很多具备各种功能的很有用的插件 Add-Ins，生成编程语言的源代码，把源代码转换成模型导入 Rational Rose 文件，与其他使用 XMI 的工具交换模型信息，并支持设计模式。这些插件为模型信息提供了附加的可重用性、多产性灵活性和交互性。

2．系统支持

下面是运行 StarUML 的最低系统需求。

- ❑ 处理器　Inter Pentium 233MHz 或更高。
- ❑ 操作系统　Windows 2000、Windows XP 或更高版本。
- ❑ 对 **Internet Explorer 支持**　Internet Explorer5.0 或更高版本。
- ❑ **RAM**　128MB（推荐 256MB）。
- ❑ 硬盘空间　110MB（推荐 150MB）。
- ❑ 分辨率　SVGA 或更高的分辨率（推荐 1024×768）。

12.6.2　StarUML 与 RUP 的模型图关系

StarUML 在 RUP 各个阶段可能设计的模型图关系如表 12-1 所示。

表 12-1　StarUML 在 RUP 各个阶段的设计模型图

软件开发阶段	StarUML 使用情况	可以用于 StarUML 的模型及元素
初始阶段	建立业务模型（Business Use Base）	业务用例、业务者
	确定用例模型（Use Case）	参与者、用例
	事件流程模型	活动图、状态图
筹划阶段	对系统静态结构和动态行为建模	类图、序列图、协作图、状态图
	确定系统构件	组件图
构造阶段	正向工程产生框架代码	类图、序列图、协作图、状态图、组件图
	逆向工程更新模型	组件图
	创建部署图	部署图
转换阶段	更新模型	组件图、部署图

在初始阶段 StarUML 使用情况分为 3 种，它们实现 RUP 的任务不同，如下所示。

- ❑ 建立业务模型　项目的前期调研。
- ❑ 确定用例模型　需求的粗分析。
- ❑ 事件流程建模　需求的深度分析。

在筹划阶段 StarUML 使用情况分为 2 种，它们实现 RUP 的任务也不相同，如下所示。

- ❑ 系统建模　数据库设计说明书的指导。
- ❑ 确定系统构件　系统架构设计的指导。

12.7　思考与练习

一、填空题

1．RUP 的开发过程可以分为 4 个阶段，它们分别是初始阶段、_____、构造阶段和转换阶段。

2．设计工作流中工作人员主要包括 3 类：

架构工程师、_____和组件工程师。

3．_____贯穿于系统开发的整个过程，它开始于 RUP 的初始阶段，并且是筹划阶段和构建阶段的重点。

4．StarUML 基于 UML1.4 版本提供了_____种不同类型的图。

5．在初始阶段确定用例模型时实现的 RUP 任务是_____。

二、选择题

1．关于 RUP 二维空间，下面说法错误的是_____。

    A．RUP 不仅仅是一个简单的过程，而且是一个通用的过程

    B．RUP 将软件生命周期划分为初始阶段、筹划阶段、构造阶段和转换阶段

    C．RUP 软件开发生命周期是一个二维软件开发模型，且它仅仅沿着横轴发展

    D．RUP 软件开发生命周期是一个二维软件开发模型，且它沿着横轴和纵轴两个方向发展

2．下面选项中_____是不正确的。

    A．StarUML 提供对 Rose 的模块，支持读 Rational Rose 文件

    B．StarUML 基本上提供 UML 标准轮廓、模块及一些方法和在顺序图和合作图之间转换的标准模块

    C．StarUML 可以清晰地区分模型、视图的概念

    D．StarUML 可以清晰地区分模型和视图的概念，视图是一个整体，永远不能分开

3．RUP 裁剪的过程分为以下几个步骤，下面选项_____是正确的。

（1）确定 4 个阶段之间如何演进。

（2）确定每个阶段内的迭代计划，规划 RUP

的 4 个阶段中每次迭代开发的内容。

（3）确定本项目需要哪些工作流。

（4）确定每个工作流需要哪些制品。

（5）规划工作流的内部结构，它通常以活动图的形式给出。

    A．（1）、（2）、（3）、（4）、（5）

    B．（5）、（1）、（2）、（3）、（4）

    C．（5）、（4）、（1）、（2）、（3）

    D．（3）、（4）、（1）、（2）、（5）

4．RUP 开发周期分为 4 个阶段，初始阶段的任务是_____是正确的。

    A．RUP 初始阶段需要为软件系统建立商业模型并确定系统的边界

    B．将软件产品交付给用户

    C．管理资源，控制运作，优化成本、进度和质量

    D．分析问题域，建立合理的架构基础，制定项目规划，并消除项目中风险较高的因素

5．RUP 是迭代式的开发模型，与传统的瀑布模型相比，它的好处不包括_____。

    A．降低了整个开发工作的进度

    B．降低了产品无法按照既定进度进入市场的风险

    C．降低了在一个增量上的开发风险

    D．更加容易适应需求的变化

三、简答题

1．简述软件过程的概念，并列举几个当前流行的软件过程。

2．说出 RUP 包含的 4 个阶段及在每个阶段中所需完成的工作。

3．简述使用 RUP 的特点。

4．列举 RUP 的核心工作流。

5．简述 RUP 的十大开发要素。

6．列举 StarUML 在初始阶段和筹划阶段不同情况下所实现的 RUP 任务。

第13章

UML 与数据库设计

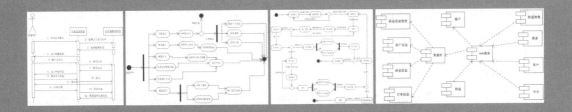

在过去的几十年中，关系数据库模型征服了数据库软件市场，关系数据库技术为数据库行业做出了巨大贡献。尽管未来不再属于关系数据库模型，但是大型系统采用对象关系数据库技术或者对象数据库技术还需要若干年时间，还会有许多新的应用程序采用关系数据库技术。

随着面向对象技术的发展，许多建模人员都意识到了实体-关系模型的局限性；UML 不仅可以完成实体-关系图可以做的所有建模工作，而且可以描述其不能表示的关系。本章将介绍 UML 模型到关系数据库的映射问题，主要涉及两个方面：模型结构的映射和模型功能的映射。

本章学习要点：

➢ 理解 UML 模型与数据库设计之间的关系
➢ 掌握如何将 UML 模型中的类映射为数据库表
➢ 掌握 UML 模型中关联关系的转换
➢ 熟悉如何进行关系约束的验证
➢ 了解如何使用 SQL 语句实现数据库功能
➢ 掌握如何将 UML 模型映射为关系数据库

13.1 数据库设计与 UML 模型

从数据库技术诞生到现在，经历了多种结构，从早期的网状数据库、层次数据库，到现在比较流行的关系型数据库和面向对象数据库。

在理想情况下，组织对象数据库的最好方式是直接存储对象及其属性、行为和关联。这种数据库称为面向对象数据库。面向对象数据库管理系统（ODBMS）在理论上是可用的，但还存在相对有限的有效性等问题，这就影响了这种系统的广泛应用。另外传统型的数据库理论已经相当成熟，其性能非常可靠并且已经被广泛应用，这导致了人们不愿意用他们非常有价值的资源来冒险。

在实际的应用中，常见的数据库组织方式是使用关系的形式。关系其实就是一张二维表格，表格的行代表了现实世界中的事物和概念，列表示这些事物或概念的属性。表中事物之间的关联由附加列或附加表来表示。

E-R 图只描述实体之间的关联关系，而 UML 对象之间的关系不仅仅是关联关系，还有泛化、组合和聚合等更为复杂的描述。由于 E-R 模型结构与关系数据结构是同构的，所以统一建模过程的关键在于将更为复杂的 UML 数据结构如何转化为关系型数据结构。但是随着面向对象的发展，E-R 模型有许多的局限性，例如传统的 E-R 模型结构简单，一般只针对数据进行建模。随着数据库规模的扩大，简单的 E-R 模型结构无法清晰满足地分析和描述问题，导致系统开发的难度系数增加。

将 UML 与关系数据库设计相结合，将数据库设计统一于面向对象的软件分析设计过程中，以提高系统开发的效率。UML 不仅可以完成 E-R 图可以做的所有建模工作，而且可以描述其不能表示的关系。UML 在对系统数据库进行逻辑建模时一般采用类模式来实现，类模式是 UML 建模技术的核心，数据库的逻辑视图由 UML 类图衍生。

现在的开发环境大多是面向对象的，而存储机制往往是基于功能分解的关系型数据库，同时在 DBMS（Database Management System）支持的数据库模型中，关系型数据库是最普遍的，目前比较流行的对象关系数据库也是关系数据库模型的一个扩展。

13.2 数据库接口

数据库接口实现从业务层对象中获取数据，然后保存到数据库中。数据库接口必须调用 DBMS 所提供的性能来对对象及其关联进行操作，这些操作是独立于数据库结构的。

对于对象及其关联而言，一个对象需要有 4 种操作，关联需要两种操作，这些操作是独立于数据库的组织的。对象的一般操作包括以下 4 种。

- ❑ **Create**　建立新对象。
- ❑ **Remove**　删除存在的对象。
- ❑ **Store**　更新已经存在的对象的一个或多个属性值。
- ❑ **Load**　读入对象的属性数据。

与关联相关的一般操作如下所示。

❑ **Create**　创建一个新的链接。

❑ **Remove**　删除已经存在的链接。

由于对象型数据库存在了一定的局限性,因此在实际应用中数据库通常是关系型的。但是在数据库接口设计的过程中主要会出现以下两个问题。

❑ 业务模型中大多数对象都是持久的,这意味着几乎业务层中的所有对象都要求在数据库中是可见的,并且需要使用 DBMS 的操作。

❑ 另外,由于关系模型中的表是"平面"的,即表的每个单元仅包含一个属性值,并且不允许有重复出现的数据。

针对上面两个问题,大家可以提出不同的解决办法。对于第一个问题来说,它需要要求数据库的操作是全局可见的,这就需要定义一个静态类,当业务层中的对象需要访问数据时,就可以通过相应的静态类实现。这种类型的静态类主要用于数据库的访问,因此也可以称为数据访问类。

对于第二个问题来说,它需求一个类中所有对象都有同样数量的属性,并且每个属性有单一的数据对象类型,那么将对象模型转换到关系模型是很简单的。

13.3　类图到数据库的转换

UML 对象模型在本质上只是一个扩展的实体-关系模型,在设计关系型数据库时,人们通常使用实体-关系模型来描述数据库的概念模型。与实体-关系模型相比,UML 的类图模型具有更强的表达能力。本节将介绍从 UML 类图模型到关系数据库的结构转换问题,本节主要包括 3 部分内容:基本的映射转换、类到表的转换和关联关系的转换。

13.3.1　基本映射转换

基本映射转换包含两部分的内容:标识和域(属性类型)。

1.标识

实现对象模型的第一步便是处理标识,处理标识时需要注意几个常用的术语。它们的具体说明如下所示。

❑ **候选键**

候选键是一个或多个属性的组合,它唯一地确定某个表里的记录。候选键中的属性不能为空,一个候选键中的属性集必须是最小化的;除非破坏唯一性,否则属性不能从候选键删除。

❑ **主键**

主键是一个特定的候选键,它用来优先地参考记录。换句话说,它可以用来标识数据库表中的记录。

❑ **外键**

外键是一个候选键的参考,它必须包含每个要素属性的一个值,或者它必须全部为空。另外,外键也可以用来实现关联关系和泛化关系。

一般情况下可以为每张表都定义一个主键，所有的外键强烈建议都指向主键，而不是对其他候选键的引用。

定义主键有以下两种基本的方法。

❑ **基于存在的标识定义主键**

将 UML 中的类映射为关系数据库中的表时，相关人员应该为每个类表添加一个对象标识符属性，并且将它设置为主键。每个关联表的主键包括一个或者更多的相关类的标识符，基于存在的标识符有作为单独属性的优势，占位小并且大小相同。多数的关系型数据库（RDBMS）都提供了有效的基于存在的标识符的分配顺序号码，只要关系型数据库管理系统支持，基于存在的标识符就没有性能的劣势，但是基于存在的标识符在维护时没有固定的意义，即实际意义。

❑ **基于值的标识定义主键**

一些现实世界的属性的组合确定了每个对象，基于值的标识有不同的优势。具体优势如下所示。

❑ 主键对于用户具体一些固有的意义，容易进行调试和数据库维护。

❑ 基于值的主键很难改变，一个主键的改变需要传播到许多外键，而一些对象没有现实世界里的标识符。

2．域

属性类型是 UML 的术语，它对应于数据库里域的术语。域的使用不仅仅增强了更加一致的设计，而且便利了应用程序的可移植性。简单域的实现很简单，只需要定义相应的数据类型和大小。每个使用了域的属性都必须为其约束加入一条 SQL 检查子句。

一个枚举域把一个属性限制在一系列的值里，枚举域比简单域实现起来更加复杂，如表 13-1 列举了枚举域的 4 种实现方法。

表 13-1　枚举域的 4 种实现方法

方 法 名	方 法 定 义	优 势	劣 势	建 议
枚举字符	通过定义一条 SQL 语句检查约束，把该枚举限制在允许的值里	简单，受控的方便搜索词汇表	大量的枚举难以使用检查，约束难以编码	常用的实现方法
每个枚举值一个标记	可以为每个枚举的值定义一个布尔类型的属性	回避命名的难处	冗长，每个值都需要一个属性	当枚举值不相互排斥且多个值可能同时应用时使用
枚举表	把枚举定义存储到一个表里，不是每个枚举一个表，也不是所有的枚举一个表	高效地处理大的枚举不用改变应用的代码就可以定义新的枚举值	必须编写通用的软件来阅读枚举表和加强值	适合大的枚举和没有结尾的枚举
枚举编码	把枚举值编码作为有序的数字	节省了磁盘空间，并且有助于使用多种语言处理	大大地复杂化了维护和调试	仅仅在处理多语言应用程序下使用

13.3.2 类到表的转换

将 UML 模型中的类转换（也可称为映射）为关系数据库中的表时，类中的属性可以映射为数据库表中的 0 个或者多个属性列，但并非类中所有的属性都需要映射。如果类中的某个属性本身又是一个对象，则应将其映射为表中的若干列。除此之外，也可将若干个属性映射为表中的一个属性列。

将类映射为表时类之间继承关系的不同处理方式会对系统的设计有不同的影响；在处理类之间的继承关系时，可采用如下所示的 4 种方法。

1．将所有的类都映射为表

将所有的类都映射为表时超类和子类都可以映射为表，它们共享一个主键，如图 13-1 所示为一个简单的类图，图 13-2 将类图中所有的类都映射为数据库的相关表。

图 13-1 类图

从图 13-1 和图 13-2 中可以看到，图 13-2 是从图 13-1 的类图映射的表。fruitID 是表 Fruit 的主键，bannanaID 和 appleID 分别为 Banana 表和 Apple 表的主键，它们也叫外部键，它们是对主键 fruitID 的引用。

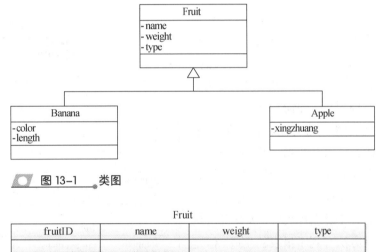

Fruit

fruitID	name	weight	type

Banana

bananaID (references Fruit)	color	length

Apple

appleID (reference Fruit)	xingzhuang

图 13-2 将所有的类都映射为表

将所有的类都映射为表可以很好地支持多态性，要更新超类或者添加子类只需修改或者添加相应的表即可。但是使用这种方法会导致数据库中表的数量过多，进而导致读写数据的时间过长，除此之外，还应该为需要生成报表的数据库表增添视图，否则在生成报表时会比较困难。

2．将有属性的类映射为数据库表

将有属性的类映射为数据库表是指只把具有属性的类映射为表，使用这种方法可以减少数据库中表的数量。效果分别如图 13-3 和图 13-4 所示。

3．子类映射的表中包含超类的属性

将子类映射的表中包含超类的属性是指只将子类映射为数据库表，超类并不映射为

数据库表。从子类映射而来的数据库表中，属性列既有从子类属性映射而来的，也有从超类继承的属性映射而来的。使用这种方法也可以减少数据库中表的数量，该方法的效果如图 13-5 所示。

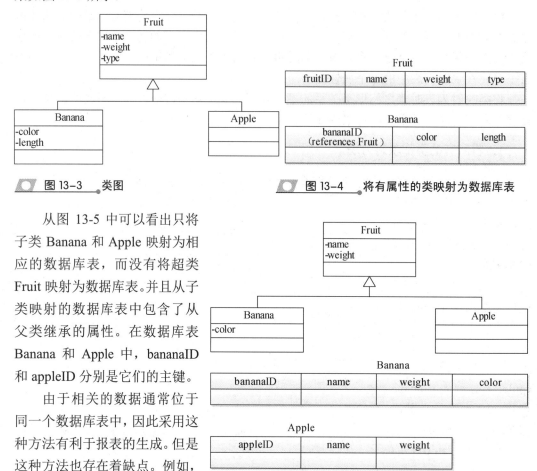

图 13-3　类图

图 13-4　将有属性的类映射为数据库表

从图 13-5 中可以看出只将子类 Banana 和 Apple 映射为相应的数据库表，而没有将超类 Fruit 映射为数据库表。并且从子类映射的数据库表中包含了从父类继承的属性。在数据库表 Banana 和 Apple 中，bananaID 和 appleID 分别是它们的主键。

由于相关的数据通常位于同一个数据库表中，因此采用这种方法有利于报表的生成。但是这种方法也存在着缺点。例如，如果向超类 Fruit 中添加两个属性时，从子类映射而来的对应的

图 13-5　子类映射的表中包含父类的属性

数据库表也要做相应的更改，这样做非常麻烦并且容易出错。另外，这种方法支持多个角色的同时不易于维护数据的完整性。

4．超类映射的表中包含子类的属性

超类映射的表中包含子类的属性是指只将超类映射为数据库表，而该超类下的所有子类都不做映射。从超类而来的数据库表中既包含了超类的属性，也包含了该超类的所有子类的属性，如图 13-6 所示。

从图 13-6 中可以看出，类图中有 3 个类，但是仅仅将超类 Fruit 映射为数据库表，且将所有子类的属性全部映射到该数据库表中。

使用这种方法可以将同一继承层次中的所有类映射到一个表中，因此这种方法可以减少数据库表的数量，并且有利于报表的生成。但是使用这种方法也存在着缺点，每当

在类层次中的任何
类中添加一个新属
性时都要将该属性
添加到表中，因此
这种方法导致了类
层次结构中耦合性
的增强。如果在一
个地方出现了错
误，很可能会影响
到类层次结构中的
其他类。另外，使

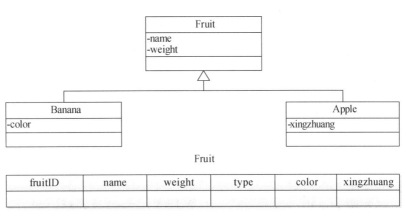

图 13-6　超类映射表中包含子类的属性

用这种方法会在一定程度上浪费系统的存储空间。例如，在将图 13-6 中的类图映射为数据库表时，需要多添加一个 type 列，该列说明表中的各行所代表的是 Banana 还是 Apple。

注　意

上面介绍的 4 种方法都有各自的优缺点，在实际应用中可以根据具体情况进行选用。

13.3.3　关联关系的转换

　　将 UML 模型向关系数据库转换时，不仅需要转换模型中的类，还需要转换类与类之间的关系，例如关联关系、泛化关系等。聚合关系和组合关系是特殊的关联，本节将介绍类与类之间关联关系的转换，也包括聚合关系和组合关系的转换。

　　关系数据库中的关系是通过表的外部键来维护的，通过外部键，一个表中的记录可以与另一个表中的记录关联起来。

1．多对多关联

　　如果要映射多对多关联关系，一般情况下要使用关联表。关联表是独立的表，它可以维护若干表之间的关联。通常情况下，将参与关联关系的表的键映射为关联表中的属性。常常将关联表所关联的表的名字的组合作为关联表的名字，或者将关联表所实现的关联的名字作为关联表名。图13-7 演示了如何将多对多关

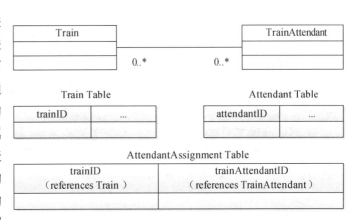

图 13-7　多对多关联的实现

联关系映射为表。表格中的
"…"表示未写出的属性列，
表中已列出的属性也是表的
主键。

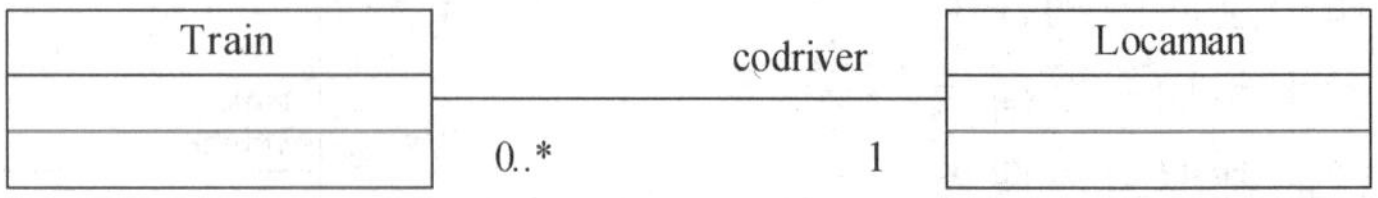

2．一对多关联

在映射一对多关联关系
时可以有两种方法，第一种
方法如图 13-8 所示。

在图 13-8 中，映射一对
多关联时可以将外部键放置
在"多"的一边，而将角色
名作为外部键属性名的一
部分。

除了上面的方法外，还
可以将一对多关联映射为关
联表，如图 13-9 所示。

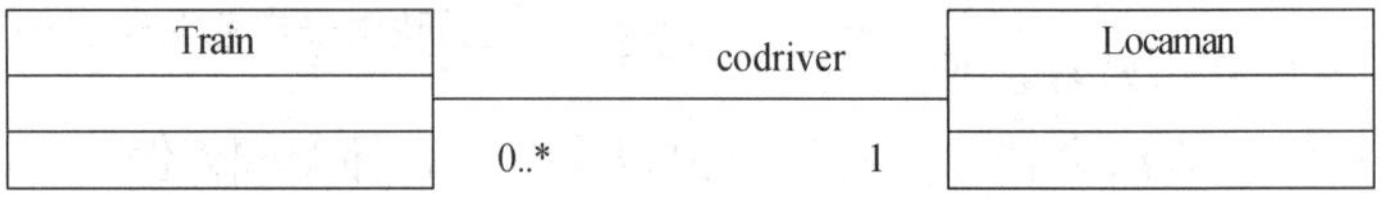

图 13-8 一对多关联映射（1）

图 13-9 一对多关联映射（2）

13.3.4　需要避免的映射情况

在关系数据库中实现关联关系时，相关人员有时可能会做出错误的映射。因此应该
尽量避免下面的映射。

❑ 合并

合并虽然减少了关系
数据库中表的数量，但是
这样做违背了数据库的第
三范式。因此不要合并多
个类，不要把关联强制成
为一个单独的表，如图
13-10 所示。

图 13-10 避免合并多个类

❑ 两次隐藏一对一关联

不要把一个一对一关联隐藏两次，并且每次都隐藏在一个类里。多个的外键并没有
改善数据库的性能，如图 13-11 所示。

❑ 并行属性

不要在数据表中实现具有并行属性的关联的多个角色，并行属性增加了程序设计的
复杂性，但是也阻碍了数据库应用程序的设计。

228

UML 建模、设计与分析标准教程（2013—2015 版）

Corporation			
-corporationName			
-dataFounded			

BoardOfDirectors
-maxBoardSize

1　　　　　　0..1

Corporation - BoardOfDrections Table

CorporationID	corporationName	dateFounded	boardOfDirectorID（references BoardOfDirectors）

BoardOfDirectors Table

boardOfDirectorID	maxBoardSize	corporationID（references Corporation）

图 13-11　避免两次隐藏一个类

13.4　完整性与约束验证

　　UML 模型中类与类之间的关系是对现实世界商业规则的反映，在将类图模型映射为关系数据库时，应当定义数据库中数据上的约束规则。如果使用对象标识符的方法映射数据库表的主键，在更新数据库时就不会出现完整性问题，但是对对象之间的交互和满足商业规则来说，进行约束验证是有意义的。本节将介绍如何进行关系约束的验证。

13.4.1　父表的约束

　　对于对象之间的关系，表 13-2 列举了父表上操作的约束。

表 13-2　父表操作的约束

对象关系	关系类型	插　入	更　新	删　除
关联	数据无耦合关系则不映射			
	可选对可选	无限制	无限制，子表中的外键可能需要附加的处理	无限制，一般将子女的外键设置为空
	强制对可选	无限制	修改所有子女（如果存在）相匹配的键值	删除所有子女或对所有的子女进行重新分配
聚合	可选对强制	插入新的子女或合适的子女已存在	至少修改一个子女的键值或合适的子女已存在	无限制，一般将子女的外键设置为空
组合	强制对强制	对插入进行封装，插入父记录的同时至少能生成一个子女	修改所有子女相匹配的键值	删除所有子女或对所有的子女进行重新分配

1. 关联关系

　　对于类图模型中的关联关系来说，如果比较松散，则通常不需要进行映射，也就是说，关联的双方只在方法上存在交互，而不必保存对方的引用；但是如果双方的数据存在耦合关系，则通常需要进行映射。如图 13-12 所示演示了强制对可选约束及其映射。

从图 13-12 中可以看出，Coach 类和 Footballer 类之间具有强制对可选约束。父表上操作的约束主要包括以下几方面。

Coach		Footballer
	1　　　0..*	

Coach Table		Footballer Table		
coachID	...	FootballID	...	coachID (references Coach)

图 13-12　强制对可选约束及其映射

- **插入操作**　由于强制对可选约束的父亲可以没有子女，所以父表中的记录可以不受限制地添加到表中。

- **修改键值操作**　要修改父表的键值，必须首先修改子表中其所有子女的对应值，通常采用如下的步骤。

（1）向父表中插入新记录，更新子表中原对应记录的外部键，然后删除父表中的原记录。

（2）使用级联更新方法更新数据库。

- **删除操作**　要删除父表记录，必须首先删除或者重新分配其所有子女。在 Coach-Footballer 关系中，所有的 footballer 都可以重新分配，可采用如下步骤。

（1）首先删除子记录，再删除父记录。

（2）先修改子记录的外部键，再删除父记录。

（3）采用级联删除方法更新数据库。

关联关系中除了强制对可选外，还有可选对可选的关系约束，如图 13-13 所示。

在图 13-13 中，Patient 表中的 doctorID 为外部键，并且该外部键的值可以为空。在这种情况下，Doctor 表和 Patient 表中的记录可以根据需要进行修改，它的处理方法与聚合关系的处理方法相同。

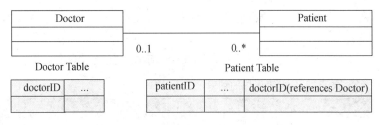

Doctor		Patient
	0..1　　　0..*	

Doctor Table		Patient Table		
doctorID	...	patientID	...	doctorID(references Doctor)

图 13-13　可选对可选约束及其映射

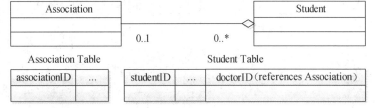

Association		Student
	0..1　　　0..*	

Association Table		Student Table		
associationID	...	studentID	...	doctorID (references Association)

2. 聚合关系

图 13-14　聚合关系约束及其映射

聚合是一种特殊的关联，它描述了类与类之间的整体-部分关系。图 13-14 是一个聚合关系示例及其映射而成的数据库表。

在图 13-14 中所演示的关系是可选对强制形式的约束，子表 Student 中的外部键 associationID 可以取空值。在这种情况下，父表上可以操作的约束如下所示。

- **插入操作**　在可选对强制约束中，必须在至少有一个子女被加入或者至少已存在一个合法子女的情况下，父亲才可以加入。例如，对于 Association 和 Student 之间的关系，一个新的 Association 只有在已经有学生时才可以加入，其他同等的可选条件是，要么该学生已经存在，要么可以创建一个学生，要么修改一个学生所在协会的值，也就是说，必须已经有学生存在。具体可使用如下所示的步骤。

（1）首先向主表中添加记录，再修改子表的外键。

（2）以无序的形式同时加入主表和子表记录，然后再修改子表的外键。

在此需要读者注意的是，如果先加入子表记录，则可能无法将加入子记录的数据集保存到数据库中。

❑ **修改键值操作** 执行这种操作的前提是，必须至少有一个子女被创建或者至少已经有一名子女存在。具体可采用如下所示的步骤。

（1）在修改主表键值的同时将子表的外键置空。

（2）将子表按照从父亲到儿子再到孙子的次序进行级联修改。

❑ **删除操作** 通常情况下，不使用级联删除子表的方法删除父表记录，而是将子表的外键置空。

3．组合关系

组合关系是特殊的聚合关系。组合关系中成员一旦创建，就与组合对象具有相同的生命周期。如图 13-15 所示演示的是企业账单和账单上条目之间的组合关系以及从其映射成的数据库表。

在图 13-15 中，子表 DailyCharge 的外部键 enterpriceBillID 是强制性的，不能取空值。从严格意义上来说，它们之间的约束为强制对强制约束。在这种情况下，父表上操作的约束如下所示。

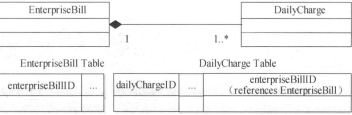

图 13-15 组合关系约束及其映射

❑ **插入操作** 可以在向父表执行插入操作后再向子表添加记录，也可以通过重新分配子表来实施完整性约束。

❑ **修改键值操作** 该操作执行前必须先更新子表对应的外键的值，或者先创建新的父表记录，再更新子表所对应的记录，使其与父表中的新记录关联起来，最后删除原父表记录。

❑ **删除操作** 要删除父表中的记录，必须首先删除或者重新分配子表中所有相关的记录。

> **提 示**
>
> 本节是以一对多关系为例介绍如何进行约束验证的，如果是一对一关系，则可以视为特殊一对多关系；如果是多对多关系，则可以将其分解为两个一对多关系。

13.4.2 子表的约束

有时要删除或者修改子表中的记录，必须在该记录有兄弟存在的情况下才能进行。

在可选对强制、强制对强制约束中，就不能删除或者更新子表中的最后一个记录。在这种情况下，可以及时更新父表记录或者禁止这种操作。通过向数据库中加入触发器可以实现子表约束，但是更好的办法是在业务层中实现对子表的约束。表 13-3 总结了子表上操作的约束。

表 13-3　子表操作的约束

对象关系	关系类型	插　　入	更　　新	删除
关联	可选对可选	无限制	无限制	无限制
	强制对可选	父亲存在或者创建一个父亲	具有新值的父亲存在或者创建父亲	无限制
聚合	可选对强制	无限制	有兄弟	有兄弟
组合	强制对强调	无限制	具有新值的父亲存在（或者创建父亲）并且具有兄弟	有兄弟

从表 13-3 中可以看出，关联关系、聚合关系和组合关系之间共存在 4 种约束，它们分别是：可选对可选、强制对可选、可选对强制和强制对强制。在更新键值时可能会改变表之间的关系，而且也可能会违反约束。但是，不可以出现违反约束的操作，本节介绍的规则仅为具体实现提供了可能性，在具体的数据库应用中，要根据实际情况进行选择。

13.5　数据库的其他技术

前面已经详细介绍了如何将类图映射到数据库，也介绍了如何在类图转换到数据库时确保表的完整性以及相关的约束验证。本节将详细介绍类映射到数据库表其他相关的技术，如存储过程、触发器和索引等。

13.5.1　存储过程

存储过程是需要在数据库服务器端执行的函数/过程。在执行存储过程时，通常都会执行一些 SQL 语句，最终返回数据处理的结果，或者出错信息。总之，存储过程是关系数据库中的一个功能很强大的工具。

在实现 UML 类模型到关系数据库的转换时，如果没有持久层并且出现如下两种情况，就应该使用存储过程。

❑ 需要快速建立一个粗略的、不久后将抛弃的原型。

❑ 必须使用原有数据库，而且不适合用面向对象方法设计数据库。

使用存储过程时，也会出现一些缺点，如下所示。

❑ 如果出现存储过程被频繁调用的情况，则数据库的性能会大大降低。

❑ 由于编写存储过程的语言不统一，所以不利于存储过程的移植。

❑ 使用存储过程会降低数据库管理的灵活性。例如，在更新数据库时，可能不得不更新存储过程，这就增加了数据库维护的工作量。

13.5.2 触发器

触发器其实也是一种存储过程，通常被用来确保数据库的引用完整性。一般情况下，可以为表定义插入触发器、更新触发器和删除触发器，这样，当对表中的记录进行插入、更新和删除操作时，相应的触发器就会被自动激活。

通常情况下，触发器也是使用特定数据库厂商的语言编写的，所以可移植性也较差。但是，由于许多建模工具都能根据 UML 模型自动生成触发器，因而，只要从 UML 模型重新生成触发器，就可实现触发器的方便移植。

13.5.3 索引

一般情况下，需要为每一个主键和候选键定义唯一性索引，同时还需要为主键和候选键约束未包容的外键定义索引。

索引是数据库结构的最后一步，在主键和候选键上添加索引有两个目的。

❑ 加速数据库访问。
❑ 为主键和候选键强制唯一性。

注 意

索引在数据库设计的前期就应该考虑，数据库实现必须添加索引，否则用户将因不良的性能感到沮丧。

13.6 铁路系统 UML 模型到数据库转换

为了更好地理解前面介绍过的将 UML 模型转换为关系数据库的有关规则，本节将以铁路系统为例，将该系统的 UML 模型转换为关系数据库。如图 13-16 所示列举了铁路系统的 UML 类图模型。

在图 13-16 中包含 5 个类，它们分别是 RailwayStation、Train、Employee、Locoman 和 TrainAttendant。根据前面介绍的相关转换规则，可以将图 13-16 的模型图转换为图 13-17 中的数据库表。

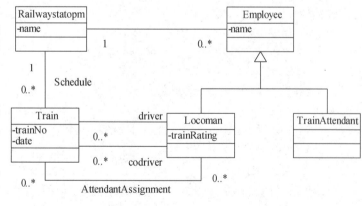

图 13-16   铁路系统 UML 类图

在图 13-17 中，分别将类图模型中的 RailwayStation、Employee、Locoman、TrainAttendant 和 Train 类分别转换成关系数据库中的 RailwayStation 表、Employee 表、

Locoman 表、TrainAttendant 表和 Train 表，另外，将多对多关联关系 AttendantAssignment 转换为 AttendantAssignment 表。

该铁路系统数据库的结构可以用如下所示的 SQL 语句进行定义，以下这些代码完整的体现了本章前面所介绍的相关转换规则和完整性约束。

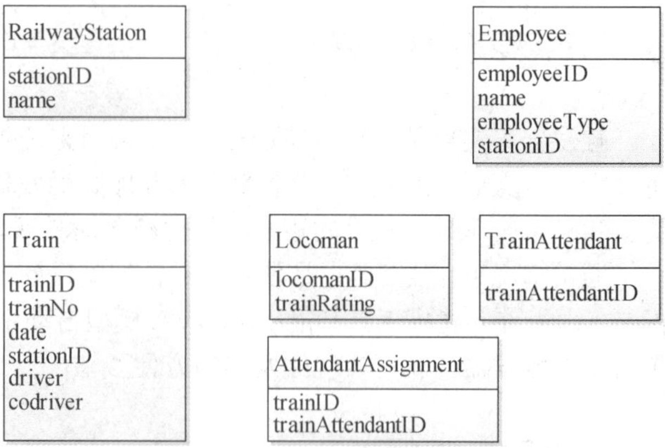

RailwayStation

stationID
name

Employee

employeeID
name
employeeType
stationID

Train

trainID
trainNo
date
stationID
driver
codriver

Locoman

locomanID
trainRating

TrainAttendant

trainAttendantID

AttendantAssignment

trainID
trainAttendantID

图 13-17 铁路系统的数据库表

```
CREATE TABLE RailwaySta-
tion
    (stationID integer
    CONSTRAINT nn_railwaystation1 NOT NULL,
    name text(20) CONSTRAINT nn_railwaystation2 NOT NULL,
    CONSTRAINT PrimaryKey PRIMARY KEY (stationID),
    CONSTRAINT uq_railwaystation UNIQUE(name)
    );
CREATE TABLE Train
    (trainID integer CONSTRAINT nn_train1 NOT NULL,
    trainNo text(8) CONSTRAINT nn_train2 NOT NULL,
    date datetime CONSTRAINT nn_train3 NOT NULL,
    stationID integer CONSTRAINT nn_train4 NOT NULL,
    driver integer CONSTRAINT nn_train5 NOT NULL,
    codriver integer CONSTRAINT nn_train6 NOT NULL
    CONSTRAINT PrimaryKey PRIMARY KEY (trainID)
    );
ALTER TABLE Train
    ADD CONSTRAINT fk_train1 FOREIGN KEY(stationID) REFERENCES
    RailwayStation
    ON  DELETE NO ACTION;
ALTER TABLE Train
    ADD CONSTRAINT fk_train2 FOREIGN KEY(driver) REFERENCES
    Locoman
    ON DELETE NO ACTION;
ALTER TABLE Train
    ADD CONSTRAINT fk_train3 FOREIGN KEY(codriver) REFERENCES
    Locoman
    ON DELETE NO ACTION;
CREATE INDEX index_train1 ON Train(stationID);
CREATE INDEX index_train2 ON Train(driver);
```

```
CREATE INDEX index_train3 ON Train(codriver);
CREATE TABLE Employee
    (employeeID integer CONSTRAINT nn_employee1 NOT NULL,
    name text(20) CONSTRAINT nn_employee2 NOT NULL,
    employeeType CONSTRAINT nn_employee3 NOT NULL,
    stationID integer CONSTRAINT nn_employee4 NOT NULL,
    CONSTRAINT PrimaryKey PRIMARY KEY (employeeID)
);
ALTER TABLE Employee
    ADD CONSTRAINT fk_employee1 FOREIGN KEY(stationID) REFERENCES
    RailwayStation
    ON DELETE NO ACTION;
CREATE INDEX index_employee1 ON Employee(stationID);
CREATE TABLE Locoman
    (locomanID integer CONSTRAINT nn_locoman1 NOT NULL,
    trainRating text(10),
    CONSTRAINT PrimaryKey PRIMARY KEY (locomanID)
);
ALTER TABLE Locoman
    ADD CONSTRAINT fk_ Locoman1 FOREIGN KEY(LocomanID) REFERENCES
    Employee
    ON DELETE CASCADE;
CREATE TABLE TrainAttendant
    (trainAttendantID integer CONSTRAINT nn_trainAttendant1 NOT NULL,
    CONSTRAINT PrimaryKey PRIMARY KEY (trainAttendantID)
);
ALTER TABLE TrainAttendant
    ADD CONSTRAINT fk_ trainAttendant1 FOREIGN KEY(trainAttendantID)
    REFERENCES
    Employee
    ON DELETE CASCADE;
CREATE TABLE AttendantAssignment
    (trainID integer CONSTRAINT nn_attendantAssignment1 NOT NULL,
    trainAttendantID integer CONSTRAINT nn_attendantAssignment2 NOT NULL,
    CONSTRAINT PrimaryKey PRIMARY KEY (trainID,trainAttendantID)
);
ALTER TABLE AttendantAssignment
    ADD CONSTRAINT fk_attendantAssignment1 FOREIGN KEY(trainID)
REFERENCES
    Train
    ON DELETE CASCADE;
```

```
ALTER TABLE AttendantAssignment
    ADD CONSTRAINT fk_attendantAssignment2 FOREIGN KEY(trainAttendantID)
REFERENCES
    TrainAttendant
    ON DELETE NO ACTION;
CREATE INDEX index_attendantAssignment1 ON AttendantAssignment
(trainAttendantID);
```

13.7　用 SQL 语句实现数据库功能

UML 对象模型在开发数据库应用程序中主要包含 3 个作用，它们的具体说明如下所示。

❑ **定义数据库的结构**　UML 对象模型通过定义应用程序中包含的对象以及它们之间的关系而定义了关系数据库的结构。

❑ **定义数据库的约束**　UML 对象模型也对施加于关系数据库中数据上的约束进行了定义，在实现对应的关系数据库模型时，所定义的约束可以保证数据库中数据的引用完整性。

❑ **定义关系数据库的功能**　在 UML 的对象模型中，也可以定义关系数据库可实现的功能，例如可以执行哪些种类的查询。

通过遍历 UML 对象模型可以看出它所体现的数据库应用程序所具有的功能。使用 UML 对象约束语言 OCL 可以说明对象模型的遍历表达式，并且这些用来说明对象模型遍历过程的遍历表达式可以直接转换为 SQL 语句。对于图 13-17 所示的铁路系统 UML 模型，如表 13-4 任意列举了几种比较普遍的表达式，并且给出了相应的说明和所对应的 SQL 语句。

表 13-4　遍历铁路系统类图 OCL 表达式和相应的 SQL 语句

OCL 表达式	说　　明	SQL 语句
aTrain.codriver:Empl-oyee.name	查询一次列车的副驾驶员	SELECT Employee.name FROM Train,Locoman,Employee WHERE Train.trainID=:aTrain AND Train.codriver=Locoman.locomanID AND Locoman.locomanID=Employee.employeeID
aRailwayStation.Train [getMonth(date)== aMonth]. driver[trainRating== aTrainRating]	查找指定月份内在同一条线路上驾驶并且达到指定出勤率的所有驾驶员	SELECT Locoman.locomanID FROM Train,Locoman WHERE Train.stationID=:aStation AND getMonth(Train.date)=:aMonth AND Train.driver=Locoman.locomanID AND Locoman.trainRating=:aTrainRating

在表 13-4 所示的信息中，小圆点表示从一个对象定位到另一个对象，或者定位到对象的属性；而方括号用以说明对象集合上的过滤条件。

13.8 思考与练习

一、填空题

1. 对象所需要的操作包括 4 种, 它们分别是 Create、_____、Store 和 Load。

2. 关联所需要的操作包括 2 种, 它们分别是_____和 Remove。

3. _____可以用来标识数据库表中的记录。

4. 父表和子表的操作约束都包含关联关系、聚合关系和_____。

5. _____可以用来标识数据库表中的记录。

二、选择题

1. 在类到数据库表的转换中, 选项_____能导致映射到数据库表中的数量过多。

　　A. 子类映射的表中包含超类的属性

　　B. 超类映射的表中包含子类的属性

　　C. 将所有的类映射为表

　　D. 将有属性的类映射为数据库表

2. 在父表操作约束的关联关系中, 执行删除操作的具体步骤是_____。

（1）采用级联删除方法更新数据库。

（2）修改子记录的外部键, 然后删除父记录。

（3）删除子记录, 然后删除父记录。

　　A.（3）、（2）、（1）

　　B.（3）、（1）、（2）

　　C.（1）、（2）、（3）

　　D.（2）、（3）、（1）

3. 关于 UML 对象模型在开发数据库应用程序中所包含的作用的说法, 选项_____是不正确的。

　　A. UML 的对象模型中可以定义关系数据库可实现的功能, 例如可以执行哪些类的查询

　　B. UML 对象模型也对施加于关系数据库中数据上的约束进行了定义, 在实现对应的关系数据库模型时, 所定义的约束可以保证数据库中数据的引用完整性

　　C. UML 对象模型通过定义应用程序中包含的对象以及它们之间的关系而定义了关系数据库的结构

　　D. UML 在对系统数据库进行逻辑建模时一般采用类模式来实现, 类模式是 UML 建模技术的核心, 数据库的逻辑视图由 UML 类图衍生

4. 下面选项_____的关联关系映射是应该避免的。

　　A. 两次隐藏一对一关联

　　B. 并行属性

　　C. 多对多关联

　　D. 合并

三、简答题

1. 在图 13-18 所示的类图中, 商品类 Goods 的每个实现必须是家电用户类 Household 或者婴儿用品类 Babycare 的一个实现。

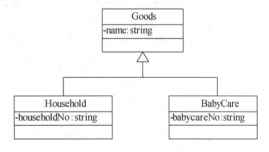

图 13-18　UML 类图模型

根据类图 13-18 完成如下的练习。

（1）将该类图映射为关系数据库中的表, 并且每个类都对应一张表。

（2）将该类图映射为关系数据库中的表, 并且每个具体类对应一张表。

（3）将该类图映射为关系数据库中的表, 并且整个类层次只对应一张表。

2. 如图 13-19 所示给出了从面向对象模型到关系模型映射的元数据。

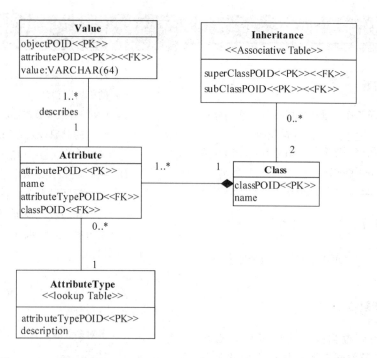

图 13-19　面向对象模型向关系模型转换的类图

根据图 13-19 完成下面的练习。5

（1）按照元数据所示的方法将类图 13-19 映射为数据库表。

（2）假设雇员段金锁是一个计时工，他的 ID 是 C2006，并且每个小时的报酬是 20 元。现在他已经上了 50 个小时的班，并且已经加班 25 小时。请试用数据库表描述段金锁的情况。

（3）每个雇员都有一个师傅，并且每个师傅也是雇员。图 13-20 演示了雇员类型的类图，请修改该图中的模型以包含此信息。上述的元数据映射支持这种信息吗？如果不支持，请修改元数据。假设段金锁的师傅是名为尚生存的雇员，试用数据库表表示他们之间的关系。

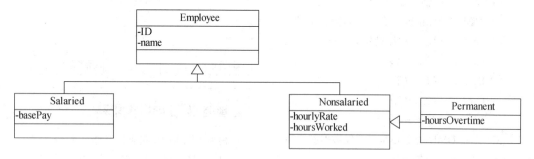

图 13-20　与雇员类型相关的类图

第14章

UML 扩展机制

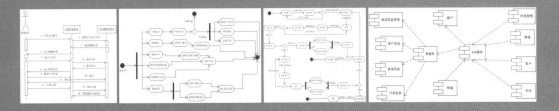

　　虽然 UML 为系统开发提供了一种标准的建模语言，但是任何建模语言均不能满足所有人的需求，例如 UML 对于实时系统的时间约束等方面的支持。UML 提供的扩展机制允许建模者在不改变基本建模语言的前提下根据实际需求做相应的扩展。这些扩展机制已经被设计好，以便于在不需理解全部语义的情况下就可以存储和使用。由于这个原因，扩展可以作为字符串存储和使用。对不支持扩展机制的工具来说，扩展只是一个字符串，它可以作为模型的一部分被导入、存储，还可以被传递到其他工具。

　　本章将从 UML 的体系结构入手，讲述 UML 的四层元模型体系结构以及定义 UML 的元模型，并介绍所有标准的 UML 扩展，如构造型、标记值和约束等，还将说明用户自定义机制如何扩展 UML。

本章学习要点：

➢ 理解 UML 四层体系结构
➢ 掌握四层结构间的关系
➢ 了解元元模型层和元模型层的相关知识
➢ 理解 UML 的核心语义
➢ 掌握构造型的表示方法
➢ 熟悉 UML 标准构造型
➢ 掌握标记值的表示方法
➢ 了解 UML 标准标记值
➢ 掌握约束的表示方法
➢ 理解 UML 标准约束

14.1 UML 扩展机制简单概述

为了避免 UML 语言整体的复杂性，UML 并没有吸收所有面向对象的建模技术和机制，而支持自身的扩展和调整，这就是扩展机制。通过扩展机制用户可以定义使用自己的元素，UML 扩展机制由 3 部分组成：构造型（Stereotype）、标记值（Tagged Value）和约束（Constraint）。这 3 种扩展机制增加了模型中的新构造块、创建新特性和描述新语义，因此，可以根据这 3 个扩展机制进行实时扩展。构造型在许多情况下 UML 用户利用该扩展机制对 UML 进行扩展，使其能够应用到更广泛的领域。

扩展的基础是 UML 元素，扩展的形式是给这些元素的变形添加一些新的语义。新语义可以有 3 种形式：重新定义、增加新的使用限制和对某种元素的使用增加一些限制。

14.2 UML 的体系结构

按照面向对象的问题解决方案以及建立系统模型的要求，UML 语言从 4 个抽象层次对 UML 语言的概念、模型元素和结构进行了全面定义，并规定了相应的表示法和图形符号。UML 的四层体系结构就从这 4 个抽象层次演化而来。

14.2.1 四层元模型体系结构

元模型理论是从 20 世纪 80 年代后期发展起来的，虽然起步比较晚，但是发展速度非常快。它解决了产品数据一致性与企业信息共享问题，对于企业建模有重要价值。到目前为止，为了不同的目的，已经定义了很多元元模型和元模型，例如最早由 EIA（电子工业协会）定义的 CIDF（CASE Data Interchange Format）元元模型，OMG（对象管理组织）定义的 MOF（Meta Object Facility）元元模型等。这些元元模型的建立都是以经典的四层元数据体系结构为基础的。

四层元模型是 OMG 组织指定的 UML 的语言体系结构，这种体系结构是精确定义一个复杂模型语义的基础。除此之外，该体系结构还有以下特点（功能）。

- 通过递归地将语义应用到不同层次上，完成语义结构的定义。
- 为 UML 的元模型扩展提供体系结构基础。
- 为 UML 元模型实现与其他的基于四层元模型体系结构的标准相结合提供体系结构基础。

UML 具有一个 4 层的体系结构，每个层次是根据该层中元素的一般性程序划分的。从一般到具体，这 4 层结构分别是：元元模型层（Metametamodel）、元模型层（Metamodel）、模型层（Model）和用户模型层（Usermodel）。如图 14-1 所示列举了 UML 四层体系结构的示意图。

从图 14-1 中可以看出，元元模型层依赖于元模型层，而元模型层依赖于用户模型层和模型层，模型层又依赖于用户模型层。它们的具体说明如下所示。

1. 元元模型层（Metametamodel）

元元模型层通常称为 M3 层，位于四层体系结构的最上层。它是 UML 的基础，表示任何可以被定义的事物。该层具有最高的抽象级别，这一抽象级别用来形式化概念的表示，并指定元元模型定义语言。元元模型层的主要职责是为了描述元模型而定义的一种"抽象语言"。一个元元模型中可以定义多个元模型，而每个元模型也可与多个元元模型相关联。元元模型上的元元对象的例子有元类、元属性和元操作等。

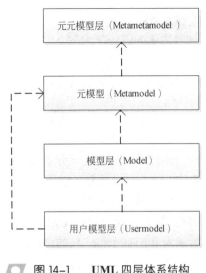

图 14-1　UML 四层体系结构

2. 元模型层（Metamodel）

元模型层通常称为 M2 层，它包括了所有组成 UML 的元素。元模型层中的每一个概念都是元元模型层中概念的实例，它的主要职责是为了描述模型层而定义的一种"抽象语言"。一般来说，元模型比元元模型更加精细，尤其表现在定义动态语义时。元模型在元模型上元对象的例子有类、属性、操作和构件等。

3. 模型层（Model）

模型层通常称为 M1 层，它由 UML 的模型构成。模型层主要用于解决问题、解决方案或系统建模，层中的每个概念都是元模型中概念的实例，这一抽象级别主要是用来定义描述信息论域的语言。

4. 用户模型层（Usermodel）

用户模型层通常又称为 M0 层，它位于所有层次的最底部，该层的每个实例都是模型层和元模型层概念的实例。该抽象级别的模型通常叫作对象或实例模型，用户模型层的主要作用是描述一个特定的信息。

UML 四层体系结构又可以称作元模型建模，其建模的一个特征是定义的语言具有自反性，即语言本身能通过循环的方式定义自身。当一个语言具有自反性时就不再需要去定义另一个语言来规定其语义。

当相关人员在模型中创建一个类时，其实已经创建了一个 UML 类的实例。同时，一个 UML 类也是元元模型中的一个元元模型类的实例。为了更加清晰地理解四层元模型层次结构，如图 14-2 所示。

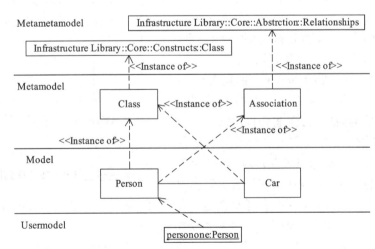

图 14-2　四层体系结构模型

14.2.2 元元模型层

元元模型层是由元元数据的结构和语义的描述组成，它的定义要比元模型更加抽象、简洁。一个元元模型可以定义多个元模型，而每个元模型也可以与多个元元模型相关联。元元模型描述基本的元元类、元元属性和元元关系，它们都用于定义 UML 的元模型。UML 的元元模型层是 UML 的基础结构，基础结构由包 Infrastructure 表示。如图 14-3 所示为 Infrastructure 包的结构。

从图 14-3 中可以看出，元元模型层基础结构库包由两部分组成：核心包（Core）和外廓包（Profile）。其具体说明如下。

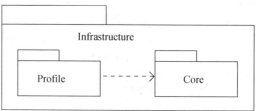

❏ **核心包** 核心包包括了建立元模型时所用的核心概念。

❏ **外廓包** 外廓包中定义了定制元模型的机制。

图 14-3 Infrastructure 包的结构

1. 核心包

核心包 Core 中定义了 4 个包，它们分别是：Primitive Types（基本类型包）、Abstraction（抽象包）、Basic（基础包）和 Constructs（构造包）。这 4 个包间之间的关系如图 14-4 所示。

从图 14-4 中可以看出 Abstraction、Primitive Types、Constructs 和 Basic 包之间的关系，这些包的具体说明如下。

❏ **Abstraction（抽象包）**

抽象包中包括很多元模型重用的抽象元类，也可以用来进一步特化或由很多元模型征用的抽象元类。抽象包可以分为 20 多个小包，这些包说明了如何表示建模

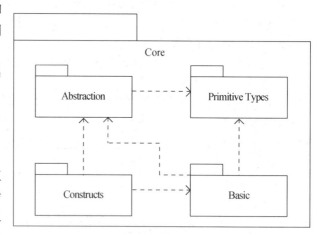

图 14-4 Core 包的结构图

的模型元素，其中最基础的包只是含有 Element 抽象类的 Element 包。

❏ **Primitive Types（基本类型包）**

基本类型包中定义了许多数据类型，如 Integer、Boolean、String 和 UnlimtedNatual 等。同时也包含了少数在创建元模型时常用的已定义的类型。UnlimtedNatual 表示一个自然数组成的无限集合中的一个元素，如图 14-5 所示显示了该包中的内容。

❑ **Constructs**（构造包）

构造包包括用于面向
对象建模的具体元类，它
不仅组合了许多其他包的
内容，还添加了类、关系
和数据类型细节等。

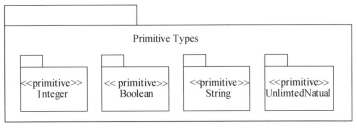

图 14-5　**Primitive Types 包的内容**

❑ **Basic**（基础包）

基础包是开发复杂语
言的基础，它具有基本的
指定数据类型的能力。

2．外廓包

外廓包的英文表示为 Profiles，它定义了一种可以针对一个特定的知识领域改变模型
的机制，这种机制可用于对现存的元模型进行裁减使之适应特定的平台。外廓包的存在
依赖于核心包。Profiles 包可以当作 UML 的一种调整，比如针对建筑领域建模而改写的
UML。扩展 UML 是基于 UML 添加内容，而正是 Profiles 包说明了允许设计者添加的
内容。

14.2.3　元模型层

UML 的元模型层是元元模型层的实例，它由 UML 包的内容来规定，又可以将 UML
中的包分为结构性建模包和行为性建模包。包之间存在相互依赖，形成循环依赖性，该
循环依赖性是由于顶层包之间的依赖性概括了其子包之间所有的联系。子包之间是没有
循环依赖性的，如图 14-6 所示显示了 UML 中包的结构。

从图 14-6 中可以看出，UML 中包含许多包，如 UserCases、Classes、Profiles、
Deployments 和 Actions 等。这些包的名称已经表明了该包的内容，下面只选择几个比较
重要的包进行介绍。主要内容如下所示

❑ **Classes 包**

Classes 包为类包，在该包中包含了类以及类之间关系的规范。Classes 包中的元素和
Infrastructure Library::Core 包中的抽象包和构造包相关联，并且 Classes 包通过那些包合
并为 Kemel 包并复用了其中的规范。

❑ **CommonBehaviors 包**

CommonBehaviors 包只是一个普通的行为包，在该包中包含了对象如何执行行为、
对象间如何通信以及对时间的消逝建模的规范。

❑ **UseCases 包**

UseCases 包也叫作用例包，该包中包含有关于参与者、用例、包含关系和扩展关系
等的正式规范。UseCases 使用来自 Kemel 和 CommonBehaviors 包中的信息，并且规范

了捕获一个系统功能需求的图。

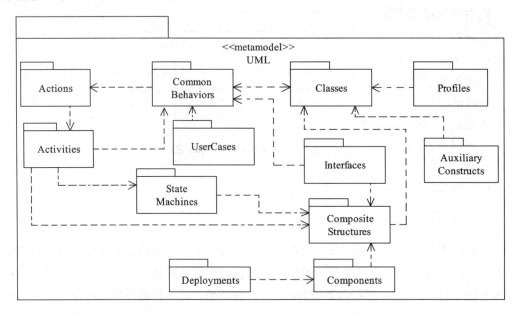

图 14-6 　UML 中包的结构图

❏ **CompositeStructure 包**

CompositeStructure 包中除了包含组成结构图的规范外，还对端口和接口进行了正式的说明。

❏ **AuxiliaryConstruts 包**

AnxiliaryConstruts 包负责处理模型外观，它所处理的东西是模板和符号。

注 意

> 除了上面介绍的与包相关的内容外，还有其他包也是经常用到且比较常用的，如 Deployments（部署图）、Components（组件图）和 Activities（活动图）等。这些包的具体说明不再详细介绍，具体内容可以参考前面的章节。

14.3　UML 核心语义

如果用户要实现自定义扩展的功能就必须要熟悉 UML 的相关知识，最为重要的是掌握 UML 的核心语义。用户在定义自己的扩展之间了解甚至掌握基本的 UML 核心语义是非常有帮助的，它有助于对 UML 底层模型的理解。下面将简单介绍 UML 的核心语义。

元素是最基础的内容，这是 UML 大多数成分的抽象基类，在此之上可以附加一些其他机制。元素一般可以被转化为模型元素、视图元素、系统和模型。下面将对模型元素和视图元素进行说明。

14.3.1　模型元素

模型元素是建模系统的一个抽象，如类、消息、节点和事件等。模型元素被专有化后对系统建模非常有用,大多数元素都有相对应的视图来表示它们。但是某些模型元素就没有相应的表达元素,如模型元素的行为就无法在模型中可视化地描述。

模型元素被专有化后表示多种 UML 使用的建模概念,如类型、实例、值、关系和成员等。它们的具体说明如下所示。

- ❑ **类型** 类型是一组具有相同操作、抽象属性和关系以及语义实例的一个描述。它被专有化为原始类型、类和用例,其中类又可被专有化为活动类、信号、组件和节点。所有类型的子类都有一个相应的视图元素。
- ❑ **实例** 一种类型所描述的某一个单个成员,类的实例就是对象。
- ❑ **笔记** 附加在一个元素或一组元素中的注释。笔记没有语义,模型元素的笔记对应相应的视图元素。
- ❑ **值** 类型定义域里的一个元素。类型定义域是某个类型的定义域,定义域是数学范畴,如 1 属于整数的类型定义域。
- ❑ **构造型** 建模元素的一种类型,用于扩展 UML 的语义。构造型必须以 UML 中已经定义的元素为基础,可以扩展语义,但不能扩展元素的结构。UML 中定义有标准的构造型。
- ❑ **关系** 模型元素之间的一种语义连接。关系被专有化为通用化、相关性、关联、转移和链接等。通用化是更通用元素和更专有元素之间的一种关系。专有元素与通用元素完全一致还包含其他信息,在所有使用更通用元素实例的场合,都可以使用更专有化元素的实例;相关性是两个模型元素之间的一种关系;关联描述了一组链接的一种关系;链接是对象组之间的一种语义连接。转移是两个活动或状态之间的关系。在状态图和活动图中对转移介绍的十分详细,它就是关系的专有化。
- ❑ **标记值** 把性质明确定义为一个名-值对。UML 预定义了一些标签,相应的视图元素是一个性质表。性质普遍应用于与元素有关的任意值,包括类的属性、关联和标记值。
- ❑ **成员** 类型或类的一部分,表示一个属性或操作。
- ❑ **约束** 一条语义或限制。UML 中定义了一些标准的约束,约束也有其对应的视图元素。
- ❑ **消息** 对象之间的一种通信,传递有关将要进行活动的信息。可以认为接收消息是一个事件,不同的消息对应不同的视图元素。
- ❑ **参数** 变量的规格说明,可以被传递、修改和返回。可以在消息、操作和事件中使用参数。状态图中事件触发器中曾经使用了参数。
- ❑ **动作** 是对信号或操作的调用,代表一个计算或执行过程,具有对应的视图元素。活动图中活动就是动作的代表。
- ❑ **关联角色** 类型或类在关联中所扮演的角色,有对应的视图元素。如在类图中两类之间的关联类型。
- ❑ **状态顶点** 转移的源或目标状态。
- ❑ **协作** 支持一组交互的环境。
- ❑ **事件** 时间或空间的一个显著发生。事件有对应的视图元素。

❑ **行为** 行为是一个可见的作用及结果。

❑ **链接角色** 关系角色的实例。

14.3.2 视图元素

视图元素是一个映射，单个模型元素或一组模型元素的文字或图形映射，可以是文字或图形符号。视图元素也可以被专有化为图，它们是前面曾经介绍过的用例图、组件图、类图、活动图、状态图、顺序图等。

> **提 示**
>
> 模型元素和视图元素非常容易理解，模型元素可以认为是概念，而视图元素则是用来构建模型的符号。

包是一种组合机制，可以拥有或引用元素（或其他的包）。包中元素可以有多种，如模型元素、视图元素、模型和系统等。如图 14-7 所示演示了包、模型元素和视图之间的关系。

从图 14-7 中可以看到，一个包拥有或引用元素，而该元素可以是模型元素，也可以是视图元素，还可以是其他元素（如系统或模型）。视图元素是模型元素的映射，它映射一个或一级模型元素。另外，视图还可以被专有化为多种图，如用例图、类图、活动图、对象图和组件图等。

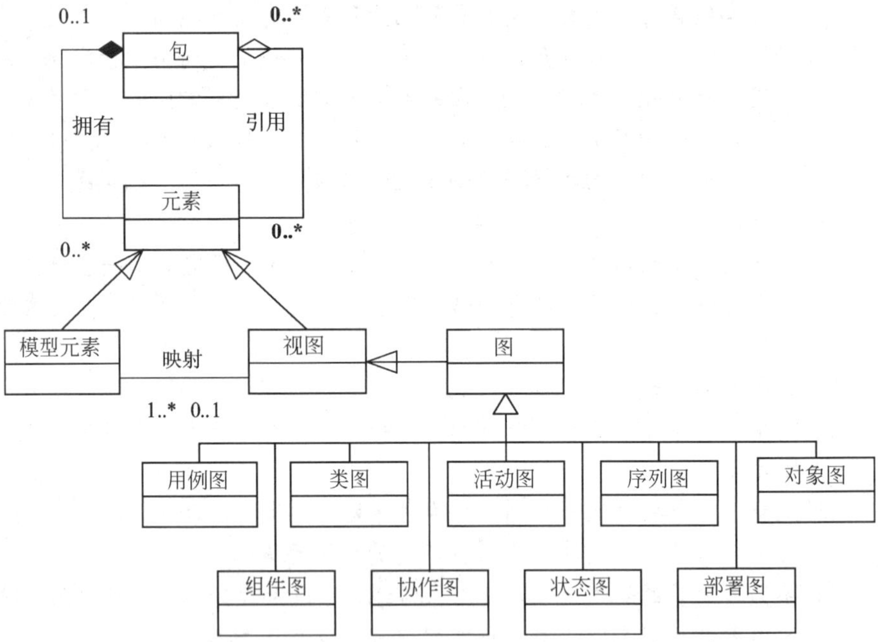

图 14-7 包、模型元素和视图的关系

元素具有零个或一个构造型，零个或多个标记值，对约束有一种派生相关关系。所有的元素都可能与其他元素有相关关系，而所有元素的子类包括各类构造型、约束和标记值等也将继承这种相关关系。换句话说，类图中可以定义多个属性和操作，且类与类之间可以设置关系等，这些全都说明了元素之间存在的相关关系。

UML 建模、设计与分析标准教程（2013—2015 版）

并不是所有的元素都可以被专有化或通用化。只有可通用化的元素才能被专有化或通用化,可通用化元素包括构造型、包和类型。可通用化元素的子类也是可通用化的;类型包括原始类型、类和用例等子类;类有活动类、信号、组件和节点等子类,因此这些类都是可被专有化或通用化的。

14.4 构造型

构造型扩展机制采用的方式是基于一个已存在的模型元素定义一种新的模型元素,新的模型元素在一个已存在元素中加入了一些额外语义。它可以为 UML 增加新事物,它也是一种优秀的扩展机制,它把 UML 中已经定义元素的语义专有化。并且能够有效地防止 UML 变得过于复杂。本节将详细介绍与构造型相关的知识,如构造型的表示、标准构造型和数据建模等内容。

14.4.1 表示构造型

构造型扩展机制不是给模型元素增加新的属性或约束,而是在原有模型元素的基础上增加新的语义或限制。构造型在原来模型元素的基础上添加了新的内容,但并没有更改模型元素的结构。

构造型允许用户对模型元素进行必要的扩展和调整,还能够有效地防止 UML 变得过于复杂。构造型可以基于所有种类的模型元素,类、节点、组合、注释、关联、泛化和依赖等都可以用来作为构造型的基类。它也可以被看成特殊的类,相关人员在表示构造型时,可以将构造型名称用一对双尖括号(有的地方使用书名号或源码括号)括起来,然后放置在构造型模型元素名字的邻近。如图 14-8 所示演示了构造型的表示。

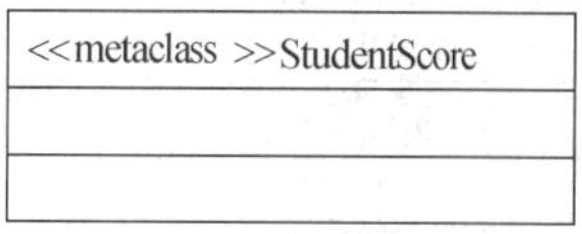

<<metaclass >>StudentScore

图 14-8　　表示构造型

图 14-8 中演示了一个基本的构造型类,相关人员可以利用这种方法来表示一个特定的构造型元素,另外,也可以使用代表构造型的一个图形图标来表示,如数据库可以使用圆柱形图标表示。还可以将这两种方式结合起来,只要一个元素具有一个构造型名称或与它相连的图标,那么该元素就被当作指定构造型的一个元素类型被读取。

14.4.2 UML 标准构造型

UML 中已经预定义了多种标准构造型,相关人员可以在这些标准构造型的基础上自己定义构造型。例如<<actor>>、<<accociation>>和<<bind>>等。如表 14-1 详细列出了标准构造型以便大家参考。

表 14-1　　transition-timing-function 属性的值

构造型名称	对应元素	说　　明
<<actor>>	类	该类定义了一级与系统交互的外部变量
<<association>>	关联角色	通过关联可访问对应元素

构造型名称	对应元素	说　　明
<<becomes>>	依赖	该依赖存在于源实例和目标实例之间，它指定源和目标代表处于不同时间点并且具有不同状态和角色的实例
<<bind>>	依赖	该依赖存在于源类和目标模板之间，它通过把实际值绑定到模板的形式参数创建类
<<call>>	依赖	该依赖存在于源类和目标操作之间，它指定源操作激活目标操作。目标必须是可访问的，或者目标操作在源操作的作用域内
<<constraint>>	注释	指明该注释是一个约束
<<constructor>>	操作	该操作创建它所附属的类元的一个实例
<<classify>>	依赖	该依赖存在于源实例和目标类元之间，指定源实例是目标类元的一个实例
<<copy>>	依赖	该依赖存在于源实例和目标实例之间，它指定源和目标代表具有相同状态和角色的不同实例。目标实例是源实例的精确副本，但复制后两者不相关
<<create>>	操作	该操作创建一个它所附属的类元实例
	事件	该事件表明创建了封装状态机的一个实例
<<declassify>>	依赖	该依赖存在于源实例和目标类元之间，它指定源实例不再是目标类元的实例
<<destroy>>	操作	操作销毁它所附属类元的一个实例
	事件	事件表明销毁封装状态机类的一个实例
<<delete>>	精化	该精华存在于源元素和目标元素之间，它指明元素不能够进一步精化
<<derived>>	依赖	该精华存在于源元素和目标元素之间，它指定源元素是从目标元素派生的
<<destructor>>	操作	该操作销毁它所附属类元的一个实例
<<document>>	组件	代表文档
<<enumeration>>	数据类型	该数据类型指定一组标识符，这些标识符是数据类型实例的可能值
<<executable>>	组件	组件代表能够在节点上运行的可执行程序
<<extends>>	泛化	该泛化存在于源用例和目标用例之间，它指定源用例的内容可以添加到目标用例中。该关系指定内容加入点到要添加的源用例应该满足的条件
<<façade>>	包	包中只包含对其他包所属的模型元素的引用，它自身不包含任何模型元素
<<file>>	组件	该组件代表包含源代码或数据的文档或文件
<<framework>>	包	该包主要由模式构成
<<friend>>	依赖	该依赖存在于不同包的源元素和目标元素之间，它指定无论目标元素声明的可见性如何，源元素都可以访问目标元素
<<global>>	关联角色端	关联端的实例在整个系统中都是可访问的
<<import>>	依赖	该依赖存在于源包和目标包之间，它指定源包接收并可以访问目标包的公共内容
<<implementation class>>	类	该类定义另一个类的实现，但这种类并非类型

构造型名称	对应元素	说　明
<<inherits>>	泛化	该泛化存在于源类元和目标类元之间，它指定源实例是目标类元的一个实例
<<instance>>	类	该类定义一个操作集合，这些操作可用于定义其他类提供的服务。该类可以只包含外部的公共操作而不包含方法
<<invariant>>	约束	该约束附属于一组类元或关系，它指定一个条件，对于类元或关系，这个条件必须为真
<<local>>	关联角色端	关联端的实例是操作中的一个局部变量
<<library>>	组件	该组件代表静态或动态库，静态库是程序开发时使用的库，该库连接到程序；动态库是程序运行时使用的库，程序在执行时访问该库
<<metaclass>>	类元	该类是某个其他类的元类
	依赖	该依赖存在于源类元和目标类元之间，它指定目标类元是源类元的元类
<<parameter>>	关联角色端	关联端的实例是操作中的参数变量
<<postcondition>>	约束	该约束指定一个条件，在激活操作之后，该条件必须为真
<<powertype>>	类元	该类元是元类型，它的实例是另一种类型的子类型，就是说该类元是包含在泛化关系中的判别式类型
	依赖	该依赖存在于源类元和目标类元之间，它指定目标类元源泛化组的强类型
<<precondition>>	约束	该约束附属于操作，它指定一个操作要激活该操作，条件必须为真
<<private>>	泛化	该泛化存在于源类元和目标类元之间，在源类元中，继承目标类元的特性是隐藏的或是私有的
<<process>>	类元	该类元表示具有重型控制流的活动类，它是带有控制表示的线程并可能由线程组成
<<query>>	操作	该操作不修改实例的状态
<<realize>>	泛化	该泛化存在于源元素和目标元素之间，它指定源元素实现目标元素。如果目标元素是实现类，那么该关系暗示操作继承，而不是结构的继承；如果目标元素是接口，那么源元素支持接口的操作
<<refine>>	依赖	该依赖存在于源元素和目标元素之间，它指定这两个元素位于不同的语义抽象级别。源元素精化目标元素或由目标元素派生
<<requirement>>	注释	该注释指定它所附属元素的职责或义务
<<self>>	关联角色端	因为是请求者，所以对应的实例是可以访问的
<<send>>	依赖	该依赖存在于源操作和目标信号类之间，它指定操作发送信号
<<signal>>	类	该类定义信号，信号的名称可用于触发转移。信号的参数显示在属性分栏中。该类虽然不能有任何操作，但可以与其他信号类存在泛化关系
<<stereotype>>	类元	该类元是一个构造型，它是一个用于对构造型层次关系建模的原模型类
<<stub>>	包	该包通过泛化关系不完全地转移为其他包，也就是说继承只能继承包的公共部分而不继承包的受保护部分
<<subclass>>	泛化	该泛化存在于源类元和目标类元之间，它用于对泛化进行约束
<<subtype>>	泛化	该泛化存在于源类元和目标类元之间，它表明源类元的实例可以被目标类元的实例替代

构造型名称	对应元素	说　　明
<<subsystem>>	包	该包是有一个或多个公共接口的子系统，它必须至少有一个公共接口，并且其任何实现都不能是公共可访问的
<<supports>>	依赖	该依赖存在于源节点和目标组件之间，它指定组件可存于节点上，即节点支持或允许组件在节点上执行
<>	包	该包表示从不同的观点描述系统的模型集合，每个模型显示系统的不同视图。该包是包层次关系中的根节点，只有系统包可以包含该包
<<table>>	组件	该组件表示数据库表
<<thread>>	类元	该类元是具有轻型控制流的活动类，它是通过某些控制表示的单一执行路径
<<top level package>>	包	该包表示模型中的顶级包，它代表模型的所有非环境部分。在模型中它处于包层次关系的顶层
<<trace>>	依赖	该依赖存在于源元素和目标元素之间，指定这两个元素代表同一概念的不同语义级别
<<type>>	类	该类指定一组实例以及适用于对象的操作，类可以包括属性、操作和关联，但不能有方法
<<update>>	操作	该操作修改实例的状态
<<use case model>>	包	该包表示描述系统功能需求的模型，它包含用例以及与参与者的交互
<<uses>>	泛化	该泛化存在于源用例和目标用例之间，它用于指定源用例的说明中包含或使用目标用例的内容。关系用来提取共享行
	依赖	该依赖存在于源元素和目标元素之间，它用于指定下列情况：为了正确地实现源模型的功能，要求目标元素存在
<<utility>>	类元	该类元表示非成员属性和操作的命名集合

表 14-1 中已经详细列出了 UML 中的标准构造型，相关读者已经在前面的章节中见到过它们，它们的详细使用方法不再介绍。

14.4.3　UML 扩展机制进行建模

从前面章节中大家可以了解到，使用 UML 图（如类图、组件图和部署图）可以进行建模，它们都离不开 UML 扩展机制的内容。下面将分别从数据建模、Web 建模和业务建模方面进行介绍。

1. 数据建模

进行数据建模时通常使用的建模工具是 Erwin、Power Designer 和 ERStudio 等，UML 具有强大的功能，因此相关人员也可以使用 UML 进行建模。使用 UML 建模时就需要使用相关的扩展机制内容，对于关系型数据库来说，可以使用类图描述数据库模式和数据库表，使用操作描述触发器和存储过程。

进行数据库设计时，与数据库相关的一些关键概念需要使用 UML 来表示，例如模式、主键、外键、域、关系、约束、索引、触发器、存储过程以及视图等。从某种意义上说，使用 UML 进行数据库建模就是要确定如何使用 UML 中的元素来表示这些概念，同时引用完整性、范式等要求。如表 14-2 所示列出了常用的数据库概念所对应的 UML 元素。

表14-2　常用的数据库概念所对应的 UML 元素

数据库中的概念	构 造 型	对 应 元 素
数据库	<<database>>	组件
模式	<<schema>>	包
表	<<table>>	类
视图	<<view>>	类
域	<<domain>>	类
索引	<<index>>	操作
主键	<<PK>>	操作
外键	<<FK>>	操作
唯一约束	<<Unique>>	操作
检查约束	<<check>>	操作
触发器	<<trigger>>	操作
存储过程	<<SP>>	操作
表间非确定性关系	<<Non-Identifying>>	关联，聚合
表间确定性关系	<<Identifying>>	组合

提 示

表 14-2 中仅仅列出了如何使用构造型来表示这些概念，更多的具体内容还需要读者自行研究，感兴趣的读者可以多上网查找一些资料。

2．Web 建模

Web 应用程序建模时需要利用 UML 的扩展机制对 UML 的建模元素进行扩展，对 Web 建模主要是利用了 UML 的构造型这个扩展机制，在类和关联上定义一些构造型以解决 Web 应用系统建模的问题。其中 WAE（Web Application Extension for UML）扩展方法影响比较大。WAE 定义了一些常见的 Web 建模元素的版型，如果在开发中遇到 WAE 没有提供的版型，完全可以根据 UML 的扩展机制定义自己的构造型。

3．业务建模

使用 UML 进行业务建模时同样需要对 UML 做一些扩展，例如可以通过在 UML 的核心建模元素上定义版型来满足业务建模的需要。目前用的比较多的是 Eriksson 和 Penker 定义的一些版型，它们也可以称为 Eriksson-Penker 业务扩展。Eriksson-Penker 扩展方法主要是利用 UML 的扩展机制对 UML 的核心元素进行扩展，其扩展的内容如下所示。

- ❏ 业务过程方面的元素。
- ❏ 业务资源方面的元素。
- ❏ 业务规则方面的元素。
- ❏ 业务目标方面的元素以及其他一些元素。

业务建模时的特点通常需要外部模型和内部模型才能表现，内部模型是描述业务内部事务的对象模型，外部模型是描述业务过程的用例模型。表 14-3 列出了业务模型建模时的构造型。

表 14-3　业务模型建模时的构造型

名　　称	应用元素	说　　明
<<use case model>>	模型	该模型表示业务的业务过程与外在部分的交互。该模型将业务过程描述为用例，将业务的外在部分描述为参与者，并描述外在部分与业务过程之间的关系
<<use case system>>	包	该包是包含用例包、用例、参与者和有关系的顶级包
<<use case package>>	包	该包包含用例、参与者和关系
<<object model>>	模型	该模型表示对象系统的顶级包，用于描述业务系统的内部事务
<<organization>>	子系统	该子系统是实际业务的组织单元，由组织单元、工作单元、类和关系组成
<<object system>>	子系统	该子系统是包含组织单元、类和关系的对象模型中的顶级子系统
<<work unit>>	子系统	该子系统包含的一个或多个实体为终端用户构成了面向任务的视图
<<worker>>	类	该类定义了参与系统的人，在用例实现时，工作者与实体交互并操作实体
<<case worker>>	类	该类定义直接与系统外部参与者交互的工作者
<<internal worker>>	类	该类定义与系统内其他工作者和实体交互的工作者
<<entity>>	类	该类定义了被动的、自身并不能启动交互的对象，这些类为交互中包含的工作者之间进行共享提供了基础
<<communicate>>	关联	该关联表示两个交互实例之间的关系：实例之间通过发送和接收消息进行交互
<<subscribes>>	关联	该关联表示原订阅者和目标发行者类之间的关系：订阅者指定一组事件，当发行者中发生其中一个事件时，发行者就要通知订阅者
<<use case realization>>	协作	该协作实现用例

14.5　标记值

　　性质通常用于表示元素的值，增加模型元素的有关信息。标记值明确地把性质定义成一个"键-值"对，这些"键-值"对存储模型元素相关信息。机器通过这些信息以某种方式处理模型。例如模型中性质可以作为代码生成的参数，告诉代码生成器生成何种类型的代码。

　　标记值扩展 UML 构造块的特性或标记其他模型元素，为 UML 事物增加新特性。使用标记值的目的是赋予某个模型元素新的特性，而这个特性不包括在元模型预定义的特性中。与构造型类似，标记值只能在已存在的模型上扩展，而不能改变其定义结构。

14.5.1　表示标记值

　　标记值可以用来存储元素的任意信息，也可以用来存储有关构造型模型元素的信息。

标记值是一对字符串包括标记字符串和值字符串也就是一个键值，对，它存储着有关元素的一些信息。标记值用字符串表示，字符串有标记名、等号和值，它们被规则地放置在大括号内，等号左边代表键，即名称；等号右边代表值。通常使用的几种方式如下所示：

```
{tag=value} or {tag1=value1,tag2=value2} or
{tag}
```

从上述代码中可以看出，如果标记（键）是一个布尔类型，则可以省略其值，将它的值默认为真的。但是除了布尔类型外，其他的类型都必须明确写出值，值并没有语法限制，可以使用任何符号表示。如图 14-9 所示演示了标记值的基本表示。

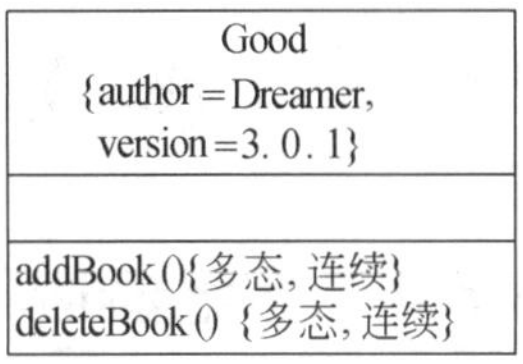

```
        Good
{author = Dreamer,
 version = 3.0.1}

addBook(){多态, 连续}
deleteBook() {多态, 连续}
```

图 14-9　标记值的基本表示

14.5.2　UML 标准标记值

与构造型扩展机制一样，UML 中也预定义了多种标准标记值，例如 Documentation、Location 和 Semantics 等。这些标记值的具体说明如表 14-4 所示。

表 14-4　UML 标准标记值

名称	应用元素	说　　明
Documentation（文档）	任何建模元素	指定元素的注解、说明和注释
Location（位置）	类元	指定类元所有组件
	组件	指定组件所在节点
Persistence（持久性）	属性	指定模型元素是持久的，如果模型元素是暂时的，当它或它的容器销毁时，它的状态同时被销毁；如果模型元素是持久的，当它的容器被销毁时，其状态保留，仍可以被再次调用
	类元	
	实例	
Responsibility	类元	指定类元的义务
Semantics	类元	指定类元的意义和用途
	操作	指定操作的意义和用途

14.5.3　自定义标记值

相关人员可以使用 UML 中的标准标记值，同样也可以自己定义标记值。从前面的内容大家可以了解到，标记值是由"键"（即标记）和"值"（即某种类型）组成，它可以连接到任何元素上用来为这些元素加上一些新的语义。标记值是有关模型和模型元素的附加信息，在最终的系统中是不可见的。

相关人员自定义标记值时的具体步骤如下。

（1）确定要定义标记值的目的。

（2）定义需要标记值的元素。

（3）为标记进行命名。

（4）定义值类型。

（5）根据使用标记值对象（人或机器）的不同，适当定义标记值。

（6）在文档中给出一个以上使用该标记值的例子。

自定义标记值也十分简单，例如在一个类中某个操作 Show Information 和加在任何元素上的 Author 添加标记值。前者用于指明操作显示何种信息，而后者说明该元素的作者是谁。内容如下所示：

```
{Show Information="System Information"}
{Author="XuSen"}
```

14.5.4 标记值应用元素

文献（Documentation）是给元素实例进行建档的标记，它的值是一个字符串。通常这个标记值是单独显示的，并不会与元素放在一起。如在某些软件或工具中，其值是显示在一个性质或文献窗口中。如抽象类的文献标记值可以将该类描述为：

```
This class can inherit only.
```

标记值在元素类型、实例、操作和属性的应用一共有 9 种，它们分别为：不变性（Invariant）、后置条件（Postcondition）、前置条件（Precondition）、责任（Responsibility）、抽象（Asbtract）、持久性（Persistence）、语义（Semantics）、空间语义（Space Semantics）和时间语义（Time Semantics）等。这些标记值的具体说明如下。

- ❑ **不变性** 应用于类型，它指定了类型实例在整个生命周期中必须保持一种性质，这个性质通常是对于该类型实例必须有效的一种条件。
- ❑ **后置条件** 应用于操作，它是操作结束后必须为真的一个条件，该值没有解释通常也不显示在图中。
- ❑ **前置条件** 应用于操作，它是操作开始时必须为真的一个条件。通常把不变性、后置条件和前置条件结合起来使用。
- ❑ **责任** 应用于类型，责任指定了类型的责任，它的值是一个字符串，表示了对其他元素的义务。责任通常是用其他元素的义务描述的。
- ❑ **抽象** 抽象标记值应用于类，表明该类不能有任何对象。该类用来继承和专有化成其他具体的类。
- ❑ **持久性** 应用于类型，将类型定义成持久性说明该类对象可以存储在数据库或文件中。并且在程序的不同执行过程之间，该对象可以保持它的值或状态。
- ❑ **语义** 应用于类型和操作，语义是类型或操作意义的规格说明。
- ❑ **空间语义** 应用于类型和操作，空间语义是类型或操作空间复杂性意义的规格说明。
- ❑ **时间语义** 应用于类型和操作，时间语义是类型或操作时间复杂性意义的规格说明。

位置用于说明某个模型元素位于哪个组件或位于哪个节点中，它的值是节点或组件，它可以为模型元素和组件添加标记值。

14.6 约束

同构造型和标记值一样，约束也是 UML 中的扩展机制。就像原型一样，约束出现在几乎所有的 UML 图中。本节将简单介绍约束的相关知识，包括约束的概念、表示方

UML 建模、设计与分析标准教程（2013—2015 版）

法、UML 中的标准约束以及如何自定义约束等内容。

14.6.1　约束概述

约束是用文字表达式表示的施加在某个模型元素上的语义限制，它应用于元素。一条约束应用于同一种类的元素，因此一条约束可能涉及许多元素，但它们都必须是同一类元素。

约束的每个表达式都有一种隐含的解释语言，这种语言可以是正式的数学符号，如集合的符号；也可以是一种基于计算机的约束语言，如 OCL；还可以是一种编程语言，如 C 语言和 C++等；除了前面 3 种之外，约束还可以是伪代码或非正式的自然语言。

14.6.2　表示约束

约束用于加入新的规则或修改已经存在的规则，即利用一个表达式把约束信息应用于元素上。它是一种限制，这种限制限定了该模型元素的用法或语义。

与构造型相类似，约束出现在几乎所有 UML 图中，它定义了保证系统完整性的不变量。约束定义的条件在上下文中必须保持为真。

约束是用文字表达式来表示元素、依赖关系和注释上的语义限制。约束用大括号内的字符串表达式表示。例如一个戏剧演出的属性叫作 name，然后要求该 name 属性的长度不能超过 50 个希腊字母，其中可以包括空格或标点，但是不能包含其他特殊字符。使用汉字表示该约束可以写成：

{最多包含 50 个希腊字母，包括空格和标点但是不能包含其他特殊字符}

约束可以直接放在图中，也可以直接独立出来。下面分别从对通用化约束、对关联约束和对关联角色约束 3 个方面表示约束。

1．对通用化约束

通用化约束只能被应用于子类，应用于通用化约束的方式有 4 种：完整、不相交、不完整和覆盖。这 4 种约束都是语义的约束，它们被大括号包围，约束之间使用逗号进行分隔。其中完整通用化约束、不完整通用化约束和覆盖通用化约束的具体说明如下。

- ❏ **完整通用化约束**　该约束指定了一个继承关系中的所有子类，不允许增加新的子类。
- ❏ **不完整通用化约束**　该约束与完整通用化约束刚好相反，它可以增加新的子类，一般情况下该约束为默认值。
- ❏ **覆盖通用化约束**　该约束是指在继承关系中任何继承的子类可以进一步继承一个以上的子类，可以说同一个父类可以有多个子类并且可以循环继承。

在类型中使用通用化约束，如果没有共享则使用一条虚线通过所有的继承线，并且在虚线旁边添加约束。如图 14-10 所示演示了通用化约束。

2．对关联约束

关系有两种默认的约束：隐含约
束和或约束。其具体说明如下。

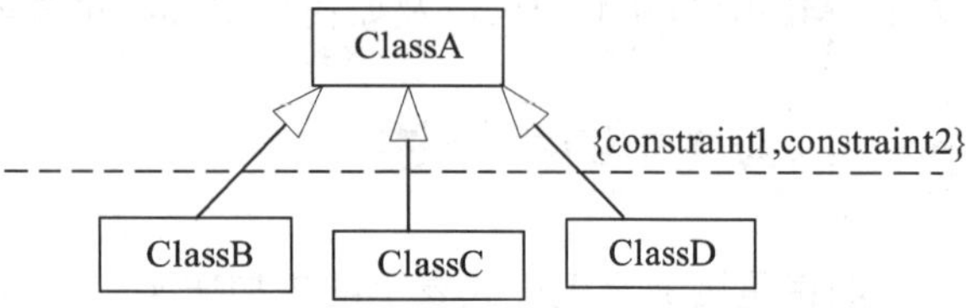

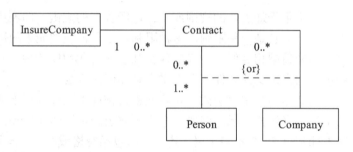

图 14-10　通用化约束

❑ 隐含约束

隐含约束表明关联是概念的，而
不是物理的。隐含的关联连接类，但
对象之间并没有关系。隐含关联中的对象之间也没有物理连接，而是通过其他一些机制
产生联系，比如对象或查询对象的全局名。

❑ 或约束

或约束指定一组关联对它们链接有约束，或约束指定的一个对象只连接到一个关联
类的对象。或约束是以{or}的形式出现，其使用方法如图 14-11 所示。

从图 14-11 的或约束图
中可以看出，Person 和
Company 可以有 0 个或多个
Contract，一个 Contract 可以
由一个或多个 Company 拥
有。如果没有或约束则表示
一个或多个 Person 以及一个
或多个 Company 可以拥有
Contract，这将会影响语义，

图 14-11　或约束

允许一个 Contract 同属于不同的任何人。

3．对关联角色约束

有序约束是唯一对关联角色的标准约束，一个有序的
关联指定关联里的链接之间有一定隐含顺序，此时可以使
用{ordered}来进行约束。如图 14-12 所示为对关联角色的
约束。

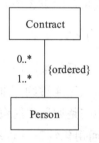

图 14-12 显示了 Contract 与 Person 之间的关联关系，
图中{ordered}为定义的约束条件，它指定了关联角色链接
之间有明确的顺序，顺序可以在大括号中显示出来。例如
可以添加约束为{ordered by time}。

图 14-12　对关联角色约束

14.6.3　UML 标准约束

与构造型和标记值一样，UML 也提供了一些预定义的约束，如表 14-5 列出了这些
标准约束，并对它们进行了详细说明。

表 14-5 　 UML 标准约束

名　　称	应用元素	说　　明
Abstract	类	该类至少有一个抽象操作，且不能被实例化
	操作	该操作提供接口规范，但是不能提供接口的实现
Active	对象	该对象拥有控制线程并且可以启动控制活动
Add only	关联端	可以添加额外的链接，但是不能修改或删除链接
Association	关联端	通过关联，对应实例是可以访问的
Broadcast	操作信号	按照未指定的顺序将请求同时发送到多个实例
Class	属性	该属性有类作用域，类的所有实例共享属性的一个值
	操作	该操作有类作用域，可应用于类
Complete	泛化	对一组泛化而言，所有子类型均已指定，不允许其他子类型
Concurrent	操作	从并发线程同时调用该操作，所有的线程可并发执行
Destroyed	类角色	模型元素在用户执行期间被销毁
	关联角色	
Disjoint	泛化	对一组泛化而言，实例最多只可以有一个给定子类型作为类型，派生类不能与多个子类型有泛化关系
Frozen	关联端	在创建和初始化对象时，不能向对象添加链接，也不能从对象中删除或移动链接
Guarded	操作	可同时从并发线程调用此操作，但只允许启动一个线程，其他调用被阻塞，直至执行完第一个调用
Global	关联端	关联端的实例在整个系统中可访问
Implicit	关联	该关联仅仅是表示法或概念形式，并不用于细化模型
Incomplete	泛化	对一组泛化而言，并未指定所有的子类型，其他子类型是允许的
Instance	属性	该属性具有实例作用域，类的每个实例都有该属性的值
	操作	该操作具有实例作用域，可应用于类的实例
Local	关联端	关联端的实例是操作的局部变量
New	类角色	在交互执行期间创建模型元素
	关联角色	
New destroyed	类角色	在交互执行期间创建和销毁模型元素
	关联角色	
Or	关联	对每个关联实例而言，一组关系中只有一个是显示的
Ordered	关联端	响应元素形成顺序设置，其中禁止出现重复元素
Overlapping	泛化	对一组泛化而言，实例可以有不只一个给定子类型，派生类可以与一个以上的父类型有泛化关系
Parameter	关联端	实例可以作为操作中的参数变量
Polymorphic	操作	该操作可由子类型覆盖
Private	属性	在类的外部，属性和操作不可访问。类的子类不可以访问这些特性
	操作	
Protected	属性	在类的外部，属性和操作不可访问。类的子类可以访问这些特性
	操作	
Public	属性	无论在类的外部还是该类的子类，都可以访问类的特性
	操作	
Query	操作	该操作不修改实例的状态
Self	关联端	因为是请求者，所以对应实例可以访问
Sequential	操作	可同时从并发线程调用操作，但操作的调用者必须相互协调，使得任意时刻只有一个对该操作的调用是显著的

名　　称	应用元素	说　　明
Sorted	关联端	对应的元素根据它们的内部值进行排序，为实现指定的设计决策
Transient	类角色	在交互执行期间创建和销毁模型元素
	关联角色	
Unordered	关联端	相应的元素无序排列，其中禁止出现重复元素
Update	操作	该操作修改实例的状态
Vote	操作	由多个实例所有返回值中多数来选择请求的返回值

14.6.4　自定义约束

相关人员可以使用表 14-5 中的标准约束定义内容，同样也可以自己自定义约束内容。自定义的约束通过条件或语义限制来影响元素的语义，所以相关人员在自定义约束时，一定要仔细分析约束所带来的影响。

相关人员自定义约束时需要做好以下工作。

❑ 描述需要约束的元素。

❑ 分析该元素的语义影响。

❑ 列举出一个或多个使用该约束的例子。

❑ 说明如何实现约束。

14.7　思考与练习

一、填空题

1．_____解决了产品数据一致性与企业信息共享问题，对于企业建模有重要价值。

2．UML 的四层体系结构分别为_____、元模型层、模型层和用户模型层。

3．_____的主要职责是定义描述模型层的语言。

4．UML 的 3 种扩展机制分别是构造型、_____和约束。

5．元元模型层中核心包 Core 中定义了 4 个包，它们分别是基本类型包、_____、基础包和构造包。

二、选择题

1．UML 的_____是 UML 的基础结构。

    A．元元模型层

    B．元模型层

    C．模型层

    D．用户模型层

2．_____是建模系统的一个抽象，它被专有化后表示多种 UML 使用的建模概念。

    A．元元模型层

    B．元模型层

    C．模型元素

    D．视图元素

3．关于 UML 体系结构的说法，选项_____是不正确的。

    A．元模型理论是从 20 世纪 80 年代后期发展起来的，它解决了产品数据一致性与企业信息共享问题，对于企业建模有重要价值

    B．四层元模型体系结构分别是指元模型层、元模型层、模型层和用户模型层

    C．UML 的模型层是元元模型层的实例，它由 UML 包的内容来规定，又可以将 UML 中的包分为结构性建模包和行为性建模包

    D．元元模型描述基本的元元类、元元

属性和元元关系，它们都用于定义 UML 的元模型

4．UML 的标准标记值不包括_____。

　　A．Documentation

　　B．Location

　　C．Responsibility

　　D．Association

5．用户可以自定义标记值，其具体步骤是_____。

（1）定义需要标记值的元素。

（2）确定要定义标记值的目的。

（3）为标记进行命名。

（4）在文档中给出一个以上使用该标记值的例子。

（5）定义值类型。

（6）根据使用标记值对象（人或机器）的不同，适当定义标记值。

　　A．（2）、（1）、（5）、（3）、（6）、（4）

　　B．（2）、（1）、（3）、（5）、（6）、（4）

　　C．（6）、（4）、（2）、（1）、（3）、（5）

　　D．（6）、（4）、（3）、（5）、（2）、（1）

6．用户自定义约束时不需要考虑下列因素_____。

　　A．是否需要使用 UML 中的标准约束

　　B．描述需要约束的元素。

　　C．分析该元素的语义影响有哪些

　　D．说明如何实现访约束

三、简答题

1．概括介绍 UML 的体系结构。

2．简要说明元元模型层的内容。

3．概括说明 UML 核心语义并举两例。

4．简要概括扩展机制的 3 种类型。

5．简要介绍构造型的表示方法，并列举两例说明标准构造型。

6．概括介绍标记值的表示方法，并列举两例说明其应用元素。

7．简要描述对关联角色约束的表示方法，并画图说明。

第 15 章

对象约束语言

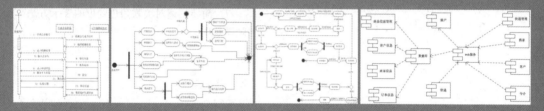

到目前为止，本书介绍了很多 UML 图形建模的方法。这些图形表示很多不同的概念，同时通过按一定方式连接这些图形，来表达不同的系统特性。例如，连接两个矩形的线表示两个类之间的关联，并说明了这些类的实现如何互相链接。

这种图形表示法适合于展示系统的结构方面，但对于描述模型元素的细节特性，或者由相关业务规则对这些模型所附加的限制方式，并不是很有效。为此，UML 引入了一种约束语言称为对象约束语言，它是关于一个或者多个模型元素的断言，它指明了该系统处于合法状态时，系统必须满足的特性。

本章将详细介绍 UML 的对象约束语言，包括对象约束语言的结构、语法、数据类型、表达式和集合的使用等。

本章学习要点：

➢ 了解 OCL 的概念
➢ 理解 OCL 的抽象和具体语法
➢ 掌握 3 种固化类型
➢ 掌握 OCL 数据类型、操作、运算符和表达式
➢ 了解 OCL 的 OclMessage、OclVoid 和 OclAny 类型
➢ 掌握集合的创建方式
➢ 掌握集合的操作
➢ 熟悉 OCL 的集合类型和常用操作
➢ 掌握如何定义基本约束、组合约束和迭代约束
➢ 熟悉对象约束时的常量、前置和后置条件以及 let
➢ 掌握消息级约束的方法

15.1　对象约束语言简介

对象约束语言（Object Constraint Language，OCL），是一种在用户为系统建模时，对其中的对象进行限制的方式。OCL 不仅用来写约束，还能够用来对 UML 图中的任何元素写表达式。每个 OCL 表达式都能指出系统中的一个值或者对象。OCL 表达式能够求出一个系统中的任何值或者值的集合，因此它具有了和 SQL 同样的能力，由此也可得知 OCL 既是约束语言，同时也是查询语言。

OCL 任何表达式的值都属于一个类型，所以又称 OCL 为类型语言。这个类型可以是预定义的标准类型，例如 Boolean 或者 Integer，也可以是 UML 图中的元素，例如对象，也可以是这些元素组成的集合，例如对象的集合、包等。

定义对象约束语言就是为建模提供清晰的方法，提供模型的约束，它的主要功能如下。

- ❏ 用来定义系统建模功能的前置条件和后置条件。
- ❏ 用来描述 UML 图中使用的控制点，或者其他图中从一个对象到另一个对象的转移。
- ❏ 用来描述系统的常量。

15.2　语言结构

OCL 从两个层次定义了对象约束语言的结构，分别是抽象和具体。其中，抽象层次的语法定义 OCL 概念和应用该概念的规则，具体层次的语法则用于在 UML 模型中指定具体使用的约束和查询。下面详细介绍每个层次中语法的具体含义。

15.2.1　抽象语法

抽象语法是指 OCL 语言定义的概念层，在该层中抽象语法解释了类、操作等内容的元模型。例如，类被定义为"具有相同的特征、约束和语义说明的一组对象"，并在该层将类解释为可与任何特性（或属性）、操作、关系甚至嵌入类相关联。抽象语法中只是定义了相类似的元模型，而并没有创建一个具体的模型或对象。

在 OCL 中要注意如何区分抽象语法和其他自抽象语法派生的具体语法。抽象语法还支持其他约束语言，像基于 MOF（Meta Object Facility，元对象设施标准）的 UML 基础结构元模型支持各种专业领域的建模。

抽象语法还必须支持真正的查询语言，为此引入了一些新的概念，如元组（Tuple）用于提供 SQL 的表达式。

> **提　示**
>
> 抽象语法使用的数据类型和扩展机制与 MOF/UML 基础结构元模型定义的相同，另外还有一些自己的数据类型和扩展机制。

15.2.2 具体语法

具体语法（即模型层语法）用于描述现实世界中一些实体的类，它应用抽象语法的规则，创建可以在运行时段计算的表达式。OCL 表达式与类元相关联，应用于该类自身或者某个属性、操作或参数。不论哪种情况，约束都是根据其位移（Replacement）、上下文类元（Contextual Classifier）和 OCL 表达式的自身实例（Self Instance）来定义。

下面是约束中各个术语的含义描述。

❑ **位移** 表示 UML 模型中使用 OCL 表达式所处的位置，即作为依附于某个类元的不变式、依附于某个操作的前置条件或依附于某个参数的默认值。

❑ **上下文类元** 定义在其中计算表达式的命名空间。如，前置条件的上下文类元是在其中定义该前置条件的操作所归属的那个类。也就是说，该类中所有模型元素（属性、关联和操作）都可以在 OCL 表达式中被引用。

❑ **自身实例** 自身实例是对计算该表达式对象的引用，它是上下文类元的一个实例。也就是说，OCL 表达式对该上下文类元每个实例的计算结果可能不同。因此，OCL 可以用于计算测试数据。

OCL 的具体语法还在不断完善，直到目前具体语法中还有一些问题没有解决。例如，在 UML 中前置条件和后置条件被看作是两个独立的实体。OCL 把它们看作是单个操作规范的两个部分，因此单个操作中的多个前置条件和后置条件的映射还有待解决。

15.3 语言语法

上节介绍了 OCL 在层次上的语法概念，本节详细介绍 OCL 在应用时需要掌握的语法。

15.3.1 固化类型

约束就是对一个（或部分）面向对象模型或者系统的一个或者一些值的限制。UML 类图中的所有值都可以使用 OCL 来约束。约束的应用类似于表达式，在 OCL 中编写的约束上下文可以是一个类或一个操作。其中需要指定约束的固化类型，该类型可以由如下 3 项组成。

❑ **invariant** 表示常量，应用于类中，常量在上下文的生存期内必须始终为 TRUE。

❑ **pre-condition** 表示前置条件，前置条件约束应用于操作，它是一个在实现约束上下文之前必须为 TRUE 的值。

❑ **post-condition** 表示后置条件，后置条件约束应用于操作，它是一个在完成约束上下文之前必须为 TRUE 的值。

下面是一个简单的 OCL 约束语句：

```
context Student inv:
  MaxDays=20
```

UML 建模、设计与分析标准教程（2013—2015 版）

上面语句要求 Student 类的 MaxDays 值始终要等于 20。语句中 context 为上下文约束的关键字，而 inv 是代表常量的关键字。

如果要表示操作的约束，需要使用操作的名称和完整的参数列表替换上下文的值，并且要有返回值。如下面语句所示：

```
context AddNewBorrower(SutdentID):Success
pre: StudentID.Length=10
post:StudentID<>BorrowerID
```

这段语句演示了如何指定操作的前置条件和后置条件约束，其中 pre:为前置条件约束的关键字，而 post:为后置条件约束的关键字，它们后面分别是约束。上面语句表示，在操作执行之前 AddNewBorrower()、StudentID 的位数必须为 10。执行完该操作后，要检测 StudentID 和 BorrowerID 必须不同。

15.3.2 运算符和操作

与其他编程语言一样，OCL 也包含很多运算符，有些运算符已经在上节的例子中使用到。OCL 的运算符如表 15-1 所示。

表 15-1　OCL 运算符

运算符	含义	运算符	含义
+	加	<>	不等于
−	减	<=	小于等于
*	乘	>=	大于等于
/	除	and	与
=	等于	or	或
<	小于	xor	异或
>	大于		

在编程语言中的运算符都存在计算的优先级，OCL 也不例外，运算符同样也存在优先顺序，其顺序如表 15-2 所示，按从上到下排列其重要性顺序。如果要改变运算符优先顺序，可以使用括号。

表 15-2　OCL 运算符优先级

操 作 符	说 明
@pre	操作开始的值
. ->	
Not −	"−" 是负号运算符
* /	
If then else endif	判断语句
<> <=,>=	
=,<>	
And,or,xor	
Implies	此操作是定义在布尔类型上的操作

在 OCL 中还定义了多种操作用于完成不同的功能。如下列出了常用的操作。

- **max** 用于返回较大的数字。例：(4).max(3)=4。
- **min** 用于返回较小的数字。例：(4).max(3)=3。
- **mod** 取模值。例：3.mod(2)=1。
- **div** 整数之间除法，只能用于整数并且其结果也是整数。例：(3).div(2)=1。
- **abs** 取整数部分。例：(2.79).abs=2。
- **round** 按四舍五入原则取整数部分。例：(5.79).round=6。
- **size()** 取字符串的长度。例："ABCDEFG".size()=7。
- **toUpper()** 返回字符串大写。例："abc".toUpper()="ABC"。
- **concat()** 连接两个字符串。例："ABC".concat("DEF")="ABCDEF"。

上述示例中"(4).max(3)=4"的"."是 OCL 中访问 OCL 数据类型某个操作的标准方法。

提 示

这里仅列举了 OCL 中常用的操作，目的是使读者了解 OCL 操作的简单用法。更多的操作将在以后的学习和实际建模中逐步介绍。

15.3.3 关键字

OCL 是一种形式语言，同样也定义了一些关键字，OCL 中关键字如表 15-3 所示。

表 15–3 OCL 中关键字

and	attr	context	def
else	inv	let	not
oper	or	endif	endpackage
if	implies	in	package
post	pre	then	xor

15.3.4 元组

元组是对一组数据元素，如文件中的一个记录或数据库中的一行等内容的定义，每个元素被赋予名称和类型。元组可以使用字符或基于表达式的赋值来创建。

在 OCL 中，元组是使用被大括号包围的一系列"名称:类型"对和可选值来定义的，其定义形式如下所示：

```
Tuple{name:String= 'Jim',age:Integer=23}
```

元组只是将一组值集合在一起的一种途径，然后元组必须被赋予一个变量。例如，下面的示例使用 def 关键字来创建一个代理类上下文内叫 sales 的新属性。

```
context Agent
def:attr sales:Set
 (sale(venue:Venue,performance:Performance,soldSeats:Integer,
```

```
perfCommission:Integer))
```

表达式中 sales 是一个属性，sale 是元组的名称。表达式定义了一个包含每次演出时代理销售信息的元组 Set。后面的表达式定义如何为每个元组设定值。

15.4 表达式

OCL 表达式具有以下特点。

❑ OCL 表达式可以附加在模型元素上，模型元素的所有实例都应该满足表达式的条件。

❑ OCL 表达式可以附加在操作上，此时表达式要指定执行一个操作前应该满足的条件或一个操作后必须满足的条件。

❑ OCL 表达式可能指定附加在模型元素上的监护条件。

❑ COL 表达式的计算原则是从左到右。整体表达式的子表达式得到一个具体的值或一个具体类型的对象。

❑ COL 表达式既可以使用基本类型又可以使用集合类型。

OCL 表达式用于一个 OCL 类型的求值，它的语法用扩展的巴斯科范式（EBNF）定义。在 EBNF 中，"|" 表示选择，"？" 表示可选项，"*" 表示零次或多次，"+" 表示一次或多次。OCL 基本表达式的语法定义如下：

```
PrimaryExpression:=literalCollection | literal
| pathName time Expression ? FeatureCallparameters?
|"("expression")" | ifExpression
Literal:=<string>|<number>|"#"<name>
timeExpression:="@"<name>
featureCallparameters:="("(declarator)?(actualParameterList)?")"
ifExpression:="if" expression "then" expression "else" expression "endif"
```

定义中说明了 OCL 基本表达式是一个 literal，literal 可以是一个字符串、数字或者是 "#" 后面跟一个模型元素或操作名；OCL 基本表达式可以是一个 literalCollection 型，它代表了 literal 的集合。

OCL 基本表达式可以包含可选路径名，后面的可选项中包括时间表达式（timeExpression）、限定符（Qualifier）或特征调用参数（featureCallParameters）；OCL 基本表达式还可以是一个条件表达式 "ifExpression"。

15.5 数据类型

前面学习了 OCL 中与其他编程语言中类似的运算符、运算符优先级、关键字和表达式，本节将详细介绍 OCL 定义的各种数据类型并讨论每种数据类型提供的常用操作。

OCL 标准库（Standard Library）定义了用于组成 OCL 表达式的所有可用 OCL 类型，每种类型都有一组可用于该类型对象的操作和属性。这些类型呈现一种层次结构，如图 15-1 所示。

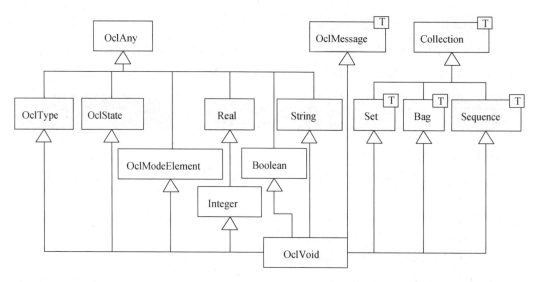

图 15-1　**OCL** 类型层次结构

15.5.1　基本数据类型

在 OCL 标准库中定义的基本类型包括实型（Real）、整型（Integer）、字符串（String）和布尔型（Boolean）。它们都是 UML 核心包中元类的实例。

1. 实型

实型（Real）代表数学中实数的概念，由图 15-1 中可以看到整型是实型的一个子类，所以可以使用整型作为实型的参数。

实型常用的操作如下。

- **+(r:Real):Real**　返回 self 与 r 相加的值。
- **−(r:Real):Real**　返回 self 与 r 相减的值。
- ***(r:Real):Real**　返回 self 与 r 相乘的值。
- **/(r:Real):Real**　返回 self 除以 r 的值。
- **−:Real**　self 的负值。
- **abs():Real**　self 的绝对值。示例如下：

```
-1.abs()=1
```

- **round():Integer**　依据四舍五入原则取整数值。示例如下：

```
8.57.round()=9  8.47.round()=8
```

- **floor():Integer**　取实型值的整数部分。示例如下：

```
8.57.floor()=8  8.47.floor()=8
```

- **max(r:Real):Real**　返回 self 和 r 两值较大的数。示例如下：

```
8.57.max(8.65)=8.65
```

❑ **min(r:Real):Real**　返回 self 和 r 两值较大的数。示例如下：

```
8.57.min(8.65)=8.57
```

❑ **<(r:Real):Boolean**　如果 self 小于 r 值，返回值为"真"，否则返回值为"假"。
❑ **>(r:Real):Boolean**　如果 self 大于 r 值，返回值为"真"，否则返回值为"假"。
❑ **<=(r:Real):Boolean**　如果 self 小于或等于 r 值，返回值为"真"，否则返回值为"假"。
❑ **>=(r:Real):Boolean**　如果 self 大于或等于 r 值，返回值为"真"，否则返回值为"假"。

2. 整型

整型（Integer）为实型的一个子类，在实型中定义的大部分操作在整型中也适用，这里只介绍一些只适用于整型的操作，如下所示。

❑ **div(i:Integer):Integer**　整除。示例如下：

```
8.div(3)=2
```

❑ **mod(i:Integer):Integer**　取模。示例如下：

```
3.mod(2)=1
```

3. 字符串

String 代表能够成为 ASCII 或 Unicode 的字符串。定义在字符串类型上的操作，如下所示。

❑ **size():Integer**　返回字符串中字符的个数。示例如下：

```
'Game'.size()=4
```

❑ **concat(s:String):String**　返回两个字符串相连接后新的字符串。示例如下：

```
'Game'.concat('Over') = 'GameOver'
```

❑ **substring(lower:Integer,upper:Integer):String**　取子字符串，子字符串的位置从 lower 开始到 upper 结束。示例如下。

```
'GameOver'.substring(1,4) = 'Game'
```

❑ **toInteger():Integer**　把字符串转化为整型值。
❑ **toReal():Real**　把字符串转化为实型值。

4. 布尔型

布尔型（Boolean）的值只有两个，即"真"（TRUE）和"假"（FALSE），标准库中也定义了许多操作，如下所示。

❑ **or(b:Boolean):Boolean**　self 与 b 中一个值为"真"，则返回值为"真"，否则返

回值为"假"。

示例如下:

```
TRUE or FALSE = TRUE
```

❑ **xor(b:Boolean):Boolean**　如果 self 或 b 有一个是"真",而且 self 和 b 不同时为 "真",返回值为"真",否则为"假"。示例如下:

```
TRUE xor FALSE = TRUE
```

❑ **and(b:Boolean):Boolean**　如果 self 和 b 都是"真",返回值为"真",否则返回 值为"假"。示例如下:

```
TRUE and FALSE = FALSE
```

❑ **not:Boolean**　非运算,如果 self 为"假",则结果为"真",否则相反。示例如下:

```
not TRUE = FALSE
```

❑ **implies(b:Boolean):Boolean**　如果 self 为"假",或 self 为"真"而 b 也为"真" 时,则结果为"真"。

15.5.2　集合类型

集合(Collection)是 OCL 标准库中所有集合类型的父类,子类包括 Set、Bag 和 Sequence。每种类型都是带有一个参数的模板类型,具体集合类型是通过将该参数替换 为某种类型来创建的。

Collection 是一个抽象类型,Collection 的 3 个子类 Set、Bag 和 Sequence 也是抽象 类型,它们不能被实例化。下面是对 3 种子类型的描述。

❑ **Set**　包含一组不重复的项且所有 Set 内所有的项都为同一类型,各项之间没有特 定的顺序。

❑ **Bag**　包含一组同类型的项,Bag 内各项可以重复出现,各项之间没有特定的 顺序。

❑ **Sequence**　包含一组同类型的项,各项在 Sequence 内可以重复出现,但各项之 间有特定的顺序。这种顺序不是 Sequence 内各项自身的值,而是指序列内某一 项的位移。

有关集合类型的更多内容将在 15.6 节介绍。

15.5.3　OclMessage 类型

OclMessage 是一个模板类,不能被直接初始化,但可以通过参数来初始化。每个 OCL 消息类型实际上是带一个参数的模板类型,创建 OCL 消息实例时将参数替换为一个操作或用信号来实现。

每个 OclMessage 类型完全由作为参数的操作或信号确定，并且每种 OclMessage 类型都将操作或信号的名称以及该操作的所有形式参数或该信号的所有属性作为 OclMessage 类型的属性。OclMessage 类型中定义的操作如下所示。

❑ **hasReturned():Boolean** 　如果模板参数的类型是操作调用，并且被调用的操作返回了一个值，则其返回值为"真"，此时消息已被发送。

❑ **post:result():<<被调用操作的返回类型>>** 　如果模板参数的类型是操作调用并且被调用的操作返回了一个值，则返回被调用操作的结果。

❑ **isSignalSent():Boolean** 　如果 OclMessage 代表发送一个 UML 信号，操作返回值为"真"。

❑ **isOperationCall():Boolean** 　如果 OclMessage 代表发送一个 UML 操作调用，该操作返回值为"真"。

15.5.4　OclVoid 类型

OclVoid 类型是与其他所有类型相一致的一种类型，它仅包含一个名为 OclUndefined 的实例，该实例应用于未定义类型的任何特性调用。

在 OclVoid 类型中除了 oclIsUndefined()操作返回"真"，其他都会产生 OclUndefined。该操作会判断如果对象与 OclUndefined 相同，那么 oclIsUndefined()的计算结果为"真"。

15.5.5　OclAny 类型

OclAny 类型是一个 UML 模型里所有类型和 OCL 标准库的父类，它包括了诸多子类，例如 Real、Boolean、String、OclState 和 Integer 等。模型里所有的子类都继承由 OclAny 定义的特性。OclAny 类包含了如下的操作。

❑ **=(object:OclAny):Boolean** 　如果 self 与 object 是同一对象，则返回值为"真"。示例如下：

```
post:result = (self = object)
```

❑ **<>(object:OclAny):Boolean** 　如果 self 是一个与 object 不同的对象，则返回值为"真"。示例如下：

```
pre:result = (self <> object)
```

❑ **oclIsNew():Boolean** 　只能用在后置条件中，检查是不是由表达式创建的。如果 self 是在执行该操作期间创建的，也就是说它在前置条件中不存在，那么 oclIsNew()的返回值为"真"。

❑ **oclIsUndefined():Boolean** 　如果 self 与 OclUndefined 相等，则该操作返回值为"真"，否则返回值为"假"。

- **oclType()** 返回 OclType 对象的类型。
- **oclIsTypeOf():Boolean** 当指定的类型与 OclType 对象类型相同时，返回值为"真"。
- **oclIskindOf():Boolean** 当指定的类型是 OclType 对象的子类型时，返回值为"真"。
- **oclAsType()** 返回指定类型的对象实例。

15.5.6 模型元素类型

模型元素类型是一种枚举类型，它们允许建模人员引用在 UML 模型中定义的元素。模型元素类型中某些特性可被用于在使用对象之前计算该对象。使用这些特性的标准操作提供途径用以检测对象的类型和它是不是另一类型对象的子类。

1. OclModeElement 类型

OclModeElement 类型是一个枚举型，UML 模型中的每个元素都有一个对应的枚举名称，定义在该类型的操作如下所示。

- **=(object:OclModeElementType):Boolean** 如果 self 是一个与 object 相同的对象，则操作返回值为"真"，否则为"假"。
- **<>(object:OclMeodeElementType):Boolean** 如果 self 是一个与 object 不相同的对象，则操作返回值为"真"，否则为"假"。

2. OclType 类型

标准库中有几个预定义特性应用于所有对象，即 OclType 类型和 OclState 类型。OclType 类型包含一个对与上下文对象相关联类的元类型引用。它是一个枚举型，UML 模型中的每个类元都有一个对应的枚举名称。

- **=(object:OclType):Boolean** 如果 self 是一个与 object 相同的类型，则返回值为"真"，否则为"假"。
- **<>(object:OclType):Boolean** 如果 self 是一个与 object 不相同的类型，则返回值为"真"，否则为"假"。

3. OclState 类型

OclState 类型包含一个对上下文对象当前状态的引用。OclState 类型是一个枚举型，UML 模型中的每个状态都有一个对应的枚举名称。

- **=(object:OclState):Boolean** 如果 self 是一个与 object 相同的状态，则返回值为"真"，否则为"假"。
- **<>(object:OclState):Boolean** 如果 self 是一个与 object 不相同的状态，则返回值为"真"，否则为"假"。
- **oclInState(s:State)** 该操作用于确定对象的当前状态，s 的值是依附于对象类元状态机制状态名。

UML 建模、设计与分析标准教程（2013—2015 版）

15.6 集合

在 15.5.2 节简单概括了集合类型，本节将详细介绍创建集合的方法，以及集合父类和集合子类提供的常用操作。

15.6.1 创建集合

集合可以通过字符显式地创建，创建集合时只需要写出创建集合的类型名称，后跟列表值，各值项使用逗号隔开，并被大括号括住。创建集合如下所示：

```
Set{1,5,6,99}
Set{ 'Jim', 'Tim', ' xy'}
Sequence{1,3,94,0,1,3}
Sequence{ 'Jim', 'Tim', ' Jim'}
Bag{1,2,4,5,4}
Bag{ 'Jim', 'Tim', ' Tim'}
```

其中，Sequence 可以通过使用变量 Int-expr1 和 Int-expr2 指定范围来定义，即 Int-expr1...Int-expr2 的形式。将该范围表示置于大括号内，放在前面示例中值列表的位置。该表示形式如下所示：

```
Sequence{1...10}
Sequence{1,2,3,4,5,6,7,8,9,10}
```

以上两种创建序列的方式是相同的。第一种是采用了变量指定范围的形式创建序列，第二种采用一般形式来创建一个序列。

15.6.2 操作集合

为了便于操作集合，OCL 还定义了一些操作，这里只给出一些常用且重要的操作来示例，更多具体的操作会在 OCL 的标准库中介绍。操作如下所示。

❏ **select**　按照一定的规则选择符合规则的项，组成一个新的集合。
❏ **reject**　从集合中选择不满足规则的项，组成一个新的集合。
❏ **forAll**　指定一个应用于集合中每个元素的约束。
❏ **exists**　确定某个值是否存在于集合中的至少一个或多个成员中。
❏ **isEmpty**　操作判断集合中是否有元素。
❏ **count**　判断集合中等于 count 参数的元素个数，并返回该数值。
❏ **iterate**　访问集合中的每个成员，对每个元素进行查询和计算。

Collection 的操作是通过集合名称和操作之间的箭头符号 "->" 来访问的。例如下面的语句：

```
Collection->select()
Set->iterate()
```

下面的语句演示了 select 操作的具体含义，在 set{1,2,3,4,5}中根据 x<3 规则重新组成一个新的 set{1,2}，如下语句所示：

```
(set{1,2,3,4,5})->select(x|x<3)=set{1,2}
```

reject 操作的含义与 select 相反，如下面语句所示：

```
(set{1,2,3,4,5})->reject(x|x<3)=set{4,5}
```

下面语句演示了 forAll 操作的使用方法：

```
(set{1,2,3,4,5})->forAll(x|x>0)=True
```

exists 操作根据条件判断是否存在满足条件的元素，如下面语句所示：

```
(set{1,2,3,4,5})->exists(x|x>5)=False
```

count 返回元素中与给定元素相同的个数，如下面语句所示：

```
(set{1,2,3,2,4,5})->count(2)=2
```

select、reject、collect、forAll 和 exists5 个操作的参数相同，具有 4 种形式，包括 3 种标准形式和一种简写形式。

❑ 第一种形式中，操作使用布尔型来计算集合的每个成员，如下所示：

```
context Book
inv:BookStatus->select(status=BookStatus::Borrowed)
```

上面的语句创建了当前图书中所有状态为 Borrowed 的图书集合。

❑ 第二种参数形式在访问所有成员时使用变量容纳集合的每个成员，然后对该变量中容纳的成员计算布尔表达式。如下所示：

```
collection->select(v|Boolean expression)
```

这种形式可以通过变量对成员的属性进行访问，下面语句说明了这一点：

```
context Book
inv:BookStatus->select(e|e.status=BookStatus::Borrowed)
```

❑ 第三种参数形式中，变量被赋予一种类型，该类型必须与集合的类型相一致，如下所示：

```
collect
ion->select(v:Type|Boolean expression)
```

下面的语句为第三种参数形式的使用方式：

```
context Book
inv:BookStatus->select(e:Book|e.status=BookStatus::Borrowed)
```

❑ 第四种参数形式为 iterate 操作提供访问集合中所有成员并累积信息的简写形式。该形式如下面语句所示：

```
collection ->iterate(element:Type1; accumulator:Type2=<initial value
expression>|<evaluation expression>)
```

上面的语句中，结果表示为 accumulator 变量的一个值，element 为一个迭代器，用于访问所有成员。语句描述了访问 collection 的所有成员，对每个类型为 Type1 的 element，计算<evaluation expression>并将结果保存在类型为 Type2 的变量 accumulator 中，其中 accumulator 是使用初始值表达式<initial value expression>来初始化。

15.6.3 Collection 类型

Collection 类型中每个对象的出现叫作一个元素，如果某个元素在集合中出现两次，那么应该算作两个元素。Collection 对所有子类型都具有相同语义，其中的某些操作可以在子类型中被重载来提供其他后置条件或更加具体的返回值。Collection 中定义的操作如下所示。

❑ **size():Integer** 返回集合中元素的数目。示例如下：

```
set{1,5,2,6,4}
collection->size() = 5
bag{'Jim', 'Tim', 'Game' 'Game'}
collection->size() = 4
```

❑ **includes(object:T):Boolean** 如果 object 是集合 self 中的元素，则该操作返回值为"真"，否则返回值为"假"。示例如下：

```
set{1,5,2,6,4}
collection->includes(2) = True
Sequence{10.5,40,72}
collection->includes(90) = False
```

❑ **excludes(object:T):Boolean** 如果 object 不是集合 self 中的元素，则该操作返回值为"真"，否则返回值为"假"。示例如下：

```
set{1,5,2,6,4}
collection->excludes(2) = False
bag{'Jim', 'Tim', 'Game' 'Game'}
collection->excludes('Gim') = True
```

❑ **count(object:T):Integer** 操作返回集合中元素 object 出现的次数。该操作被 Collection 子类型重载，其使用方法如下面语句所示：

```
set{1,5,2,6,4}
collection->count(2) = 2
bag{'Jim', 'Tim', 'Game' 'Game'}
collection->count('Jim') = 1
Sequence{10.5,40,72}
collection->count(10.5) = 1
```

❑ **includesAll(Coll:Collection(T)):Boolean** 该操作判断集合 self 中是否包含另一集合 Coll 中所有的元素。如果包含则返回值为"真",否则返回值为"假"。示例如下:

```
set{1,5,2,6,4}
collection->includesAll(set{2,6}) = True
Sequence{10.5,40,72}
collection->includesAll(sequence{90,72}) = False
```

❑ **excludesAll(Coll:Collection(T)):Boolean** 该操作判断集合 self 中是否不包含另一集合 Coll 中所有的元素。如果不包含则返回值为"真",否则返回值为"假"。示例如下:

```
set{1,5,2,6,4}
collection->excludesAll(set{1,2}) = False
bag{'Jim', 'Tim', 'Game' 'Game'}
collection->excludesAll(bag{'Gim'}) = True
```

❑ **isEmpty():Boolean** 判断集合是否为空。如果为空则返回值为"真",否则返回值为"假"。示例如下:

```
bag{'Jim', 'Tim', 'Game' 'Game'}
collection->imEmpty() = False
```

❑ **notEmpty():Boolean** 判断集合是否为不空。如果集合不空返回值为"真",否则返回值为"假"。示例如下:

```
bag{'Jim', 'Tim', 'Game' 'Game'}
collection->notEmpty() = True
```

❑ **sum():T** 集合中所有元素相加,前提为集合中的元素必须支持加法运算。其返回类型为集合的参数类型,并且满足加法的结合律和交换律。示例如下:

```
set{1,5,2}
collection->sum() = 8
```

❑ **Iterate()** 在 Collection 上迭代进行计算。示例如下:

```
set{1,5,2,6,4}
collection->iterate(elem; number:Integer=0|number+1) = 5
```

15.6.4 Set 类型

Set 类型是不包括重复元素的对象组,Set 类型中的元素是无序的,它是数学上"集合"的概念。Set 本身是元类型 SetType 的一个实例。Set 类型是 Collection 的一个子类,它重载了部分 Collection 定义的操作,对于这部分操作本节中不再详细介绍,请参见 Collection 中对操作的讲解。

Set 类型常见的操作如下所示。

❑ **=(s:Set(T)):Boolean** 如果集合 self 和集合 s 中元素相同，则返回结果为 "真"。
示例如下：

```
set{1,2,5}->=(set{1,2,5}) = True
```

❑ **-(s:Set(T)):Set(T)** 描述了 self 与 s 的差集，由 self 中不属于 s 的元素组成。示例
如下：

```
set{1,2,5}->-(set{1,2}) = set{5}
```

❑ **union(s:Set(T)):Set(T)** 该操作为 self 与 s 两个集的并集，返回一个 Set 型。示例
如下：

```
set{1,2,5}->union(set{6,7}) = set{1,2,5,6,7}
```

❑ **union(s:Bag(T)):Bag(T)** 该操作是 self 与 Bag 类型 s 的并集，最后返回的是一个
Bag 类型。示例如下：

```
set{1,2,5}->union(bag{'Jim', 'Tim'}) = Bag{1,2,5, 'Jim', 'Tim'}
```

❑ **including(object:T):Set(T)** 如果 object 在 self 中不存在的话，将 object 追加到集
合中组成一个新的集。示例如下：

```
set{1,2,5}->including(9) = set{1,2,5,9}
```

❑ **excluding(object:T):Set(T)** 如果 object 不在 self 中存在的话，将 object 从 self
中删除。示例如下：

```
set{1,2,5}->excluding(5) = set{1,2}
```

❑ **intersection(bag:Bag(T)):Bag(T)** 描述 self 集与 bag 的交集，返回一个 Bag 型。
示例如下：

```
set{'Jim', 'Tim'}->intersection(bag{'Tim'}) = bag{'Tim'}
```

❑ **intersection(set:Set(T)):Set(T)** 描述 self 集与 set 的交集，返回一个 set 型。示例
如下：

```
set{'Jim', 'Tim'}->intersection(bag{'Jim'}) =set{'Jim'}
```

❑ **select(OclExpression)** 返回 set 中表达式为真的元素组成的 set。示例如下：

```
set{1,5,6}->select(x>3) = set{5,6}
```

❑ **reject(OclExpression)** 返回 set 中表达式为假的元素组成的 set。示例如下：

```
set{1,5,6}->reject(x<3) = set{5,6}
```

❑ **symmetricDifference(s:Set(T)):set(T)** 由 self 和 s 中所有元素组成的集，但不包
含 self 和 s 中共有的元素。示例如下：

```
set{'Jim', 'Tim'}->symmetricDifference(set{'Jim', 'Gim'}) = set{'Tim',
```

```
'Gim'}
```

❑ **collect(OclExpression)**   返回对 set 中每个成员应用表达式所得到的所有元素组成的 set。示例如下：

```
set{-1,1,5,6}->collect(x<3 and x>0) = set{1}
```

❑ **asBag()**   返回包含 self 中所有元素的一个 Bag。示例如下：

```
set{1,5,6}->asBag() = Bag{1,5,6}
```

❑ **asSequence()**   返回包含 self 中所有元素的一个 Sequence，这些元素没有顺序。示例如下：

```
set{1,5,6}->asSequence() = sequence{1,5,6}
```

15.6.5 Bag 类型

袋子（Bag）是允许元素重复的集合。一个对象可以在袋子中出现多次，袋子中的各元素没有顺序。袋子本身是元类型 BagType 的一个实例。定义在 Bag 类型上的操作与 Set 类型上的操作大致相同，如下所示。

❑ **=(bag:Bag(T)):Boolean**   如果 self 和 bag 中的元素相同，且各元素出现的次数也相同，那么结果返回"真"，否则返回"假"。

❑ **union(bag:Bag(T)):Bag(T)**   self 与 bag 的并集，结果返回一个 Bag。

❑ **union(set:Set(T)):Bag(T)**   self 与 set 的并集，结果返回一个 Bag。

❑ **intersection(bag:Bag(T)):Bag(T)**   self 与 bag 的交集，返回一个 Bag 类型。

❑ **intersection(set:Set(T)):Set(T)**   self 与 set 的交集，返回一个 Set 类型。

❑ **including(object:T):Bag(T)**   如果 self 中不包含 object，那么将 object 添加到 self 中所有元素之后组成新的袋子。

❑ **excluding(object:T):Bag(T)**   如果 self 中包含 object，那么将 object 从 self 中删除，组成新的袋子。

❑ **count(object:T):Integer**   返回 self 中 object 元素出现的次数。

❑ **asSequence():Sequence(T)**   包含 self 中所有元素的一个 Sequence，这些元素没有顺序。

❑ **asSet():Set(T):**   包含 self 中所有元素的一个 Set，这些元素没有重复。

15.6.6 Sequence 类型

Sequence 类型和 Bag 类型相类似，也可以包含重复元素，不过 Sequence 类型中的元素是有序的。定义在 Sequence 类上的操作一部分与 Set 和 Bag 相同，但也具有自己独特的操作，如下所示。

❑ **=(s:Sequence(T)):Boolean**   如果 self 中包含元素与 s 中元素相同，而且顺序也一样，则其返回值为"真"，否则返回值为"假"。示例如下：

UML 建模、设计与分析标准教程（2013—2015 版）

```
sequence{1,5,6,1,3}->=(sequence{1,5,6}) = False
```

❑ **count(object:T):Integer** self 中元素 object 出现的次数。示例如下：

```
sequence{1,5,6,1,5,1}->count(1) = 3
```

❑ **union(s:Sequence(T)):Sequence(T)** self 中所有元素与 s 的并集，并且顺序不变。s 中元素跟在 self 元素后面，组成新的 Sequence。示例如下：

```
sequence{1,5,6}->union(sequence{1,6}) = sequence{1,5,6,1,6}
```

❑ **append(object:T):Sequence(T)** 追加元素 object 于 self 集所有元素之后，组成新的 Sequence。示例如下：

```
sequence{1,5,6}->append(7) = sequence{1,5,6,7}
```

❑ **prepend(object:T):Sequence(T)** 追加元素 object 于 self 集所有元素之前，组成新的 Sequence。示例如下：

```
sequence{1,5,6}->prepend(7) = sequence{7,1,5,6}
```

❑ **insertAt(index:Integer,object):Sequence(T)** 将元素 object 插入 self 所有元素的 index 位置，组成新的 Sequence。示例如下：

```
sequence{1,5,6}->insertAt(2,19) = sequence{1,19,5,6,}
```

❑ **subSequence(lower:Integer,upper:Integer):Sequence(T)** 将 self 中元素由起始位置 lower 到终止位置 upper 之间的元素组成新的 Sequence。示例如下：

```
sequence{1,5,6,7,4,8}->subSequence(2,5) = sequence{5,6,7,4}
```

❑ **at(i:Integer):T** 返回 Sequence 中位置为 i 的元素。示例如下：

```
sequence{1,5,6}->at(2) = 5
```

❑ **indexOf(object):Integer** 对象 object 在 Sequence 中的位置，返回一个整数。示例如下：

```
sequence{1,5,6}->indexOf(5) = 2
```

❑ **first():T** 返回 Sequence 中第一个元素。示例如下：

```
sequence{1,5,6}->first() = 1
```

❑ **last():T** 返回 Sequence 中最后一个元素。示例如下：

```
sequence{1,5,6}->last() = 6
```

❑ **collect(OclExpression)** Sequence 中所有满足 OclExpression 元素所组成的新 Sequence 序列。示例如下：

```
sequence{1,5,6}->collect(x/3=2) = sequence{6}
```

❑ **select(OclExpression)** 其功能类似于 collect()。示例如下：

```
sequence{1,5,6}->select(x>3) = sequence{5,6}
```

- **reject(OclExpression)**　去除 Sequence 中满足 OclExpression 的所有元素组成的新 Sequence 序列。示例如下：

```
sequence{1,5,6}->reject(x>3) = sequence{1}
```

- **including(object:T):Sequence(T)**　如果序列 self 中不存在 object，则将 object 追加到 self 所有元素之后，组成新的 Sequence 序列。示例如下：

```
sequence{1,5,6}->including(7) = sequence{1,5,6,7}
```

- **excluding(object:T):Sequence(T)**　如果序列中包含 object，则从序列 self 中删除 object，组成新的 Sequence。示例如下：

```
sequence{1,5,6}->excluding(5) = sequence{1,6}
```

15.7　使用约束

　　前面介绍了大量有关 OCL 的基础知识，像语法、表达式、运算符和集合等，本节将详细介绍 OCL 的具体应用。首先是一些基本类型的约束，它们可用于构成简单约束；然后是一些使用运算符的约束，用于表达某些更复杂的特性，称为组合约束；最后是迭代约束，它可以递归地应用到一个集合的所有元素。

15.7.1　基本约束

　　约束的最简单形式是用比较两个数据项的关系运算符组成的约束。在 OCL 中对象和集合可以用运算符"="或者"<>"比较相等或者不相等，这些标准运算符可用于测试数值。

　　由于写一个表达式就能够引用模型中的任何数据项，所以许多通用模式的特性只需使用测试表达式的相等或不等就可以形式地表示，而无需使用任何其他方式。

　　例如，一个会员的级别，应该是该会员所在系统的一个级别的约束。现在用约束可以定义为：如果直接从会员找到系统，或者间接地从会员找到级别，再从该级别找到系统，将会达到同一个效果。这种约束可以定义为如下形式：

```
context Member inv:
self.user=self.level.system
```

　　上面使用的相等运算符进行测试，它可用于对象和集合，另外还有一些基本约束只能应用于集合。例如，使用 isEmpty 可以测试一个集合是否为空，当然也可以约束集合的长度为零来实现。

　　假设现在要约束会员的符号必须大于 1000，通常可以定义一个集合，然后形式化地表示为：该集合包含了除这个特性之外的所有特性并约束这个集合为空。下面给出了两种表示方式：

UML 建模、设计与分析标准教程（2013—2015 版）

```
context System
inv:member->select(grade()>1000)->isEmpty
inv:member->select(grade()>1000)->size=0
```

在 OCL 中使用 include 操作可以约束指定对象是一个集合的成员。例如，在商城系统中一个基本的完整性约束是，每个会员的级别是与该会员相关的级别集合中的一个成员。约束的定义如下：

```
context System inv:
member.grade->includes(contract.grade)
```

与 include 类似的还有 includeAll 操作，它是以集合作为它的参数，而不是单个对象。因此，它相当于集合的一个子集操作符。例如，下面的约束指定了某个级别的会员全体都是该级别所在系统中的会员：

```
context grade inv:
system.member->includeAll(staff)
```

15.7.2 组合约束

所谓组合约束，它是在基本约束的基础上组合前面介绍的多个 OCL 运算符（像 and、or、not 等），最终构成的复杂约束表达式。

OCL 不同于大多数编程语言的是，它定义了一个表示满足预期条件的表达式。例如，假设在商城系统中有一项政策，即每个在线时长超过 50 的会员最低积分为 2500。这个约束用 OCL 的定义如下：

```
context member inv:
onlinetime()>50 implies contract.grade.scores>2500
```

15.7.3 迭代约束

迭代约束与 select 操作类似，都是定义在集合上的运算符，返回的结果由应用表达式到该集合的每个元素所确定。即，迭代约束返回的是对每个元素应用表达式的结果。

例如，forAll 操作表示的是：如果将它应用于集合的每个成员，指定的布尔表达式为真，那么该操作返回 TRUE，否则返回 FALSE。下面的示例演示了使用 forAll 操作约束在商城系统中每一个级别必须至少包含一个会员：

```
contenxt System inv:
self.grade->forAll(g|not g.contract->isEmpty())
```

与 forAll 互为补充的是 exists 操作，它表示的是：如果对该集合中的至少一个元素应用表达式的结果为真，则返回 TRUE；如果对该集合的所有元素应用表达式，结果均为假，则返回 FALSE。下面的示例演示了约束每个部门必须有一位负责人：

```
context System inv:
staff->exists(e|e.manager->isEmpty())
```

如果要定义一个应用于类所有实例的约束，可以不用 forAll 操作。因为对于类的约束，本身就是应用到该类的所有实例。例如，下面的约束指定对于商城系统中的每一个会员的初始积分大于 1000：

```
context Member inv:
scores>1000
```

上述示例说明了，在简单的情况下要为一个特性的类定义约束，没有必须使用 forAll 应用集合。

OCL 还定义了一个 allInstances 操作，该操作应用于一个类型名称，返回的是该类型名称所对应类型的所有实例组成的集合。下面使用 allInstances 操作重写上面的约束：

```
context Member inv:
Member.allInstances->forAll(g | g.scores>1000)
```

如上述代码所示，在这种情况下使用 allInstances 使约束更加复杂。然而在某些情况下使用 allInstances 操作却是必要的。一个常见的示例是定义一个约束必须系统地比较不同的实例，或者一个类的值。例如，下面的约束定义任何两个级别所需的会员积分都不相同。

```
context Member inv:
Member.allInstances->forAll(g:Member| g<> self implies g.scores<>
self.scores)
```

上面的约束会隐含地应用到会员级别的每个实例，其中 self 指的是上下文的约束。这个约束通过反复应用 allInstances 所形成的集合将上下文对象与该类的每个实例相比较。

15.8   对象级约束

所谓对象级约束是指对一个对象的属性、操作等与对象有关的特性进行限定。在 OCL 中实现这种约束通常有 4 种方式，分别是：常量、前置和后置条件，以及 let 约束，下面详细介绍他们。

15.8.1   常量

常量通常附加在模型元素上，它规定的约束条件通常需要该模型元素的所有实例都满足。例如，对于会员类来说，每个会员的编号必须是唯一的。因此附加在 Member 类上的约束可以如下表示。

```
context Member inv:
self.allInstances->forAll(s1,s2|s1<>s2 implies s1.id<>s2.id)
```

上述语句中的 inv 是表示常量的关键字，它指出冒号后面是不变的量。常量对于该模型元素的实例在任何时刻都应该为真（TRUE）。

15.8.2 前置和后置条件

前置条件表示的是操作开始执行前必须保持为真的条件，后置条件指的是操作成功执行后必须为真的条件。使用前置条件和后置条件的一般形式如下所示。

```
context operateName(parameters) :return
pre:constraint
post:constraint
```

在实际应用中可以灵活使用一般形式。前置条件和后置条件不一定同时存在，可以只存在前置条件也可以只存在后置条件。如下面的一段 OCL 语句：

```
context Book::setBookStatus():Boolean
pre : status=BookStatus::Borrowed or status=BookStatus::Free
```

上面语句是对 Book 类中 setBookStatus()操作的约束，返回一个 Boolean 类型。语句中只有前置条件，并且使用了多个"::"。第一个"::"用于指定操作所属的类，前置条件中 BookStatus 是一个枚举型，Borrowed 和 Free 是枚举型的可取值。第二次"::"是标识枚举中的值。

前置条件和后置条件约束的写法也很灵活，上面的语句同样也可以写成下面两种表达形式：

```
context Book::setBookStatus():Boolean
pre :
status=" Borrowed " or status= " Free "

context Book::setBookStatus():Boolean pre :
status=" Borrowed " or status= " Free "
```

上面讲述的一些规则对于后置条件同样适用。后置条件表示为操作完成时检测该操作的结果值和模型的状态。例如，在 OCL 表达式中操作 setBookStatus()将属性值改变为 BookStatues :: None，当操作完成时，对该改动的检测结果应该是 Ture。如下面的语句所示：

```
context Book::setBookStatus():Boolean
post: status=BookStatues :: None
```

在 OCL 中还支持使用约束的名字。对于前置条件或后置条件而言，约束名字位于前置条件或后置条件关键字之后、冒号之前，语句中黑体 success 即为约束名字。如下所示：

```
context Book::ReturnBook():Boolean
post success :CurrentBookStatues.status=BookStatues ::Free
```

15.8.3 let 约束

let 表达式附加在模型元素的属性上，它通常用于定义约束中的一个变量。例如，一个学生的综合评分（totalscore）属性是由成绩（score）和附加分（addscore）组成的。因此对于学生的综合评分应该满足如下约束：

```
context Student inv:
let totalscore:integer=self.score->sum
if noAddscore then
    totalscore<=80
else
    totalscore>=20
endif
```

上述代码，使用 let 表达式结合 if else endif 组成了综合评分的约束条件。

15.9　消息级约束

OCL 支持对已有操作的访问，也就是说，OCL 可以操作信号和调用信号来发送消息。针对信号的操作，OCL 提供了 3 种机制。

❑ **第一种机制 "^"**　　"^" 为 hasBeenSent 已经发送的消息。该符号表示指定对象已经发送了指定的消息。

❑ **第二种机制 OclMessage**　　OclMessage 是一种容器，用于容纳消息和提供对其特征的访问。

❑ **第三种机制 "^^"**　　它是已发送符号 "^" 的增强形式，允许访问已经发送消息的集合，所有的消息被容纳在 OclMessage 中。

使用 "^" 符号可以确定消息是否已经发送。此时需要指定目标对象、"^" 符号和应该被发送的消息。例如，当某个代理操作 terminate() 完成执行时，该代理的当前合约应该已经发送消息 terminate()。也就是说，当系统中止一个代理时，就必须确保代理的合约也被中止。如下面语句所示：

```
context Agent:terminate()
post:currentContract()^terminate()
```

消息可以包含参数，当操作指定参数时，表达式中传递的值必须符合参数的类型。如果参数值在计算表达式之前未知，就在该参数的位置上使用问号并提供其类型，如下面语句所示。

操作声明：

```
Agent terminate(date:Date,vm:Employee)
Contract terminate(date:Date)
```

OCL 表达式：

```
context Agent:terminate(?:Date,?:Employee)
post:currentContract()^terminate(?:Date)
```

上面语句表示消息 terminate() 已经被发送到当前的合约对象，但这里没有给出参数的具体含义，此时不用关心参数值是什么。

"^^" 消息运算符支持对包含已发送消息的 Sequence 对象的访问。该集合中所有消息都在一个 OclMessage 之内。如下面语句所示：

```
context Agent:terminate(?:Date,?:Employee)
post:currentContract()^^terminate(?:Date)
```

上面语句中表达式产生一个 Sequence 对象，该对象容纳在对代理执行 terminate 操作期间发送到与代理实例相关联的所有合约的消息。

OCL 提供了 OclMessage 表达式，用于访问消息自身。OclMessage 实际上是一个容器，提供一些有助于计算操作执行的预定义操作，如下所示。

- **hasReturned()** 布尔型。
- **result()** 被调用操作的返回类型。
- **isSignalSent()** 布尔型。
- **isOperationCall()** 布尔型。

使用 OclMessage 可以访问被使用 "^^" 消息运算符的前一个表达式返回的消息。为建立 OclMessage，使用 let 语句创建类型为 Sequence 的变量来容纳从 "^^" 消息运算符得来的该 Sequence。

运算声明如下：

```
Agent terminate(date:Date,vm:Employee)
Contract terminate(date:Date)
```

OCL 表达式如下：

```
context Agent::terminate(?:Date,?:Employee)
post:let message:Sequence(OclMessage)=
contracts^^terminate(?:Date) in
message->notEmpty and
message->forAll(contract|
contract.terminateionDate=agent.terminationDate and
contract.terminateionVM=agent.terminationVM)
```

该表达式计算发送到所有合约的消息，以检查日期和剧院经理属性是否已被正确设置到与代理中的值相一致。

在 OCL 表达式中，操作和信号之间的一个重要区别是操作有返回值，而信号没有返回值。这里再次说明 "." 和 "->" 的使用场合："." 是在调用对象的属性时使用；而 "->" 符号是在 Collection 类型包括 Bag、Set 和 Sequence 调用特性或操作时使用。

OCL 语法提供了 hasReturned()操作来检查某个操作是否完成执行。当 hasReturned() 操作的结果为 "真" 时，由于操作产生的值是可以访问的，因此 OCL 表达式可以继续；如果 hasReturned()操作结果为 "假" 时，表示检测不到操作的结果，OCL 表达式应该中止。上面语句中，如果操作没有完成执行，语句 message->notEmpty 之后将引用不存在的值，添加 message.hasReturned()操作将阻止以下语句在没有可以引用的值时执行。

```
context Agent::terminate(?:Date,?:Employee)
post:let message:Sequence(OclMessage)=
contracts^^terminate(?:Date) in
```

```
message.hasReturned() and
message->motEmpty and
message->forAll(contract|
contract.terminateionDate=agent.terminationDate and
contract.terminateionVM=agent.terminationVM)
```

15.10   约束和泛化

使用泛化关系时不会引发对象之间任何可导航的关系，所以泛化在约束中的作用并不明显。但是在某些情况下，需要约束引用对象在运行时的类型时，泛化可能会使定义的约束非常复杂。

例如，考虑图 15-2 所示的多态示例图，在这里的会员可以有多个不同的收货地址。假设，商城对会员有一个限制，即在这些收货地址中必须有一个是默认的。

此时，通过约束的形式来表示这个限制。但是，在前面的内容中并没有 OCL 表示这个限制的方法。因为在图 15-2 中一个会员对象的上下文导航跨过关联提供给对象集合，因此需要另外一种方式确定这些对象运行时的类型。

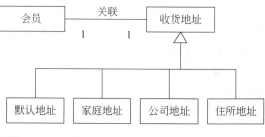

图 15-2   收货地址多态示例图

OCL 中定义了一个 ocllsTypeOf 操作，它以类型作为参数，并且只有该对象的实际类型与指明的类型相等时才为真。使用这个操作，所要求的约束可以使用如下表示方式：

```
Context Member inv:
Address->size>0 implies
Address->select(ocllsTypeOf(DefalutAddress))->size=1
```

约束中运行时的类型信息还有另外一种用文本形式表达模型中并行结构之间必须保持的约束。如图 15-3 所示的情况，该商城针对两类不同的会员并对每类会员提供了适应其特殊需要的账户类型。

在这种情况下，常常要限制这些子类之间的连接。例如，该商城要求只有普通会员才能成为个人账户，只有 VIP 会员能成为企业账户，这个要求可以用两个底层关联取代会员与账户的关联。此时就可以用另一种方式的约束来表达这种实例所具有的特性。

图 15-3   并行泛化示例图

在 OCL 中类似这种约束可以使用 oclType 操作表示。它表示的是，当此操作应用于一个对象时即返回该对象的类型。下面使用这个操作约束普通会员（Member）必须是个人账户（PersonalAccount）：

```
Context Member inv:
```

15.11　思考与练习

一、填空题

1．OCL 从两个层次定义了对象约束语言的结构,其中_____层次的语法定义 OCL 概念和应用该概念的规则。

2．在 OCL 的固化类型中使用_____表示前置条件。

3．假设要使用后置条件约束 price 必须大于零,语句是_____。

4．OCL 标准库中所有集合类型的父类是_____。

5．OCL 中的_____操作应用于一个类型名称,返回的是该类型名称所对应类型的所有实例组成的集合。

二、选择题

1．下列不属于 OCL 功能的描述是_____。

    A．描述系统的常量

    B．描述系统功能操作的流程

    C．描述系统建模功能的前置条件

    D．描述从控制点到另一对象的转移

2．OCL 表达式的_____是对计算该表达式对象的引用。

    A．自身实例

    B．上下文类元

    C．位移

    D．元组

3．在 OCL 库使用_____类型代表数学中实数的概念。

    A．Real

    B．Integer

    C．Float

    D．Double

4．下列不属于 Collection 类子类的是_____。

    A．Bag

    B．List

    C．Set

    D．Sequence

5．表达式"uml.toUpper()"的结果是_____。

    A．UML

    B．Uml

    C．uml

    D．uML

6．下面关于集合的操作不正确的是_____。

    A．Bag{ 'A', 'B', ' C'}

    B．(set{1,2,3,2,4,5})->count(2)

    C．collection->excludes('Gim')

    D．collection->hasReturned()

一、简答题

1．简要描述对象约束语言。

2．介绍对象约束语言的结构。

3．简单说明 OCL 中的固化类型。

4．列举几个 OCL 中的关键字。

5．举例说明 let 和 def 的使用方法。

6．简单介绍 Collection 类型。

二、计算题

1．计算

(set{True,False,True,False})->union(bat{True})

2．计算

(set{'Tom', 'Rock', 'Basket'})->including('Jim')

3．计算

(set{'Tom', 'Rock', 'Basket'})->excluding('Tom')

4．计算

(set{1,2,3,6,7})->asBag()

5．计算

(bag{'Tom', 'Tom', 'Tom'})->asSet()

6．计算

(bag{True,False,False,True})->intersection(bag{True})

7．计算

(sequence{'T', 'B', 'A', 'N'})->first

8．计算

(sequence{'T', 'B', 'A', 'N'})->last

9．计算

(sequence{'T', 'B', 'A', 'N'})->append('Z')

10．计算

(sequence{'T', 'B', 'A', 'N'})-> prepend('Z')

11．计算

set{1,5,2,6,4,20}

collection->iterate(elem;

number:Integer=0|number+1)

12. 计算

(sequence{-1,-2,7,9,8,2,5})->collect(elem<5 and elem>0)

三、阅读

1. 阅读下面的语句，并回答语句后面的问题。

```
context Compiler inv:
   System::OSVersion>=2000
   System::FreeHDSpace>=1500
   Libraries->includes
   (CoreLibraries)
context Complier::Compile
(projectName,files,options):
Success
   pre:projectName.size<>0
   pre:files.size<>0
   pre:if(options->includes
   (debug)) then options->
   includes(debugversion)
   post:(Success=True) or
```

```
((Success=False) and (Errors::
Description=self.Error))
```

（1）列出不变量约束。
（2）列出前置条件。
（3）列出后置条件。

2. 阅读下面的语句，并回答后面的问题。

```
Let 定义变量    def 定义属性或操作
context File
inv:let legthOfFileName:Integer
   if (lengOfEmployment = 0)
   then showMessage(Error)
   endif
context Project
   def:attr projectName:String
   def:oper getProjectNmae()
   :String
```

（1）列出上面语句中定义的变量。
（2）说明变量的作用范围。
（3）列出语句中定义的属性及其类型。
（4）列出语句中定义的操作及其返回类型。

第16章

基于 C++的 UML 模型实现

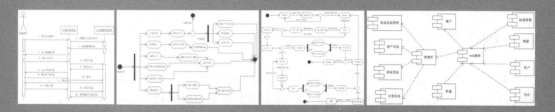

    UML 的作用是对软件系统进行分析，并建立各种模型图，但是这样的系统还不能执行。为了使系统可以执行，必须对模型进行转换，并使用程序设计语言进行实现。

    目前，有些 UML 建模工具（像 ROSE）可以根据模型图自动生成软件系统的主要框架代码，然后开发人员在此基础上编写实现代码。

    本章以面向对象的代表语言——C++为例，讲解 UML 模型转换为实现的原理和方法，包括：实现类，泛化的实现，类之间各种关联的实现，以及接口等。

本章学习要点：

➤ 掌握将模型元素转换为 C++类、属性和方法的步骤

➤ 掌握泛化关系的 C++实现

➤ 掌握单向和双向关联的 C++实现

➤ 掌握强制、可选和多选关联的 C++实现

➤ 熟悉有序关联的 C++实现

➤ 了解受限强制、可选和多选关联的 C++实现

➤ 熟悉 UML 中接口、枚举、包和模板的 C++实现

UML 模型图中的很多元素可以用面向对象程序设计语言直接实现,像类图中类可以作为 C++ 的类实现,泛化可以用继承实现等。

为了方便描述,下面将 UML 类图中类称为 UML 类,将 C++ 中的类称为 C++ 类。在 C++ 中一个类一般由数据成员集合、成员函数声明集合、可见性与类名 4 部分组成。各部分含义如下。

- ❏ **数据成员集合** 即属性集合,一个类可以没有或者包含多个数据成员。
- ❏ **成员函数声明集合** 即 C++ 类中声明的函数原型的集合,实际上描述了一个类的对象所能提供的服务。一个类可以没有或者包含多个函数原型。
- ❏ **可见性** 成员的可见性分为私有(Private)、受保护(Protected)和公有(Public)3 种类型。其中私有成员仅在本类中可见,受保护成员在本类及子类中可见,公有成员在所有类中可见。
- ❏ **类名** C++ 中的类等同于类型,类名实际上是类型声明符,可用它来声明对象。

16.1.1 类

C++ 类的定义由类头和类体两部分组成,类头通常放在扩展名为.h 的文件中,而类体放在扩展名为.cpp 的文件中。因而,在将 UML 模型中的类转换为 C++ 类时,应分别创建一个.h 文件和.cpp 文件,在.h 文件中给出数据成员和成员函数的声明,而在.cpp 文件中编写类体的框架,类体中的某些具体实现细节由开发人员添加。

如图 16-1 所示为 UML 模型中的学生类,该类有学号和姓名两个属性,以及学习操作,其中属性为私有的,操作为公有的。

该类转换成 C++ 类的代码如下所示:

学生
- 学号 : int - 姓名 : string
+学习()

图 16-1　学生类

```cpp
//Student.h
class Student
{
  public:
    Student();
    ~Student();
    void study();        //表示学习操作
  private:
    int ID;              //表示学号属性
    string Name;         //表示姓名属性
};
//Student.cpp
#include "Student.h"
Student::Student()
{
```

```
    ...
}
Student::~Student()
{
    ...
}
void Student:: study ()
{
    ...
}
```

C++类 Student 由头文件 Student.h 和实现文件 Student.cpp 组成。在头文件中给出了数据成员 ID 和 Name 的定义，以及成员函数（方法）study()的原型声明；在实现文件中给出了成员函数的框架。

16.1.2 实现原理

上节给出的示例只是非常简单的情况，关于 UML 类（UML 模型中的类）向 C++类（用 C++语言定义和实现的类）的转换，还有一些较复杂的细节，本节将详细介绍。

在 UML 模型中，符号"+"可以表示类中的特性和操作对外部可见，符号"–"表示只在本类中可见，符号"＃"表示只在本类以及本类的派生类中可见。相应地，在 C++语言中，关键字 public、private 和 protected 可用来表示类中数据成员或者成员函数的可见性。

在 UML 模型中，如果属性带有下划线，则表示该属性为静态属性。这一类静态属性拥有单独的存储空间，类的所有对象都共享该空间。静态属性的定义必须出现在类的外部，并且只能够定义一次。类似地，如果 UML 类中的操作带有下划线，则表示该操作为静态操作。这一种操作是为类的所有对象而非某些对象服务的。静态操作将转换为 C++类中的静态成员函数，它们不能访问一般的数据成员，只能访问静态数据成员或者调用其他的静态成员函数。在 C++中，关键字 static 可用来说明静态数据成员或者静态成员函数的作用域。

在 UML 模型中，如果类的操作名以斜体表示或者操作名后面的特性表中有关键字 abstract，则表示该操作为抽象操作。该类操作在基类中没有对应的实现，其实现是由派生类去完成的。包含抽象操作的类是不能被实例化的抽象类。在 C++中，与抽象操作对应的机制为虚函数。

如果 UML 类的名字以斜体表示，或者类名之后的特性表中具有关键字 abstract，则该类就是抽象类。这时，如果该类中不包含抽象方法，在用 C++实现时应将构造函数的可见性设为 Protected 类型。

UML 类中操作名后的特性表中可能具有关键字 query 或者 update，如果 query 为真，则表明该操作不会修改对象中的任何属性，也就是说，该操作只对对象中的属性进行读操作；如果 update 为真，则表示该操作可对对象中的属性进行读访问和写访问。相应地，在 C++中，如果一个成员函数被声明为 const 函数，那么该函数就只能对对象中的数据成员进行读操作。而如果成员函数没有被声明为 const 函数，则该函数将被看作要修改对象的数据成员。

UML 类中的操作可以有 0 个或者多个形式参数，参数可用如下关键字。

❏ **in 关键字** 表示在方法体内只能对其进行读访问。

❏ **out 关键字** 表示在方法体内可对其进行写操作，该参数为输出参数。

❏ **inout 关键字** 表示在方法体内可对该参数进行读写操作。

在 C++中，可使用关键字 const 来规定函数参数的可修改性。如果用 const 对某个函数形参进行限制，那么在函数体内就不能再对其进行写访问，否则，编译程序就会报错。

如果在 UML 类中没有使用<<constructor>>和<<destructor>>修饰操作，则通常会自动生成默认的构造函数与析构函数。在 C++中，复制构造函数使用相同类型的对象引用作为它的参数，以用于根据已有类创建新类。如果 UML 类中具有抽象操作，也就是对应的 C++类中包含虚函数，则在转换时应自动生成虚析构函数。

综上所述，在将 UML 类转换为 C++类时，可遵循如下所示的规则。

❏ 可将 UML 类中的 "+"、"–" 和 "#" 修饰符分别转换为 C++类中的 public、private 和 protected 关键字。

❏ 将 UML 类中带有下划线的特性或者操作转换为 C++类中的静态数据成员或者静态成员函数。

❏ 从 UML 类转换而成的 C++类中应该具有默认的构造函数和析构函数。

❏ 如果 UML 类中操作的特性表中具有关键字 abstract 或者操作名用斜体表示，那么就应将该操作转换为 C++类中的纯虚成员函数，相应的析构函数应为虚析构函数。

❏ 如果 UML 类中操作的特性表中 query 特性为真，则应将该方法转换为 C++类中的 const 成员函数。

❏ 如果 UML 类中操作的特性表中 update 特性为真，则应将该方法转换为 C++类中的非 const 成员函数。

❏ 如果 UML 类的名字以斜体表示或者类名后的特性表中具有 abstract 关键字，则应将相应构造函数的可见性设置为 Protected。

通常情况下，在 UML 模型中，不仅包含若干个类，而且类与类之间还存在这样那样的关系，例如关联关系、聚合关系、泛化关系等，这时，不仅需要将 UML 类转换为 C++类，而且还需要转换类与类之间的关系。

16.2 泛化关系的实现

UML 模型中的泛化关系在 C++中是通过继承机制实现的。继承是一种代码共享、代码复用和代码扩展的机制。通过使用继承，可以在父类（基类）的基础上定义子类（派生类），子类继承了父类的数据成员和成员函数。除此之外，子类还可以添加其特有的数据成员和成员函数。在子类中，也可以对从父类继承的成员函数进行修改，也就是 C++的虚函数机制。在父类中将一个成员函数声明为虚函数后，在该类的子类中就可以为这个虚函数重新指定函数体。

子类继承父类的方式可以是公有的、私有的和受保护的，在用 C++代码实现 UML
类图中的泛化关系时，通常使用公有继承方
式。如果派生类沿多条途径从一个根基类继
承数据成员和成员函数，为确保派生类中只
有一个虚基类子对象，在用 C++实现类图中
的泛化关系时，通常都使派生类以 virtual 方
式从基类中继承。

如图 16-2 所示，"油电混合型"的基类
是"电动型"类和"汽油型"类，而"电动
型"类和"汽油型"类的基类是"助力车"
类。在转换时，如果不使用 virtual 方式从基
类中继承，那么"油电混合型"类将把"助
力车"类的数据成员和函数成员继承两次，
从而会出现问题。

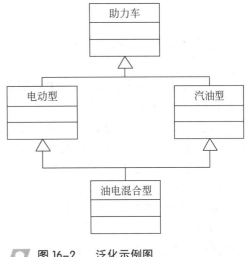

图 16-2 泛化示例图

转换后，"油电混合型"类 MixModelCar
的头文件如下：

```
// MixModelCar.h
#include "GasolineModelCar.h"
#include "ElectricModelCar.h"
...
class MixModelCar:virtual public GasolineModelCar,
virtual public ElectricModelCar
{
    ...
}
```

注 意

如果某个类有派生类，则该类的析构函数应为虚析构函数；否则，如果基类指针指向了派生类对象，
在执行 delete 操作时派生类的析构函数将不会被调用。

16.3 实现关联

在 UML 中的关联可通过嵌入指针实现，也可通过语言提供的关联对象来实现。由
于 C++和大多数语言一样，没有提供关联对象。因此，在将 UML 类转换为 C++类时，
类之间的关联关系可以用嵌入指针来实现。

在转换时，关联端点上的角色名可实现为相关类的属性（对象指针），可见性通常使
用 Private。关联角色在类中的具体实现受关联多重性的影响，可分为以下 3 种情况。

❑ 如果多重性为 1，则相应类中应包含一个指向关联对象的指针。

❑ 如果多重性大于 1，在相应类中应包含由关联对象指针构成的集合。

❑ 如果关联多重性大于 1 而且有序，则相应类中应包含有序的关联对象指针集。

除此之外，相应的类中还应包含对指针进行读写的成员函数，以维护类之间的关联关系。

16.3.1　基本关联

这里的基本关联指的是单向关联和双向关联，下面将详细介绍如何使用C++语言来实现它们。

对于单向关联，在实现时可将关联角色作为位于关联尾部的类的属性，并且还应在相应类中包含对该属性进行读写的函数。

对于双向关联，在实现时可将关联角色作为所有相关类的属性，并在每个类中都包含对这些属性进行读写的函数，还要将每个类都声明为其他类的友元类。

如图 16-3 所示顾客和商品之间的关系就是一个二元关联。根据上面的描述顾客类 Customer 和商品类 Product 的 C++实现如下所示：

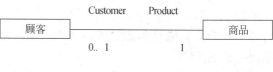

图 16-3　顾客与商品之间的关系

```cpp
//文件名：Customer.h
class Customer                          //顾客类
{
    friend class Product;
 public:
    ...
    void setProduct (Product*newProduct);
    const Product* getProduct()const;

 protected:
    ...
 private:
    ...
    Product *ProductPtr;
};
//文件名：Product.h
#ifndef Customer_H
#include "Customer.h"
#endif
class Product                           //商品类
{
    friend class Customer;
 public:
    ...
    void setCustomer (Customer *newCustomer);
    const Customer* getCustomer () const;

    ...
 protected:
```

UML 建模、设计与分析标准教程（2013—2015 版）

```
    ...
  private:
    ...
    Customer* CustomerPtr;
};
...
```

16.3.2　强制对可选或者强制关联

如图 16-4 所示是图书与借阅记录之间的强制对可选关联，表示一本图书可以没有借阅记录，有且最多只能有一条借阅记录。

在实现这种强制对可选关联时，需要在 Book 类添加一个指向 Record 类对象的指针，而在 Record 类中也应该添加一个指向 Book 类对象的指针。在该关联中，Book 类对 Record 类而言是强制的，因此在创建 Record 类对象时应在其中设置指向 Book 类对象的指针，并且应当在 Record 类的构造函数中进行。

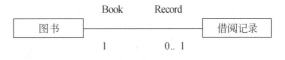

图 16-4　强制对可选关联

用 C++语言实现 Record 类的头文件如下所示：

```
//文件名：Record.h
...
class Record
{
    friend class Book;
  public:
    Record (const Book& book);
    ...
};
```

假设类 Book 的一个对象以强制对可选的方式与类 Record 的对象关联，那么在更新时，应先将类 Record 的对象和未与任何类 Record 的对象关联的类 Book 的对象关联起来，然后，将原类 Book 对象中指向类 Record 对象的指针置空。

如图 16-5 所示是订单与收货人之间的强制对强制关联关系，表示一个订单有且只能有一个收货人。如果要实现如图 16-5 所示的强制对强制关联，Order 类和 Address 类中都应包含一个指向对方对象的指针。因为从 Order 类到 Address 类和

图 16-5　强制对强制关联

从 Address 类到 Order 类的关联都是强制的，所以在这两个类中都应包含以对方的对象为参数的构造函数，以确保关联的语义。但是这在逻辑上又是行不通的，因此应当在其中一个类中包含一个不以另一个类的对象为参数的构造函数。此时，关联的语义将由开发人员来确保。

16.3.3　可选对可选关联

　　如图 16-6 所示 ClassA 类和 ClassB 类之间存在可选对可选关联关系。在将这种关联
关系使用 C++实现时，这两个类中都应包含一个
指向对方对象的指针；而如果要更新这种关联，
则应先删除原有的关联。

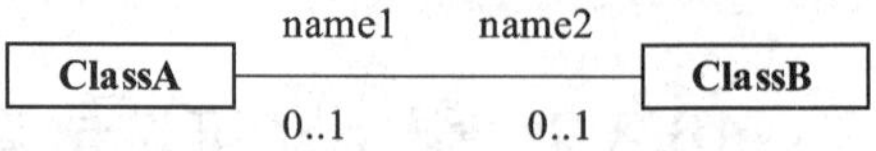

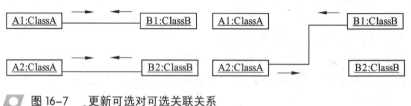

图 16-6　可选对可选关联

　　当更新这种关联关系时，首先应该删除原来
的关联，然后才能建立新的关联。例如，在图 16-7
中对象 A1 与 B1 之间、A2 与 B2 之间原来都具有可选对可选关联关系（图中的箭头表示
指针）。

　　假设，现在
要在对象 A2 和
B1 之间建立可
选对可选关联关
系，采取的步骤
如下所示。

图 16-7　更新可选对可选关联关系

　　（1）把对象 A1 中指向 B1 的指针置空。
　　（2）把对象 B2 中指向 A2 的指针置空。
　　（3）把对象 A2 中指向 B2 的指针修改为指向对象 B1。
　　（4）把对象 B1 中指向 A1 的指针修改为指向对象 A2。

16.3.4　可选对多关联

　　如图 16-8 所示 ClassA 类和 ClassB 类之间具有可选对多的关联关系。在将这种关联
用 C++实现时，需要在类 ClassA 中添加指向类
ClassB 对象的指针集合，向类 ClassB 中添加一个
指向类 ClassA 对象的指针。

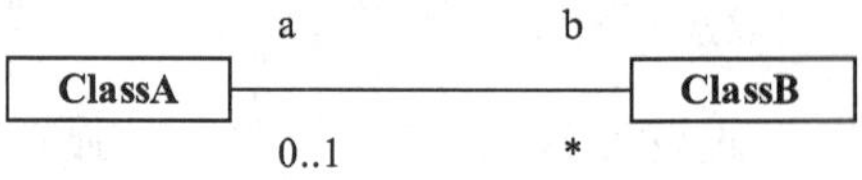

　　如果要更新这种关联关系，应当先删除 ClassB
类的对象与 ClassA 类的旧对象之间的关联关系
（假设它原来与
ClassA 类的其他对
象之间具有关联关
系），然后将一个指
向 ClassB 类对象
的指针加入到
ClassA 类的某个对
象的指针集合中。

图 16-8　可选对多关联示例

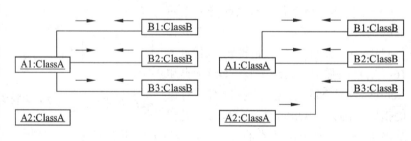

图 16-9　更新可选对多关联关系

　　如图 16-9 所
示对象 A1 中包含了指向对象 B1、B2 和 B3 的指针集合，对象 A2 中的指针集合为空。

假设要在对象 A2 和 B3 之间建立关联关系，可采用如下所示的步骤。

（1）将指向对象 B3 的指针从 A1 的指针集中删除。

（2）将 B3 中指向 A1 的指针改为指向对象 A2。

（3）将一个指向 B3 的指针添加到 A2 的指针集中。

对于更新，在 C++中可以使用标准模板库中提供的 set 来实现指针集。此时，ClassA
类的头文件如下所示：

```
//ClassA.h
#include <set>
#include "ClassB.h"
using namespace std:
...
class ClassA
{
    friend class ClassB;
 public:
    ClassA();
    ~ClassA();
    ...
    const set<ClassB*>& getptrSet() const;
    void addClassB(ClassB* b);
    void removeClassB(ClassB* b);
    ...
 private:
    set<ClassB*> ptrSet;
};
...
```

16.3.5 强制对多关联

如图 16-10 所示的 ClassA 类与 ClassB 类之间具有强制对多关联关系。在实现这种
关联时，需要在 ClassA 类中添加一个指向 ClassB
类对象的指针集合，并向 ClassB 类中添加一个
指向 ClassA 类对象的指针。

这种关联关系的更新方法与可选对多关联
的方法类似，只是在这两个类中都不能有删除对
象指针的方法。

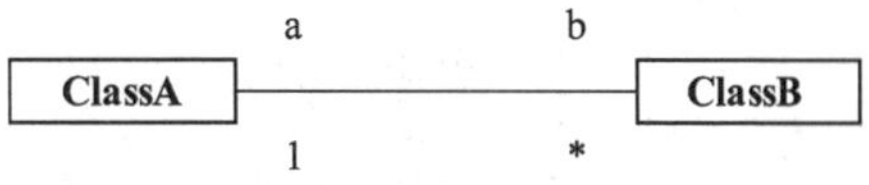

图 16-10 强制对多关联示例

16.3.6 多对多关联

在图 16-11 中，ClassA 类与 ClassB 类之间具有多对多关联关系。对于这种关系在
C++实现时，ClassA 类中应该添加一个指向 ClassB 类对象的指针集，ClassB 类中也应该
添加一个指向 ClassA 类对象的指针集。除此之外，ClassA 类中还应包含能将指向 ClassB

类对象的指针添加到 ClassA 类对象指针集中的方法，在 ClassB 类中也要包含类似的方法。

如果要修改多对多关联关系，则需要修改关联两端对象中的指针集。例如，在图 16-12 所示的关联关系中，如果要将对象 A2 和对象 B3 关联起来，可采用如下所示的步骤。

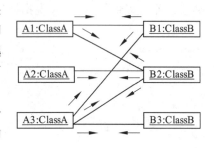

（1）将一个指向对象 B3 的指针添加到对象 A2 的指针集中。

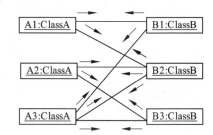

图 16-11　多对多关联示例

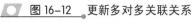

图 16-12　更新多对多关联关系

（2）将一个指向对象 A2 的指针添加到对象 B3 的指针集中。

如果要删除关联关系，也应修改关联两端对象中的指针集。

16.3.7　有序关联的实现

在图 16-13 中 ClassA 类与 ClassB 类之间存在有序的可选对多关联关系。将有序关联转换为 C++类的方法和无序关联的方法类似，但是在实现上有一些细微的区别。

在转换为 C++实现代码时可通过使用标准模板库中的 list 来实现。此时，ClassA 类的头文件如下所示：

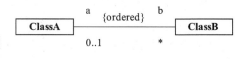

图 16-13　有序关联

```cpp
//ClassA.h
#include <list>
#include "ClassB.h"
using namespace std;
...
class ClassA
{
    friend class ClassB;
  public:
    ClassA();
    ~ClassA();
    ...
    const list<ClassB*>& getptrSet() const;
    void addClassB(ClassB* b);
    void removeClassB(ClassB* b);
    ...
  private:
```

```
        list<ClassB*> ptrSet;
};
...
```

16.3.8 关联类的实现

在图 16-14 中 Buy 类就是关联类。在实现这种关联类时，可先将该结构转换为普通关联关系表示的结构，再用 C++代码实现。图 16-14 的右侧为转换后的关联关系，可以看到其中多了两个角色名 cust_buy 和 car_buy。

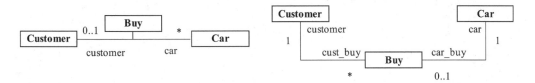

图 16-14　关联类及其实现

接下来根据前面介绍的转换规则，对 Customer 类、Buy 类和 Car 类进行实现，得出 C++代码如下：

```
//文件：Buy.h
...
class Buy                           //Buy 类
{
    friend class Customer;
    friend class Car;
  public:
    Buy(const Customer& customer,const Car& car);
    ~Buy();
    ...
    void setCustomer(Customer* newCustomer);
    const Customer* getCustomer() const;
    void setCar(Car* newCar);
    const Car* getCar() const;
  protected:
    ...
  private:
    ...
    Customer* customerPtr;
    Car *carPtr;
};
...
//文件：Customer.h
...
class Customer                      // Customer 类
```

```
{
    friend class Buy;
  public:
    ...
    const CmapPtrToPtr& getCarSet() const;
    void addCar(Buy* newCar);
  protected:
    ...
  private:
    ...
    CmapPtrToPtr car_buySet;
};
...
//文件：Car.h
...
class Car                    // Car 类
{
    friend class Buy;
  public:
    ...
    void setCustomer(Buy* newCustomer);
    const Buy* getCustomer()const;
  protected:
    ...
  private:
    ...
    Buy* cust_buyPtr;
};
...
```

16.4 受限关联的实现

　　受限关联是一种特殊的关联，在受限关联中限定符这一端类的对象中存在一张表，表中的每一项为指向另一端类对象的指针，限定符用来作为进行表查询的关键字。

　　例如，在图 16-15 所示订单类 Order 的对象中存储了指向商品类 Product 对象指针的表，其中 pid 是查询的关键字，查询后的结果是一个由指向 Product 对象的指针构成的集合。

　　一般情况下使用指针字典表示限定符端类中的表，但是在具体实现时会受到非限定符端多重性

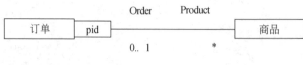

图 16-15　受限关联示例

和 C++类库的影响。在 C++标准模板库中，可以使用 map 或者 multimap 来存放<键,值>对，其中 map 的键与值是一一对应的，键是值的索引；而在 multimap 中，一个键可对应

多个值。如果非限定符端的多重性是"1,0..1"或者是"1,0..1"并且有序，可使用 Map
实现；如果非限定符端的多重性是"*"或者是"*"并且有序，则可用 multimap 实现。

限定符名称对应于指针字典中的键，数据类型则对应于键的类型。如果使用 map 实现指针字典，一个键对应一个对象指针；如果使用 multimap 实现，一个键就对应一个对象指针集。

按照上述的转换规则，图 16-15 中 Order 类的 C++头文件实现如下所示：

```
//文件名：Order.h
#include <map>
#include <set>
#include <string.h>
#include "Product.h"
using namespace std;
...
class Customer
{
  public:
    ...
    const set< Product *>& getProductSet(String pid) const;
    void addProduct (String pic, Product* newProduct);
    void removeProduct (String pid, Product* oldProduct);
    ...
  private:
    ...
    multimap<String, Product*> ProductDictSet;
}
```

在更新这种关联关系时，假设 Order 类的一个对象以强制对可选的方式和 Product 类的对象关联，那么不能将其和 Product 的新类对象关联，否则会使 Product 类原来对象上的关联关系变成单向关联。解决的方法是先将 Product 类和未与任何 Product 类关联的 Order 类的一个对象进行关联，然后将 Order 类原来对象中指向 Product 类对象的指针置空。下面详细介绍受限关联时各种情况的实现。

16.4.1 强制或者可选对可选受限关联

假设在图 16-16 中，ClassA 类和 ClassB 类之间存在强制对可选的受限关联关系。在将这种关联用 C++实现时，应在限定符一端的类中添加一个使用 map 声明的指向另一端类对象的指针字典，而在非限定符端的类中添加一个指向限定符端类对象的指针。如果要实现强制对多受限关联，则需要在限定符端的类中使用 multimap 声明指针字典。

在图 16-17 中， ClassA 类与 ClassB 类之间存在可选对可选的受限关联。在将可选对可选的受限关联用 C++实现时，应向限定符端的类中添加一个用 map 声明的指向非限定符端类对象的指针字典，并向非限定符端类中添加一个指向限定符端类对象的指针。如果要更新可选对可选受限关联，则应先删除原有的关联，再建立新关联。

图 16-16 强制对可选受限关联　　　　　　图 16-17 可选对可选受限关联

例如，在图 16-18 中 ClassA 类的对象 A1 通过键 key1 和 ClassB 类的对象 B1 关联，并通过键 key2 与 ClassB 类的对象 B2 关联。

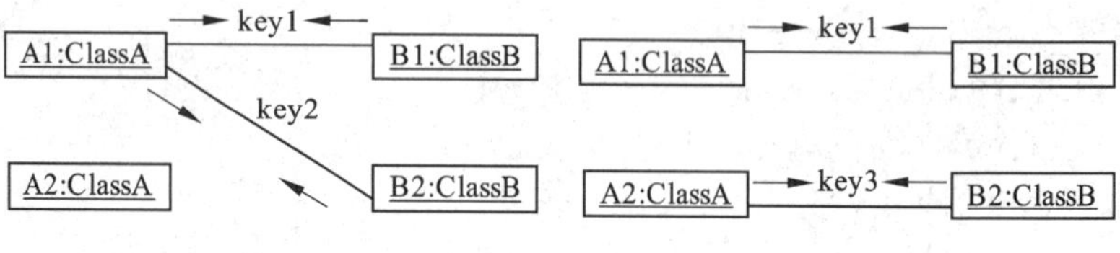

如果要将对象 A2 通过键 key3 与对象 B2 关联起来，则可采用如下所示的步骤。

图 16-18 更新可选对可选受限关联关系

（1）将键为 key2 的数据项从对象 A1 的指针字典中删除。

（2）将对象 B2 中指向对象 A1 的指针改为指向对象 A2。

（3）将一个键为 key3、值为指向 B2 的指针的数据项添加对象 A2 的指针字典中。

16.4.2　可选对强制或者可选受限关联

在图 16-19 中，ClassA 类和 ClassB 类之间存在可选对强制的受限关联，它的实现和更新方法与可选对可选受限关联类似。

在图 16-20 中，类 ClassA 和类 ClassB 之间存在可选对多受限关联，在用 C++实现时，应向限定符一端的类中添加一个用 multimap 声明的指针字典，并向非限定符端的类中添加一个指向限定符端类的对象的指针。

如果要将 ClassB 类的一个对象和 ClassA 类的一个新对象关联起来，而 ClassB 类的该对象已经与 ClassA 类的其他对象存在关联关系，则应先删除该关联。也就是说，需要从 ClassA 类的原对象的指针字典中删除指向 ClassB 类对象的指针，并将 ClassB 类对象中指向 ClassA 类对象的指针改为指向 ClassA 类的新对象。最后，再向 ClassA 类新对象的指针字典中加入指向 ClassB 类对象的指针。

图 16-19 可选对强制受限关联　　　　　　图 16-20 可选对多受限关联

在图 16-21 中，对象 A1 分别使用键 key1、key2 与类 ClassB 的对象 B1、B2 关联，对象 A2 使用键 key3 与 B3 关联。

假设，想再在

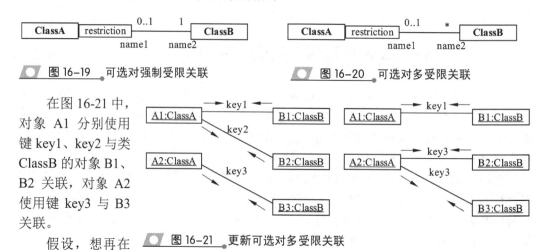

图 16-21 更新可选对多受限关联

UML 建模、设计与分析标准教程（2013—2015 版）

B2 和 A2 之间建立关联，则可采用如下所示的步骤。

（1）将键为 key2 的数据项从对象 A1 的指针字典中删除。

（2）将对象 B2 中指向对象 A1 的指针改为指向对象 A2。

（3）将一个键为 key3、值为指向对象 B2 的指针的数据项添加到对象 A2 的指针字典中。

16.4.3 多对可选的受限关联

在图 16-22 中，ClassA 类和 ClassB 类之间具有多对可选的受限关联关系。在用 C++ 实现这种关联关系时，需要向限定符一端的类中添加一个使用 map 声明的字典指针，并向非限定符端的类中添加一个由指向限定符端类的对象的指针构成的指针集。

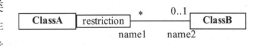

图 16-22 多对可选的受限关联

假如，需要通过某个键将 ClassB 类的一个新对象与 ClassA 类的一个对象关联起来，并且在 ClassA 类对象的指针字典中已存在以该键为索引的数据项，则应先删除该数据项中指针所指向 ClassB 类对象的指针集中指向 ClassA 类对象的指针。然后再将该数据项从 ClassA 类对象的指针字典中删除。最后，再将以该键为索引的指向 ClassB 类的新对象的指针添加到 ClassA 类对象的指针字典中，并在 ClassB 类新对象的指针集中添加一个指向 ClassA 类对象的指针。

在图 16-23 中，对象 A1 通过键 key1 和 key2 与对象对象 B1 和对象 B3 关联起来，对象 A2 通过键 key3 与对象 B3 关联起来。如果要将对象 B2

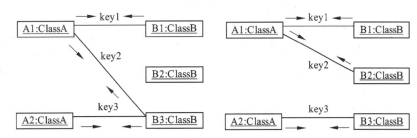

图 16-23 更新多对可选受限关联

通过键 key2 与对象 A1 关联起来，可采用如下所示的步骤。

（1）将指向对象 A1 的指针从对象 B3 的指针集合中删除。

（2）在对象 A1 的指针字典中将以键 key2 为索引的指向 B3 的指针改为指向 B2。

（3）将一个指向对象 A1 的指针添加到对象 B2 的指针集中。

16.4.4 多对受限关联

如图 16-24 所示，ClassA 类和 ClassB 类之间具有多对多受限关联关系。这种关联关系在用 C++实现时，需要向限定符端的类中添加一个用 multimap 声明的指针字典，并向非限定符端的类中添加一个由指向限定符端类对象的指针构成的指针集。

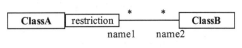

图 16-24 多对多受限关联关系

如果需要更新这种关联关系，不需要删除任何已建立的关联关系，只需将参与关联的类 ClassA 对象的指针字典和类 ClassB 对象的指针集做相应的更新。

在如图 16-25 所示的关联关系中，如果需要以 key3 为键将对象 B1 和对象 A2 关联起来，可采用如下所示的步骤。

（1）将一个以 key3 为键、值为指向对象 B1 的指针的数据项添加到对象 A2 的指针字典中。

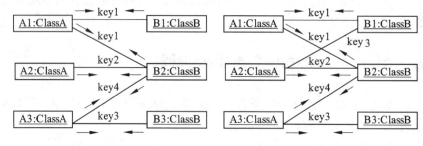

图 16-25 更新多对多受限关联关系

（2）将一个指向对象 A2 的指针添加到对象 B1 的指针集中。

16.5 聚合与组合关系的实现

聚合关系和组合关系都是特殊的关联关系，在用 C++语言实现聚合关系时，采用嵌入指针方式；实现组合关系时，采用嵌入对象方式。

在图 16-26 中，StringLink 类自身存在聚合关系，StringLink 类与 StringList 类之间也存在聚合关系，而 StringLink 类与数据类型 String 之间存在组合关系。根据前面所述的实现方法，StringLink 类和 StringList 类的头文件如下所示：

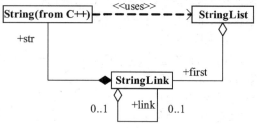

图 16-26 聚合和组合关系示例

```
//StringLink.h
...
class StringLink
{
  public:
    string str;
    StringLink *link;
    ...
};
...
//StringList.h
#include "StringLink.h"
...
class StringList
{
  public:
```

```
    StringLink *first;
    ...
};
```

16.6   特殊类的实现

前面介绍了大量有关类之间关联时的 C++实现，在 UML 中还有些模型元素可以作为特殊的类在 C++中实现，像接口、枚举和包等，下面详细介绍。

16.6.1   接口

首先简单了解一下什么是接口。接口是操作规约的集合，当一个类实现了某接口中声明的所有操作时，就称该类实现了此接口。

C++实现 UML 模型中的接口时，需要将其转换为只有函数原型的抽象类，也就是要将接口中声明的所有操作都转换为可见性为 Public 的纯虚函数，而将实现接口的类转换为从接口继承的子类。

在图 16-27 中，Aeroplane 类实现了 Vehicle 接口，Driver 类和 Vehicle 类之间存在单向关联关系。根据前面介绍的实现方法，这 3 个类的 C++实现如下所示：

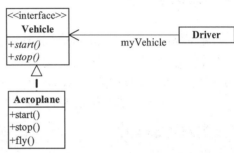

图 16-27   实现接口类

```
//文件名: Vehicle.h
...
class Vehicle                // Vehicle 类
{
  public:
    Vehicle();
    virtual ~Vehicle()=0;
    virtual void start()=0;
    virtual void stop()=0;
    ...
};
//文件名: Aeroplane.h
#include "Vehicle.h"
...
class Aeroplane:virtual public Vehicle      // Aeroplane 类
{
  public:
    void start();
    void stop();
    void fly();
```

```
    ...
};
//文件名：Driver.h
#include "Vehicle.h"
...
Class Driver                        // Driver 类
{
  public:
    ...
  private:
    Vehicle *myVehicle;
};
```

16.6.2 枚举

在 UML 中使用<<enumeration>>定义的枚举类型与 C++中
的枚举类型相对应，因此它们之间可以直接进行转换。如图
16-28 所示为一个枚举类型 WeekDay，该枚举包括了 7 个值。

图 16-28　枚举类型

WeekDay 枚举类型转换为 C++后的代码如下所示：

```
//文件名：WeekDay.h
enum WeekDay{
    Monday,
    Tuesday,
    Wednesday,
    Thursday,
    Friday,
    Saturday,
    Sunday
};
```

16.6.3 包

在 UML 中包用于将一个大系统分成若干
子系统，它们之间可以有依赖关系。在 C++中，
可以使用命名空间来描述包。当需要引用某命
名空间中的标识符时，可通过使用 using 声明
语句或者 using 指示语句来说明，using 语句可
用于实现包之间的依赖关系。

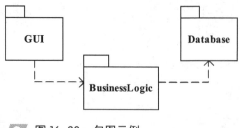

图 16-29　包图示例

例如，对如图 16-29 所示的包图模型来说，
其 C++实现如下所示：

```
namespace Database                  //Database 包
```

UML 建模、设计与分析标准教程（2013—2015 版）

```
    {
        class Table
        {
            ...
        };
        ...
    }
    namespace BusinessLogic              // BusinessLogic 包
    {
        using namespace Database;        //包含 Database 包
        class Transaction
        {
            ...
        };
        ...
    }
    namespace GUI                        // GUI 包
    {
        using namespace BusinessLogic;   //包含 BusinessLogic 包
        class Menu
        {
            ...
        };
        ...
    }
```

16.6.4 模板

UML 中模板的参数可以是类或者类型，而且从一个模板可以派生出其他模板，但不能派生出一个类。根据模板参数的不同，一个模板可对应多个不同的模板实例。在 UML 中，模板实例是一个没有标出属性和方法，仅标出类名的类，它通过<<bind>>的依赖关系和模板绑定，从一个模板实例可以派生出其他类。

在将 UML 模板转换为 C++的实现时，可以直接转换为 C++的模板，即使用 typedef 将 UML 中的模板实例定义为类型名，或者用继承关系将它定义为带实际参数的模板的子类。

例如，图 16-30 所示为 TArray 模板及模板实例 BookList。根据上述转换规则，TArray 模板的头文件代码如下：

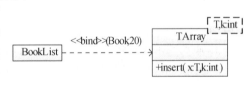

图 16-30 模板示例

```
//文件名: TArray.h
template <class T, int k>
class TArray{
public:
```

```
    TArray();
    ~TArray();
    Void insert(T x,int k);
};
```

下面使用 typedef 将 BookList 定义为一个类型名标记，那么头文件的形式如下：

```
//文件名：BookList.h
#include "TArray.h"
typedef TArray<Book, 20> BookList
```

另外一种解决方法的代码如下：

```
//文件名：BookList.h
#include "TArray.h"
public BookList:public virtual TAraay<Book,20>
{
public:
    BookList();
    virtual ~BookList();
protected:
private:
};
```

16.7 思考与练习

一、填空题

1. 一个 C++类由数据成员集合、_____、可见性与类名组成。

2. 假设有一个名为 Temp 的类，那么它的头文件名为_____。

3. 假设在 C++中一个函数只能对对象中的数据成员进行读操作，那么应该使用_____进行声明。

4. 在实现_____关联时需要在 ClassA 类中添加一个指向 ClassB 类对象的指针集合，并向 ClassB 类中添加一个指向 ClassA 类对象的指针。

5. 假设在 UML 中有一个 SQL 包，在转换为 C++后的语句为_____。

二、选择题

1. 下列不属于可见性控制类型的是_____。
    A. 私有
    B. 共有
    C. 受保护
    D. 静态

2. 在 C++中_____可以看作是类型声明标识符。
    A. 类名
    B. 属性
    C. 数据成员
    D. 函数成员

3. 在 UML 模型中使用_____符号表示类中的特性和操作对外部可见。
    A. +
    B. –
    C. #
    D. *

4. 下列不属于 UML 类中操作的参数修饰关键字的是_____。
    A. in
    B. out
    C. intout
    D. outin

5. 下列关于转换规则的描述，不正确的是

_____。

A. 将 UML 类中的 "+" 修饰符转换为 C++类中的 public 关键字

B. 从 UML 类转换到 C++类时必须具有默认构造函数和析构函数

C. 如果 UML 类的名字以斜体表示，那么实现时构造函数的可见性必须为 Protected

D. 如果 UML 类中具有 abstract 关键字，那么实现时类的可见性必须为 abstract

6. 用 C++实现类图中的泛化关系时，应该以_____方式从基类中继承。

A. abstract

B. virtual

C. protected

D. public

7. 在实现时将关联角色作为位于关联类的属性，并且在类中包含对该属性进行读写的函数。这种关联形式是_____。

A. 单向关联

B. 双向关联

C. 强制对可选关联

D. 可选对多关联

三、简答题

1. 简述将 UML 类转换为 C++类的规则。

2. UML 中的泛化关系必须使用 C++的继承实现。这种说法对吗，为什么？

3. 简述强制对可选关联的 C++实现方法，以及更新步骤。

4. 罗列 3 种以上受限关联，并说明他们之间的关系。

5. 简述接口和枚举的 C++实现步骤。

四、分析题

1. 根据本章所介绍的内容，将图 16-31、图 16-32 和图 16-33 所示的 UML 类图转换为合适的 C++实现代码。

2. 将如下所示的 C++代码映射为类图。

```
class Vehicle
{
  public:
    Vehicle(int weight=0);
```

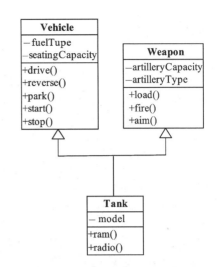

图 16-31　类图示例 1

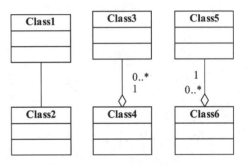

图 16-32　类图示例 2

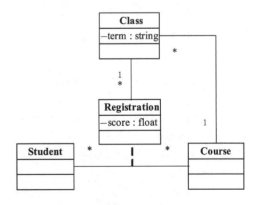

图 16-33　类图示例 3

```
    void SetWeight(int weight);
    virtual void display()=0;
  protected:
    int weight;
};
```

```cpp
class Car:virtual public Vehicle
{
  public:
    Car(int weight=0,int aird=0);
    void display();
  protected:
    int aird;
};

class Ship:virtual public Vehicle
{
  public:
    Ship(int weight=0,float
    tonnage=0);void display();
  protected:
    float tonnage;
};

class AmphibianVehicle:public
Car,public Ship
{
  public:
    AmphibianVehicle(int weight,
    int aird,float tonnage);
    void display();
    void showMembers();
};
```

3．根据如下所示的 C++代码建立相应的 UML 类图。

```cpp
class Shape:public Object
{
  protected:
    double area;
    double perimeter;
  public:
    double compArea()
    {
        area=0.0;
        return 0.0;
    }
    virtual String getName()=0;
};

class Rectangle:Shape
```

```cpp
{
  private:
    double length;
    double width;
  public:
    Rectangle(double len,double
    wid)
    {
        length=len
        width=wid;
    }
    double compArea()
    {
        area=length * width;
        return area;
    }
    string getName()
    {
        return "Rectangle";
    }
};

class Triangle:Shape
{
  private:
    double length;
    double height;
  public:
    Triangle(double len,double
    hei)
    {
        length=len;
        height=hei;
    }
    double  compArea()
    {
        area=0.5 * length *
        height;
        return area;;;
    }
    string getName()
    {
        return "Triangle";
    }
};
```

4. 将如下所示的 C++ 类转换为 UML 类图。

```cpp
class Detonation
{
  public:
    virtual ~Detonation();
    virtual const Location&
    location() const;
  protected:
    Detonation();
    virtual void location(const
    location& loc);
  private:
    Location location;
};

class NuclearDetonation:public
virtual Detonation
{
  public:
    NuclearDetonation();
    NuclearDetonation(const
    NuclearDetonation&);
    ~NuclearDetonation();
    NuclearDetonation& operator=
    (const Nuclear Detonation&);
  protected:
  private:
    DebrisPatch* debrisPatch;
};

class DebrisPatch
{
  public:
    DebrisPatch();
    DebrisPatch(const
    DebrisPatch&);
    ~DebrisPatch();
    DebrisPatch operator = (const
    DebrisPatch&);
  protected:
  private:
NuclearDetonation*
nuclearDetonation;
};
```

第 17 章

BBS 论坛管理系统

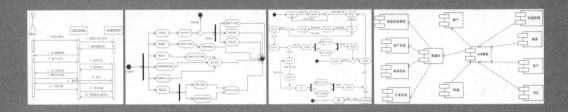

    Internet 的发展已经越来越渗入人们的生活，随着网络的发展，网上交流已经成为现代人生活中的重要组成部分，信息化的时代已经到来。网络的普及使人与人之间的交流方式更加多元化，博客、网络视频、网络聊天、微信和 QQ 等工具已经成为人们彼此交流和沟通的主要方式。除了上面的交流方式外，还有一种最常用的交流方式：论坛。

    论坛便于人们在某一个专业领域探讨问题和发表意见，它为大家提供了一个信息交流的平台。用户在论坛中可以查看帖子、回复帖子和发帖等，另外，论坛也提供基本的注册和登录功能。本节以一个简单的论坛管理系统为例，首先简单介绍论坛的概念，然后分析论坛的基本功能需求，最后使用 UML 进行建模绘制不同的图，如用例图、类图、顺序图和组件图等。

本章学习要点：

> 了解论坛的概念和形式
> 掌握论坛的特点和推广方式
> 掌握如何使用用例图对论坛系统建模
> 掌握如何使用类图对论坛系统建模
> 掌握如何使用顺序图对论坛系统建模
> 熟悉如何使用通信图对论坛系统建模
> 熟悉如何使用状态图对论坛系统建模
> 了解论坛系统中如何绘制组件图和部署图

17.1 论坛概述

论坛也叫网络论坛 BBS（Bulletin Board System 或 Bulletin Board Service），它们还可以称作电子公告板或公告板服务。论坛是 Internet 上的一种电子信息服务系统，它提供一块公共的电子白板，每个用户都可以在上面书写，也可以发布信息或提出看法。本节将详细介绍论坛的相关知识。

17.1.1 简单了解论坛

论坛是一种交互性特别强、内容丰富且及时的 Internet 电子信息服务系统。用户在 BBS 论坛站点上可以获取各种信息服务，如发布信息、讨论帖子以及聊天等。

1．论坛的发展

论坛最早是用来公布股市价格这类信息的，当前论坛连文件传输的功能都没有，而且只能在苹果机上运行。早期的论坛与一般街头和校园内的公告板性质相同，只不过是通过来传播或获得消息而已。一直到开始普及之后，有些人尝试将苹果计算机上的论坛转移到个人计算机上，这时它才开始渐渐普及开来。

近些年来，由于爱好者们的努力，论坛的功能得到了很大的扩充。目前，通过论坛系统可以随时取得各种最新的消息；通过论坛系统来和其他人讨论计算机软件、硬件、Internet、多媒体、程序设计以及医学等各种有趣的话题；也可以通过 BBS 系统来和别人讨论计算机上各种有趣的话题；还可以利用论坛系统来发布一些"征友"、"廉价转让"、"招聘人才"以及"求职应聘"等启事；更加可以召集亲朋好友到聊天室内高谈阔论等。

论坛可以看作是一种后缀修饰词，一般用于企业、个人和网站等用词，例如 80 后之窗论坛、生活 121 论坛、企业论坛、论坛会议以及百度论坛等。

另外在现实世界中，论坛是指一种高规格、有长期主力组织以及多次召开的研讨会议，例如精英外贸论坛和博鳌亚洲论坛。

2．论坛的管理

论坛一般由创始人（站长）创建，并且设立不同级别的管理人员分别对论坛进行管理。例如论坛管理员（Administrator）、超级版主（Super Moderator）和版主（Moderator）等，其中版主有时也会被称作斑猪或斑竹。一般来说超级版主可以管理所有的论坛版块，它有低于创始人的第二权限，而版主只能管理某个特定的版块。

3．论坛的特点

本章所介绍的论坛基本上都是网络交流型的论坛，也可以简称为 BBS 网络交流论坛，它是以网络为媒介的交流平台。与实体参与型的论坛（如讨论社会问题、专业学术论坛）不同，它是具有范围广、参与人群广和开放性高等特点的交流互动社区。如下详细列举了论坛的一些特点。

❏ 论坛的超高人气可以有效地为企业提供营销传播服务。

□ 专业的论坛帖子策划、撰写、发放、监测、汇报流程，在论坛空间提供高效传播。
□ 论坛活动具有强大的聚众能力，利用论坛作为平台举办各类踩楼、贴图和视频等活动，调用网友与品牌之间的互动。
□ 事件炒作通过炮制网民感兴趣的活动，将客户的品牌、产品和活动等内容植入传播内容，并展开持续的传播效应，引发新闻事件导致传播的连锁效应。
□ 运用搜索引擎内容编辑技术，不仅使内容能在论坛上有好的表现，在主流搜索引擎上也能够快速寻找到发布的帖子。
□ 适用于商业企业的论坛营销分析，对长期网络投资项目组合应用，精确地预估未来企业投资回报率以及资本价值。

4. 论坛的作用

在论坛上用户可以提出自己在某一个领域中遇到的问题，即发表一个主题，然后论坛上的其他人可以根据自己的观点、知识或经验发表意见或提出解决问题的办法。其主要作用如下所示。

□ 分享个人观点。
□ 发布资料。
□ 讨论互动内容。
□ 公布信息。
□ 提高已经注册会员用户的归属感。

17.1.2 论坛的形式

论坛的发展如雨后春笋般出现，并迅速发展壮大。现在论坛几乎涵盖了用户生活的各个方面，每个人都可以找到自己感兴趣或者需要了解的专题性论坛，而各类网站（例如综合性门户网站或者功能性专题网站）也都青睐于开设自己的论坛，以促进网友之间的交流，增加互动性和丰富网站的内容。

论坛的形式可以有多种，最常见的形式有教学型论坛、交流性论坛、地方性论坛和推广型论坛。它们的具体说明如下。

□ 教学型论坛

教学型论坛是对一种知识的传授和学习，如计算机软件类的技术性行业。它如同一些教学类的博客或者是与教学相关的网站一样，在论坛中发挥着重要的作用。用户通过在论坛里浏览帖子和发布帖子，然后能够迅速地与多数人在网上进行技术性的沟通和学习。关于该类型的论坛有很多，如金蝶友商网。

□ 交流性论坛

交流性论坛是一个非常广泛的分类，它的重点在于论坛会员之间的交流和互动，所以这类论坛的内容比较多样和丰富。交流性论坛可以包含供求信息、交友信息、线上线下活动信息以及新闻等，这样的论坛是将来论坛发展的大趋势。

□ 地方性论坛

地方性论坛是论坛中娱乐性与互动性最强的论坛之一，它能够更大距离地拉近人与

UML 建模、设计与分析标准教程（2013—2015 版）

人之间的沟通。由于是地方性论坛，所以也会有一定的地域限制，论坛中的人可能会来自相同的地方，沟通起来比较方便，且比较有安全感，也减少了网络的陌生感和朦胧感，因此这样的论坛比较受到网友的追捧。无论是在大型论坛中的地方站，还是在专业论坛的地方站都会有很多网友，例如百度、长沙之家论坛、北京贴吧、长春贴吧以及清华大学论坛等。

❑ 推广型论坛

从 2005 年起推广型论坛已经出现，但是与前面几种形式的论坛相比，推广型论坛通常不是特别受网友的欢迎。因为它是作为广告的形式为某一个企业或者某一种产品进行宣传推广服务，所以很难具有吸引人的性质。而且推广型论坛的寿命很短，论坛中的会员基本上是由受雇佣的人员非自愿地组成。

17.1.3 论坛的推广

一个新论坛的建立初期网站人数很少，怎样能够让更多的用户聚集到论坛中来，这需要动员周围的家人和好友，让他们帮忙带动宣传和发帖，提高论坛的信息量、帖子量和人气。这是最常用的一种推广策略，即关系推广，除了这种策略外，还有其他的策略也可以进行论坛的推广，如口碑推广和搜索引擎。其具体说明如下。

❑ 搜索引擎

这是最常用的推广方式之一，把论坛网站发布到搜索引擎中可以被搜索引擎收录，还可以从搜索引擎中获取流量。

❑ 资源合作

这是快速提高网站流量的方法之一，通过网站交换广告、内容合作、交换友情链接以及用户资源合作等方式进行推广。

❑ 信息推广

在同行业的、人气旺的博客、论坛或网站中发表些比较专业性或实用性的内容，然后在内容的结尾处添加自己的网页链接。

❑ 口碑推广

利用常用的聊天工具（如 QQ、MSC 和 UC）采用文字介绍的形式加上网址发送给朋友，也可以在相关的贴吧中以交流的形式发送内容。

❑ 电子邮件推广

顾名思义，这种推广方式就是以电子邮件为主要的推广手段，其中最常用的方法有电子刊物、会员通讯和专业服务商的电子邮件广告等。

❑ 软文推广

写文章或引用文章，然后在这些文章中加入自己的网址。

❑ 媒体网站推广

在一些比较知名或传统的网站上进行推广，如报纸、广播和电视等。

❑ 网摘推广

网摘推广是最简便的推广方式之一，这种形式只需要在每页代码中加入网摘插件代码即可。由于用户会把喜欢的文章收藏到一些网络收藏夹中，这无形之中有助于论坛网站的推广。另外还可以把一些信息发送到顶客、奇客和极客类的网站，这种方法相当于在网站内免费放置了广告位。如果需要推广的网站是 RSS 格式，那么加入 RSS 订阅代码还可以从一些 RSS 网站、RSS 浏览器中获取流量，如奇虎网和索虎网等。

❏ 限制内容网站推广

将网站中的内容分别设置访问等级，然后设置访问条件。为广大的用户提供一个推广连接，网民用户只有推荐够一定访客或者注册会员后才能够进行访问。

17.2 论坛系统需求分析

对系统进行 UML 建模时需求分析是不可缺少的，且软件开发过程中也必须对系统进行需求分析，它是软件开发过程中至关重要的一部分。下面将简单介绍论坛系统的需求分析，另外，将对论坛前台功能进行详细介绍。

17.2.1 论坛系统功能需求概述

BBS 论坛中，用户首先通过论坛登录网页（如果是游客则需要注册）进入论坛，登录成功后可以通过发帖发布新的话题，也可以对已经存在的话题进行回复，还可以通过搜索来查看自己所关心的话题等。

一个完整的论坛系统中可以实现多个功能，如发帖、回帖、查看帖子以及注册登录功能。如下列出了比较常用且比较重要的论坛常用功能。

❏ 普通用户注册成为会员

几乎所有的网站都提供了用户注册成为会员的功能，当然论坛系统也不例外。用户在系统注册页面可以填写自己的基本信息，注册成功后系统将会将信息保存到后台数据库中。另外，注册成功后用户也可以查看和修改当前的内容。

❏ 会员用户登录

论坛系统中提供了会员用户登录的功能，会员用户只要在论坛登录页面中输入注册成功时的登录名和密码即可。单击按钮后可以检测用户的登录名和密码是否合法，如果合法可以进入页面进行其他功能的操作，如果不合法则会提示重新登录。

❏ 会员用户发帖

发帖即发表帖子，只有登录成功的会员用户才享有对该功能的操作，而未注册的用户（即普通用户）不能享有该功能。

❏ 会员用户回帖

回帖即回复帖子，登录成功的会员用户可以针对某一领域的某个问题跟帖，然后发表自己的意见、见解或看法。而普通用户不会实现回帖的功能。

❏ 搜索或浏览帖子

普通用户和已注册的会员用户都享有浏览帖子和搜索帖子的功能，浏览帖子即浏览不同领域和版块的所有帖子，他们也可以在搜索框中输入感兴趣的内容查看帖子列表，然后单击查看其详细内容。

❏ 新手手册

新手手册中的内容是由管理员负责管理的，对于首次进入 BBS 论坛系统的会员或游客都可以通过查看新手手册来了解该系统的功能和使用。

❑ **版块管理**

版块管理是管理员和超级版主所特有的权限功能，管理员可以对版块进行分类、删除版块、添加版块以及修改版块等内容。论坛提供了不同版块讨论区域的相关统计数量，并且会员可以选择不同的版块区域进行讨论。

❑ **帖子管理**

管理员、超级版主和版主都可以对帖子进行管理，如对帖子进行添加、删除、设置精华帖子以及控制点击率等操作。

❑ **会员用户管理**

管理员具有最高权限，他可以对用户会员进行增加、删除、修改、查询以及将会员设置为版主等操作。用户添加完成后系统会把会员的相应的资料添加到数据库中，例如会员 ID、会员名称、会员密码、会员邮箱、会员联系电话和会员居住地址等。管理员会根据用户的身份进行相关内容的设置，对某个用户设置为版主后，该会员用户可以对该版块下的帖子进行管理。

从上面的介绍中，相信读者一定对 BBS 论坛的相关功能有所了解，如图 17-1 所示显示了论坛系统总体的功能模块图。

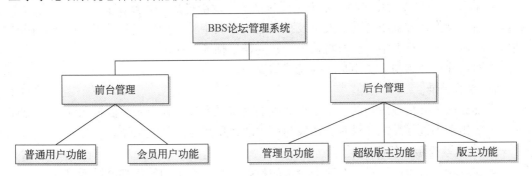

图 17-1 BBS 论坛系统总体功能模块图

从图 17-1 中可以看出，BBS 论坛管理系统包括两部分：前台管理和后台管理。其中前台管理根据用户的身份可以划分为普通用户所享有的功能和注册成功的会员用户所享有的功能；后台管理则根据用户身份分别划分为管理员、超级版主和版主，身份不同所享有的功能也不完全相同。

试一试

论坛系统的功能不止于上面介绍的那些，感兴趣的用户可以上网或登录不同的论坛网站查找内容。另外图 17-1 仅仅列出了该论坛的一个简单的功能流程，根据不同的身份用户会有相应的功能操作。下节以及其他小节主要以论坛前台不同身份的用户来使用不同的图形建模。

17.2.2 前台功能概述

前台功能是指用户能够访问前台页面进行相关操作，前台功能包括查看不同版块的帖子、根据条件搜索帖子、查看新帖、发表帖子、用户登录以及普通用户注册成为会员等内容操作。

1. 会员用户

由于用户的身份不同，所以他们所享有的功能权限也不相同，如图 17-2 所示演示了会员用户可以进行的功能操作。

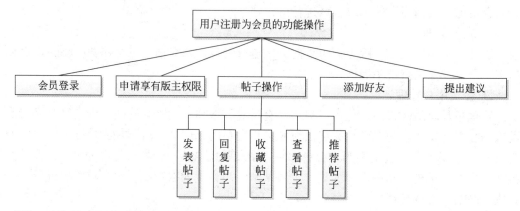

用户注册为会员的功能操作

会员登录　　申请享有版主权限　　帖子操作　　添加好友　　提出建议

发表帖子　回复帖子　收藏帖子　查看帖子　推荐帖子

图 17-2　与会员相关的功能操作

从图 17-2 中可以看出，会员用户主要包括 5 个功能操作：会员登录、申请享有版主权限、帖子操作、添加不同的好友以及提出建议。其中帖子操作又包括发表帖子、回复帖子、收藏帖子、查看帖子以及将帖子设置为精华帖 5 个操作。

下面将简单介绍与会员用户相关功能的操作。

❑ **会员登录**

系统提供了会员登录功能，单击页面中的【登录】按钮在登录页面输入注册成功时的用户名和密码进行登录，只有验证成功后才能使用系统提供的功能。

❑ **申请享有版主权限**

登录成功的会员用户只享有普通会员的权限，每个会员的等级都会进行提升，当会员升级到一定级数时就可以申请成为版主。版主可以对该区域内的帖子进行管理操作，如删除帖子和修改帖子等。

❑ **添加好友**

会员还可以将其他的会员添加为自己的好友，然后与好友分享自己发表、回复的帖子，同时还可以邀请好友欣赏自己收藏的帖子等。另外，会员也可以从好友列表中删除某个指定好友。

❑ **提出建议**

会员用户可以查看版主、超级版主和管理员所提出的建议，当然自己也可以向管理员或超级版主提出建议。

❑ **发表帖子、回复帖子和查看帖子**

会员用户登录成功后可以对论坛中的帖子进行简单的基本操作，如会员可以在某个版块下发表帖子、对某个帖子进行回复或查看某个版块下的帖子的详细内容等。

❑ **收藏帖子和推荐帖子**

论坛上的帖子有很多，有的甚至成百条、成千条，每次查找时也会相当麻烦，所以会员用户可以将自己喜欢的帖子进行收藏，这样方便以后的查看。另外也可以选择特定的好友，将某个帖子推荐给他们。

2．普通用户

前台除了为会员用户提供多个功能操作外，也为没有注册的普通用户提供了一些操作。如图 17-3 所示为普通用户的功能操作。

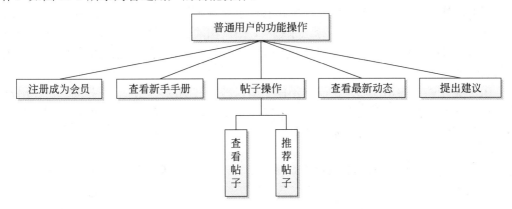

图 17-3 与普通用户相关的功能操作

从图 17-3 中可以看出，普通用户的功能操作主要包括注册成为会员、查看新手手册、查看最新动态、提出建议以及帖子操作 5 个功能。其中帖子操作包含查看帖子和推荐帖子两方面。

下面对普通用户的功能操作进行了简单介绍。

❑ 注册成为会员

BBS 论坛系统提供了对普通用户注册成为会员的功能，如果想要成为系统的会员，只要单击【用户注册】按钮在注册页面输入个人信息（如用户名、用户密码、联系电话和性别等）即可。

❑ 查看新手手册

普通用户进入 BBS 论坛系统后可以查看新手手册了解论坛的基本功能和操作步骤等，这样方便用户以最快的速度了解该论坛系统。

❑ 查看最新动态

普通用户有权限了解当前论坛系统的最新动态，如发表的新帖子、新话题以及版本更换等内容。

❑ 提出建议

会员具有向管理人员提出建议的功能，同样普通的用户也有该功能权限。普通用户可以向会员、版主或管理员等提出建议，当然也可以查看管理员向会员或普通用户所提出的建议和意见等。

❑ 帖子操作

普通用户可以对论坛系统的帖子进行最基础的操作：查看帖子和推荐帖子。如果是未注册的用户（即普通用户）推荐帖子时不能够向指定的人进行推荐，而是向所有的会员进行推荐。

前面已经对 BBS 论坛系统的需求进行了简单的分析，本节以及后面的几个小节将会介绍如何在 UML 模型中对系统进行建模。首先介绍论坛系统中的用例图。

用例图描述了作为一个外部的观察者的视角对系统的印象，强调这个系统是什么而不是这个系统怎么工作。在 BBS 论坛系统中，用例图的任务是明确系统的功能为哪些用户服务，即哪些用户需要利用 BBS 系统来工作。另外，还需要确定系统中的管理者和相关的工作人员。

BBS 论坛系统中由于用户的身份不同，所以涉及到的用户功能也不相同。后台用户主要涉及到管理员和版主，而前台功能主要涉及到普通用户和会员，下面将分别从会员用户和普通用户两方面绘制功能用例图。

17.3.1 会员用户功能用例图

用例图的构成包括系统、参与者、用例和关系（如泛化关系、包含关系和扩展关系），而创建用例图模型的基本步骤如下。

（1）确定系统涉及的总体信息。

（2）确定系统的参与者。

（3）确定系统的用例。

（4）构造用例模型。

图 17-2 中已经显示了与会员用户相关的功能操作，在与会员相关的用例图中涉及到会员用户、会员要操作的会员登录、推荐帖子、发表帖子、回复帖子以及浏览帖子等功能操作。根据上面的操作步骤绘制会员用户功能的用例图，如图 17-4 所示。

在图 17-4 中包含会员的多个功能操作，如下是对会员功能主要用例的分析。

❑ 会员可以选择帖子查看帖子详情，并且对某个帖子进行回复、浏览和收藏等。

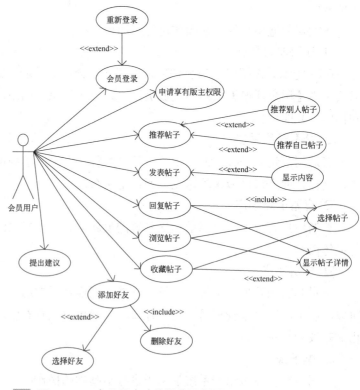

图 17-4　会员用户功能操作用例图

□ 会员可以向管理员发送请求成为版主的要求。

□ 会员可以选择添加好友，并且可以删除好友。

17.3.2 普通用户功能用例图

除了会员操作外，图 17-3 也列出了普通用户常用的功能操作，例如普通用户可以注册成为会员，注册成功后可以修改个人信息，也可以注销当前登录；普通用户可以将自己认为好的帖子向所有人进行推荐，也可以向所有的版主和管理员发送建议等。根据绘制用例图的步骤绘制普通用户功能用例图，如图 17-5 所示。

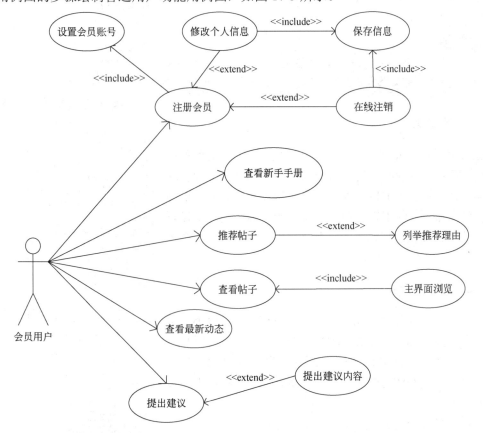

图 17-5　普通用户功能操作用例图

17.4　论坛系统的类图

相关人员可以根据论坛系统的需求分析和用例图确定相关的类（包括属性和操作）以及类的关系，本节将介绍如何使用 UML 中的类图进行建模。

17.4.1　实体类

从 17.2 节中的需求分析和 17.3 节中的用例图可以将论坛系统划分为 10 个类，它们分别是：管理员、版主、会员用户、普通用户、版块、提出建议、帖子、请求信息、回复信息、新手手册。

1. 管理员类

管理员用于记录管理员的基本信息和登录时间，它是与整个系统相关的核心类。管理员类中可以包含多个属性和操作，如属性包括管理员姓名、账号、登录时间和联系电话等，而操作可以包括添加版块、删除版块、关闭版块、添加会员、删除会员以及提出建议等。如图 17-6 所示为管理员类的类图。

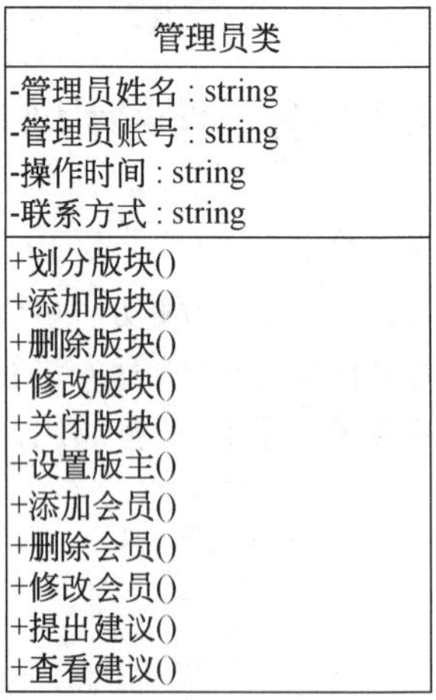

注　意

图 17-6 以及下面其他相关的类图中，属性和操作仅仅列出了一些常用的信息，并不是所有的类图中都将属性和操作一一列出。

管理员类
-管理员姓名 : string
-管理员账号 : string
-操作时间 : string
-联系方式 : string
+划分版块()
+添加版块()
+删除版块()
+修改版块()
+关闭版块()
+设置版主()
+添加会员()
+删除会员()
+修改会员()
+提出建议()
+查看建议()

图 17-6　管理员类的类图

2. 版主类

版主类用于记录版主的基本信息和与该版主有关的版块，版主在管理版块的同时也会保留会员身份。像管理员类一样，版主类中也可以包含多个属性和操作，如属性包含版主账号、版主姓名和版主级别等，操作则包括设置热门帖子、设置精华帖子等。如图 17-7 所示为版主类的类图。

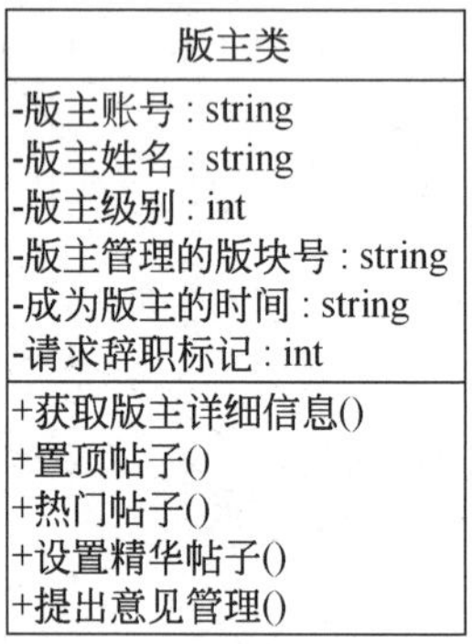

版主类
-版主账号 : string
-版主姓名 : string
-版主级别 : int
-版主管理的版块号 : string
-成为版主的时间 : string
-请求辞职标记 : int
+获取版主详细信息()
+置顶帖子()
+热门帖子()
+设置精华帖子()
+提出意见管理()

图 17-7　版主类的类图

3. 会员用户类

会员类记录与会员相关的基本信息和操作，该类中可以包含会员名称、会员账号、会员等级、会员的发帖数量、回帖数量以及登录时间等属性内容，也可以包含会员发帖、会员回帖和浏览帖子等操作。如图 17-8 所示为会员类的类图。

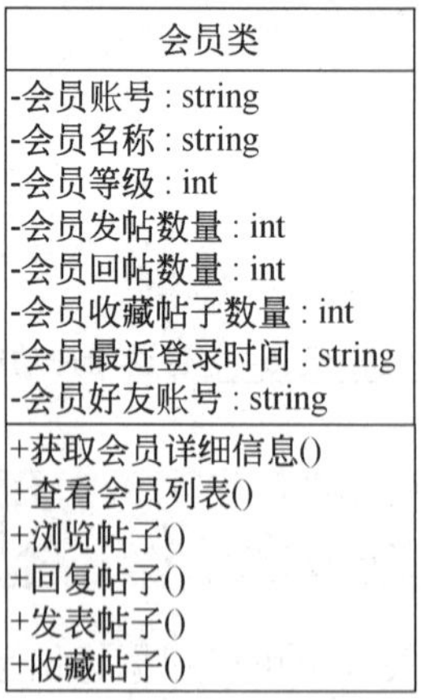

4. 普通用户类

普通用户类即没有注册的用户类，在该类中没有固定的信息，所以也没有明确记录用户信息的属性。但是如果用户注册成为会员时则会记录用户申请的会员号，注册成功后能够顺利转为会员。图 17-9 所示为普通用户类的类图。

会员类
-会员账号 : string
-会员名称 : string
-会员等级 : int
-会员发帖数量 : int
-会员回帖数量 : int
-会员收藏帖子数量 : int
-会员最近登录时间 : string
-会员好友账号 : string
+获取会员详细信息()
+查看会员列表()
+浏览帖子()
+回复帖子()
+发表帖子()
+收藏帖子()

图 17-8　会员类的类图

5. 版块类

版块类记录了与版块相关的基本信息和相关操作，还记录了当前版块是否能够关闭，如果关闭了则不能发表帖子。另外，在板块相关操作中还有显示版块的详细信息，例如单击某个版块的链接时会自动调用操作内容显示版块详情。图 17-10 所示为版块类的类图。

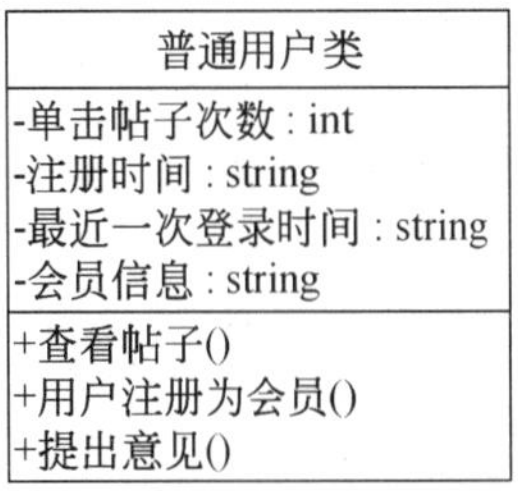

6．提出建议类

提出建议类记录了会员用户和普通用户建议的基本信息，如用户提出意见的时间、提出建议者的账号、建议属性和建议记录等内容。图 17-11 所示为建议类的类图。

在图 17-10 中，单击某个版块链接显示详细内容时调用相应的操作，单击某个版块后管理员可以根据自己的需要调用设置需要关闭版块的标记操作，当设置或取消某个版块标记后会自动调用该操作更新关闭版块列表。

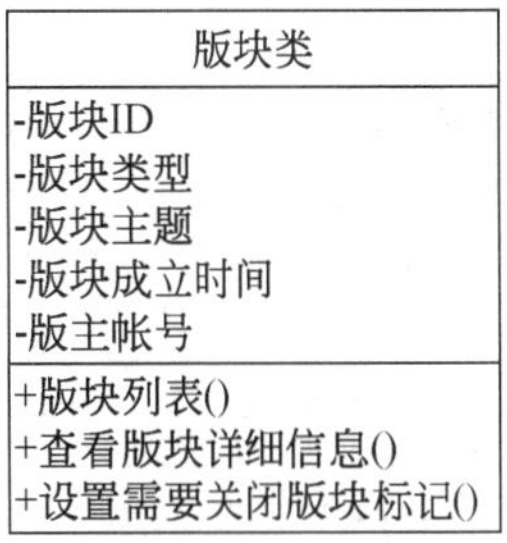

7．帖子类

帖子类中可以包含多个属性与操作，如帖子属性中包含帖子 ID、帖子的点击次数和帖子作者的账号等；帖子操作中可以包含帖子的详细信息和帖子列表等。图 17-12 所示为帖子类的类图。

8．请求信息类

请求信息包含属性和操作两部分，属性部分记录了请求信息的类型，用户可以根据请求类型的选择来调用相应的操作，调用操作完成后则自动调用设置请求标记，请求信息类的类图如图 17-13 所示。

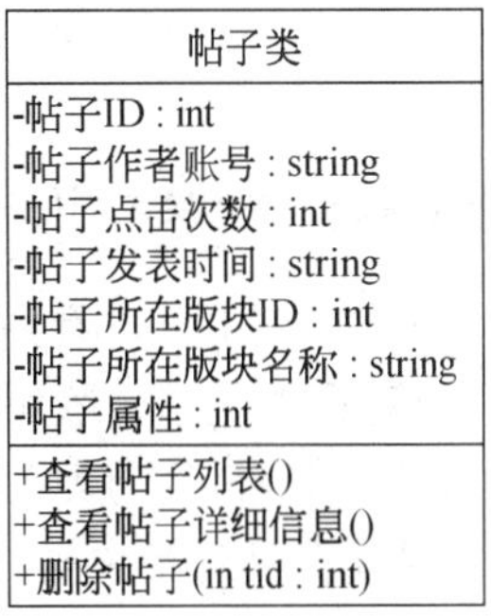

9．回复信息类

回复信息类是与请求信息类相反的一个过程，该类会根据回复类型来选择调用哪个操作，调用完毕后会自动设置回复标记记录结果，图 17-14 所示为回复信息类的类图。

10．新手手册类

论坛系统中新手手册只有一份，因此该类中只需要记录形成时间和更新时间即可，不需要再记录其他的详细信息。与该类相关的类图不再具体显示。

17.4.2 类与类之间的关系图

类与类之间可以存在多种关系，如泛化关系、依赖关系、组合关系和聚合关系等。

普通用户类
-单击帖子次数 : int
-注册时间 : string
-最近一次登录时间 : string
-会员信息 : string
+查看帖子()
+用户注册为会员()
+提出意见()

图 17-9　普通用户类的类图

版块类
-版块ID
-版块类型
-版块主题
-版块成立时间
-版主帐号
+版块列表()
+查看版块详细信息()
+设置需要关闭版块标记()

图 17-10　版块类的类图

提出意见类
-建议ID : int
-提出意见属性 : object
-提出意见的用户账号 : string
-建议内容 : string
-提出意见时间 : string
+管理员所提出建议的列表()
+会员所提出意见的列表()
+查看单个帖子的详细内容()

图 17-11　建议类的类图

帖子类
-帖子ID : int
-帖子作者账号 : string
-帖子点击次数 : int
-帖子发表时间 : string
-帖子所在版块ID : int
-帖子所在版块名称 : string
-帖子属性 : int
+查看帖子列表()
+查看帖子详细信息()
+删除帖子(in tid : int)

图 17-12　帖子类的类图

前面已经介绍过与论坛系统相关的 10 个类，图 17-15 所示为这些类之间的关系图。由于之前已经列出了大多数类的属性和操作，所以该关系图中不再显示相关属性和操作，而直接使用相关的类。

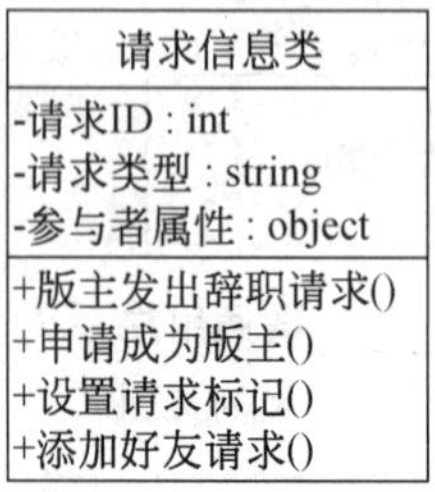

请求信息类
-请求ID : int
-请求类型 : string
-参与者属性 : object
+版主发出辞职请求()
+申请成为版主()
+设置请求标记()
+添加好友请求()

图 17–13　请求信息类的类图

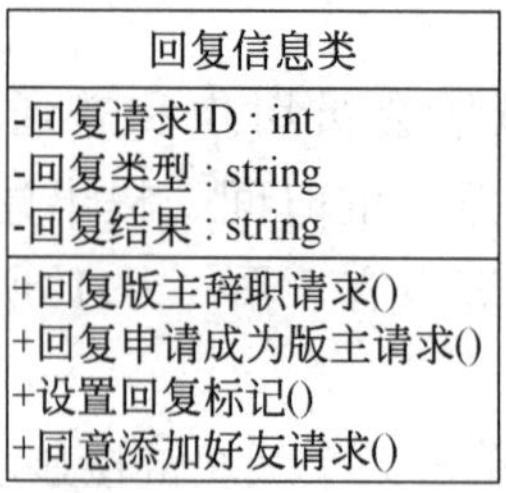

回复信息类
-回复请求ID : int
-回复类型 : string
-回复结果 : string
+回复版主辞职请求()
+回复申请成为版主请求()
+设置回复标记()
+同意添加好友请求()

图 17–14　回复信息类的类图

管理员类
版块类
新手手册类
版主类
帖子类
建议类
回复信息类
请求信息类
会员类
普通用户类
0..1
0..*
关联关系
依赖关系
泛化关系
组合关系

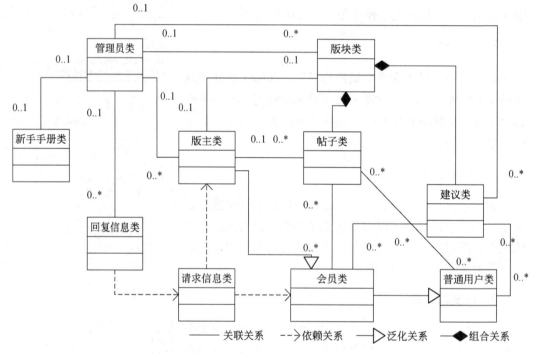

图 17–15　类与类之间的关系类图

从图 17-15 中可以看到管理员类与建议类存在一对多的关联关系、管理员类与板块类存在一对多的关系、版块类与帖子类是组合关系以及建议类与板块类的组合关系等。如下只挑选几种常见的类关系进行介绍。

- **管理员类对版主类**　一对多的关联关系，管理员可以管理多个版主，而系统管理员只能有一个。
- **管理员类对回复信息类**　一对多的关联关系，管理员可以接收多个用户的请求信息，并对这些信息进行回复。
- **帖子类对版块类**　组合关系，帖子是构成版块的重要部分，它对版块来说是必不可少的。

- **建议类对版块类**　组合关系，管理员可以向会员和版主提出意见，而版块内需要有接收建议的地方，可以说建议是版块的一部分。
- **回复信息类对请求信息类**　依赖关系，回复信息依赖于请求信息类，请求信息类发生变化则回复信息也会发生变化。
- **请求信息类对版主类**　依赖关系，请求信息的操作依赖于版主类的对象，如果对象发生变化则请求信息也发生变化，因此请求信息依赖于版主类。
- **请求信息对会员类**　依赖关系，请求信息的操作也依赖于会员类的对象，如果会员对象发生变化则请求信息也会发生变化，因此请求信息依赖于会员类。
- **版主类对会员类**　泛化关系。
- **会员类对普通用户类**　泛化关系。

17.5　论坛系统的顺序图

顺序图代表了一个相互作用、在以时间为次序的对象之间的通信集合。其主要用途之一是为用例建造逻辑建模。即前面设计和建模的任何用例都可以使用顺序图进一步阐明和实现。论坛系统的前台功能根据身份的不同分别普通用户和会员，下面将从两个方面分别使用顺序图建模。

17.5.1　会员用户功能顺序图

普通会员用户享有的功能有多个，登录论坛系统完成后最重要的功能操作有发表帖子、回复帖子和浏览帖子。

1. 发表帖子

发表帖子是指会员登录系统成功后进入会员操作页面，可以以帖子的形式发表自己的见解和意见。由于顺序图可以描述前面设置和建模的任何用户，所以绘制顺序图之前一般需要列出一个用例的事件流，用例事件流一般包含用例编号、用例名称、用例说明、前置条件和后置条件等内容。表 17-1 所示为会员用户发表帖子时的事件流。

表 17-1　会员发表帖子的事件流

内　　容	说　　明
用例编号	Member_001
用例名称	发表帖子
用例说明	会员可以以帖子的形式发表自己的简介和意见
参与者	会员
前置条件	会员能够被识别或者被授予权限
后置条件	后台数据库保存发表的帖子信息（如发表时间、发表的作者账号）
基本路径	（1）会员选择某一个版块后单击进入，单击发表帖子显示发帖页面 （2）会员输入发帖的内容，输入完成后提交 （3）显示发表成功，将内容保存到数据库
扩展路径	发表帖子成功后可以单击查看内容；直接显示帖子内容

会员用户可以根据事件流绘制发表帖子时的顺序图，如图 17-16 所示。

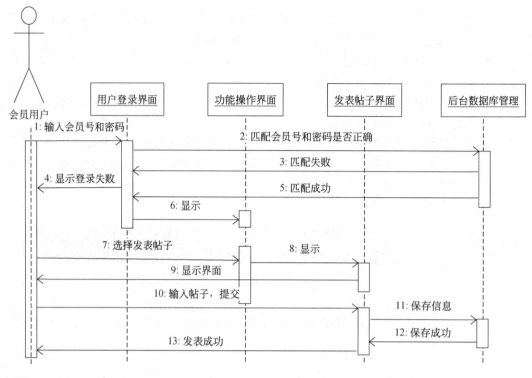

图 17-16 会员发表帖子的顺序图

从图 17-16 中可以看出，会员发表帖子时主要涉及会员、用户登录界面、功能操作界面、发表帖子界面和后台数据库管理界面 5 个操作对象。发表帖子的一般步骤是：登录成功后首先选择某一个版块进入，单击发表帖子显示界面；接着输入意见后提交；提交完成后显示发表成功，已经成功保存信息。

2．回复、收藏和浏览帖子

回复帖子和浏览帖子的功能操作也与发表帖子的操作大体相同，其主要步骤如下。

（1）会员用户进入会员登录界面后选择某一个模块，单击回复帖子显示界面。

（2）单击发表的帖子列表，单击某一个帖子的链接。

（3）显示帖子的详细内容信息，会员用户输入回帖的内容后单击提交。

（4）回复成功后会显示提示信息。

如图 17-17 所示显示了会员回复、浏览和收藏帖子时的顺序图。

试一试

回复帖子、浏览帖子以及收藏帖子的事件流不再详细列出，感兴趣的读者可以根据表 17-1 中的内容亲自动手试一试。另外表中的内容并不是必须的，例如扩展路径可以省略。

17.5.2　普通用户功能顺序图

与会员用户不同，普通用户的主要操作包含用户注册成为会员、向所有人推荐帖子以及向会员和管理员提出意见或建议。

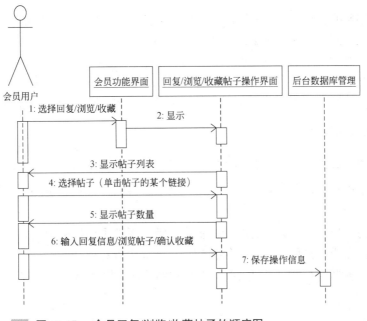

图 17-17　会员回复/浏览/收藏帖子的顺序图

1．注册成为会员

普通用户通过单击【注册】按钮可以注册成为论坛系统的会员，注册成功后可以享有会员的所有功能。注册成为会员的操作主要涉及普通用户、注册界面和后台数据库 3 个对象。如图 17-18 所示为普通用户注册成为会员的顺序图。

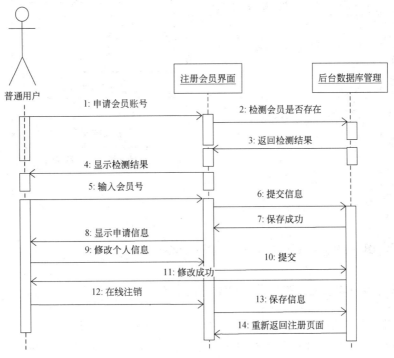

图 17-18　普通用户注册成为会员的顺序图

从图 17-18 可以看出，普通用户注册成为会员的一般流程如下所示。

（1）普通用户单击【注册】按钮申请会员号。

（2）数据库管理检测成功后输入会员号。

（3）提交用户输入的会员号，提交完成后相关界面会显示用户申请成功。

另外，从该图中还可以看出普通用户注册成功后可以修改个人信息和在线注销。

2. 向所有人推荐帖子

普通用户可以向所有人推荐某个比较好的帖子，其基本步骤如下所示。

（1）普通用户选择帖子进入推荐帖子界面，经过数据库后台检测后会返回并且显示检测结果。

（2）普通用户向所有人推荐帖子，输入推荐帖子的理由后提交信息。

（3）操作完成并且后台数据库保存成功后会显示推荐成功。

如图 17-19 所示为普通用户向所有人推荐帖子时的顺序图。

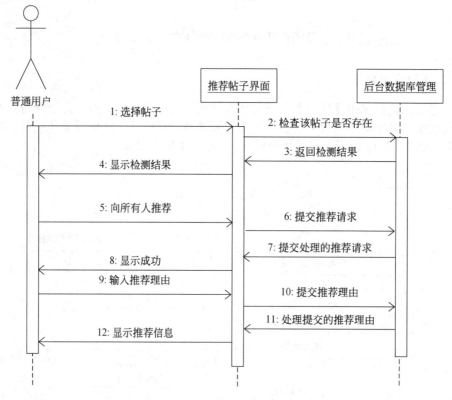

图 17-19　普通用户向所有人推荐帖子的顺序图

3. 普通用户向版主或管理员提出意见或建议

普通用户可以向版主或管理员提出建议，进入界面在后台数据库处理完成后重新返回操作结果。该操作主要包含普通用户、操作界面和后台数据库 3 个对象，如图 17-20 所示为普通用户提出建议时的顺序图。

UML 建模、设计与分析标准教程（2013—2015 版）

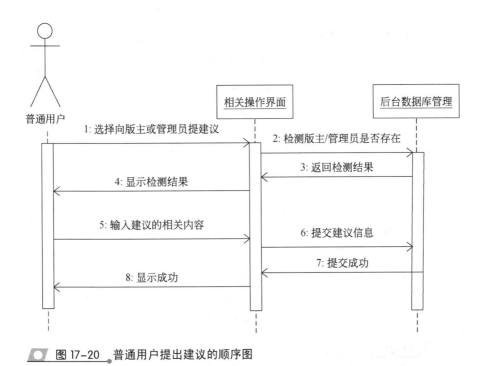

普通用户

相关操作界面

后台数据库管理

1: 选择向版主或管理员提建议

2: 检测版主/管理员是否存在

3: 返回检测结果

4: 显示检测结果

5: 输入建议的相关内容

6: 提交建议信息

7: 提交成功

8: 显示成功

图 17-20 普通用户提出建议的顺序图

17.6 论坛系统的通信图

通信图可以看成是类图和顺序图的交集，它从另一个角度描述系统对象之间的链接，其强调收发消息的对象的结构组织的交互图，通信图也用于说明系统的动态视图。下面将从会员用户和普通用户两方面使用通信图进行建模。

17.6.1 会员用户功能通信图

17.5.1 节已经介绍过会员用户的功能操作，下面分别从会员发表帖子和回复、浏览、收藏帖子两方面绘制通信图。

1. 发表帖子

在会员用户发表帖子操作的通信图中主要涉及会员、会员登录界面、会员发表帖子界面、会员功能操作界面以及后台数据库管理 5 个操作对象，如图 17-21 所示为会员发表帖子时的通信图。

2. 回复、浏览或收藏帖子

回复、浏览或收藏帖子的通信图中涉及到 4 个对象，它们分别是会员用户、回复/浏览/收藏界面、会员功能界面和后台数据库管理。会员登录成功后在会员功能界面选择相应的操作，然后会在相应的界面进行显示帖子列表，单击某个帖子的链接查看信息后可以对该帖进行基本操作，操作完成后会将相关的信息提交到后台数据库，由数据库进行管理。如图 17-22 所示为会员回复、浏览或收藏帖子时的通信图。

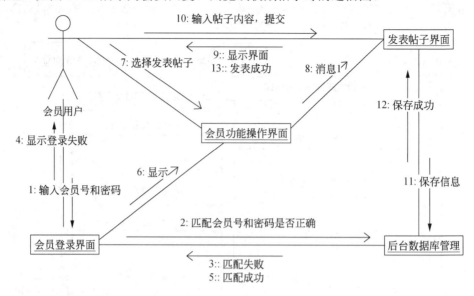

图 17-21 会员发表帖子的通信图

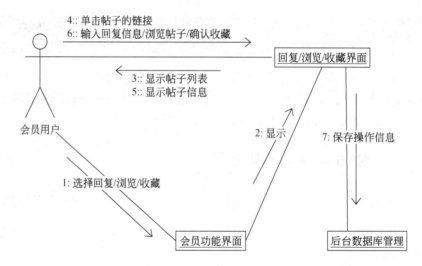

图 17-22 会员回复、浏览或收藏帖子的通信图

17.6.2 普通用户功能通信图

17.5.2 节中的顺序图已经介绍过普通用户的主要功能操作，下面分别从用户注册、向所有人推荐帖子和提出建议 3 个方面进行介绍。

1. 普通用户注册成为会员

普通用户注册成为会员时的通信图如图 17-23 所示。

UML 建模、设计与分析标准教程（2013—2015 版）

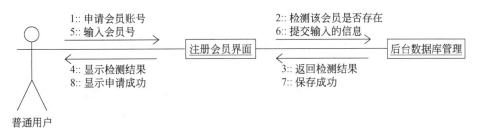

图 17-23 普通用户注册成为会员的通信图

从图 17-23 中可以看出，普通用户注册成为会员的通信图涉及普通用户、注册会员界面和后台数据库管理 3 个对象。普通用户首先输入会员账号，接着系统会自动到后台数据库检测该会员是否存在，然后将测试的结果返回并且显示给用户。用户的全部信息输入完成后将内容提交到数据库，保存完成后会提示用户申请成功。

2. 向所有人推荐帖子

向所有人推荐帖子的通信图如图 17-24 所示，该通信图主要涉及普通用户、推荐帖子界面和后台数据库管理 3 个对象。

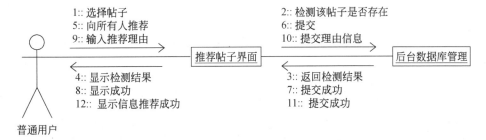

图 17-24 普通用户向所有人推荐帖子的通信图

在图 17-24 中，普通用户首先选择要推荐的帖子，接着后台数据库会检测普通用户推荐的帖子是否存在，检测完成后会将结果返回并且显示给用户。然后用户可以向所有人进行推荐，输入推荐理由后单击按钮提交信息，后台数据库操作完成后会将处理的结果重新返回给用户。

3. 提出建议

普通用户向版主或管理员提出建议的通信图如图 17-25 所示，该通信图主要涉及普通用户、操作界面和后台数据库管理 3 个对象。

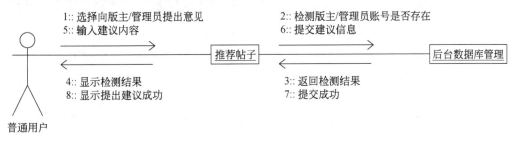

图 17-25 普通用户提出建议的通信图

在图 17-25 中，推荐帖子界面主要向普通用户显示提示信息和向数据库发送普通用户输入的信息，后台数据库完成接收界面发送的信息，并且对数据进行匹配和保存操作，最后将结果返回给用户。

17.7　论坛系统的状态图

状态图可以捕获对象、子系统和系统的生命周期，它可以告知一个对象可以拥有的状态，并且事件(如消息的接收、错误和条件为真等)会怎样随着时间的推移来影响这些状态。一个状态图应该连接到所有具有清晰的可标志状态和复杂行为的类，它可以确定类的行为以及该行为如何根据当前的状态而变化，也可以展示哪些事件将会改变类的对象的状态。

论坛系统的前台主要是针对系统中的帖子进行管理，如浏览不同版块的全部帖子、搜索帖子、查看精华帖子以及发表帖子等。与前台相比较，论坛后台的业务比较复杂，管理员进入后台后可以对论坛类别、会员和版块等进行管理，因此系统的状态比较多。以论坛系统前台功能为例，如图 17-26 所示显示了前台功能的状态图。

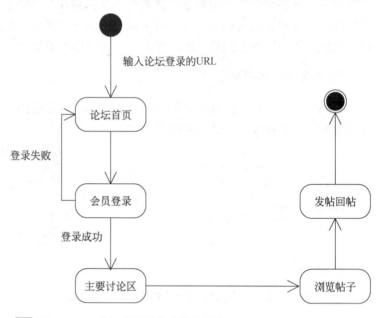

图 17-26　论坛系统前台功能的状态图

提　示

前台其他操作类的状态比较少，因此不再创建状态图。另外，有兴趣的读者可以亲自绘制论坛系统后台功能的状态图。

17.8　论坛系统的活动图

活动图能够显示出系统中哪些地方存在功能，以及这些功能和系统中的其他功能如何共同满足前面使用用例图建模的商务需求。前台功能根据用户的身份使用活动图分别建模，如图 17-27 和图 17-28 所示分别为会员用户和普通用户的活动图。

从图 17-27 中可以看出，会员用户输入登录信息成功登录系统后可以进入操作功能界面；登录失败则会重新登录。进入会员管理操作界面后会显示会员可以进行的操作，如发表帖子、回复或浏览帖子、添加好友等，这些操作是并列的，所以会员选择一项操作完成后会退出系统。

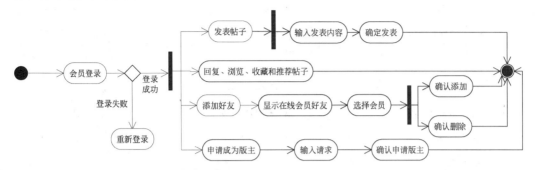

图 17-27 论坛系统会员用户的活动图

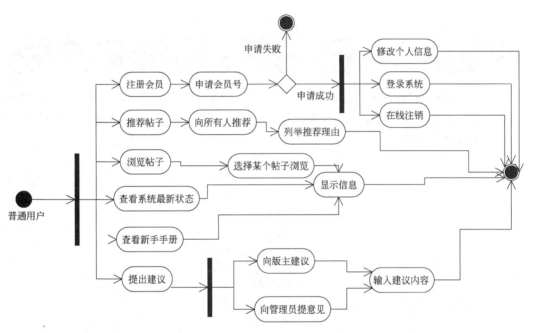

图 17-28 普通用户的活动图

从图 17-28 中可以看出，普通用户注册成为会员时如果申请失败则会直接退出系统；注册成功后可以进入界面进行简单的操作，如修改个人信息、登录系统和在线注销等。如果普通用户不注册而直接进入系统时也可以进行推荐帖子、浏览帖子、查看新手手册和提出建议等操作，由于这些操作是并列的，所以普通用户操作某一项完成后会直接退出系统。

17.9 论坛系统的组件图

UML 中的组件图用来建模软件的组织及其相互之间的关系,这些图由组件标记符和组件之间的关系构成,在组件图中,组件是软件的单个组成部分,它可以是一个文件和产品,也可以是一个可执行的文件,还可以是脚本。

组件图描述了系统的配置信息,如图 17-29 所示为论坛系统的组件图。

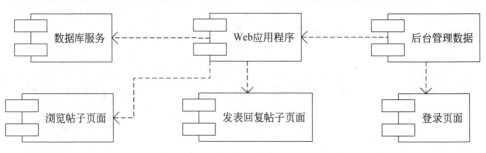

图 17-29　论坛系统的组件图

在图 17-29 中,论坛系统中的页面主要包括浏览帖子页面、发表回复帖子页面和用户登录页面。

17.10　论坛系统的部署图

UML 中的部署图用来建模系统的物理部署,例如计算机和设备,以及它们之间是如何连接的。该图的使用者是系统开发人员、系统集成人员和测试人员。如图 17-30 所示为论坛系统的部署图。

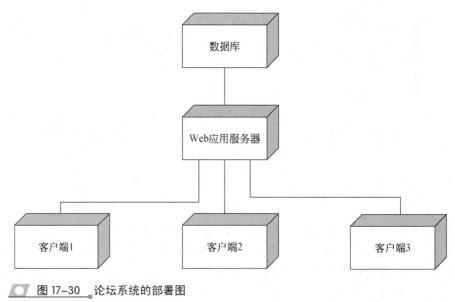

图 17-30　论坛系统的部署图

在图 17-30 中,数据库主要负责数据管理,论坛系统的应用服务器负责整个 Web 应用服务器。另外,还可以很多终端以系统的客户端来对网站进行访问。

第 18 章

网上购物系统设计

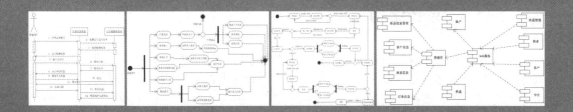

　　网上购物已经成为当前社会的主流，网络购物系统也各有千秋，但这些不同都体现在细节方面，在整体的轮廓和流程上都是一样的。本章根据网上购物系统建立 UML 模型，详细描述关于 UML 建模的设计过程。

本章学习要点：

➢ 了解网上购物系统的需求
➢ 熟练分析系统用例
➢ 掌握网上购物系统的用例图
➢ 掌握网上购物系统的静态结构
➢ 理解网上购物系统的交互

网上购物系统通过网络实现了商品的交易，采用的是 B/S 结构，商家和客户只需在网页进行操作即可完成交易。但系统是整个交易的枢纽，除了实现交易，还要确保交易安全可靠，包括商品的支付、发货和收货等。

网上交易免不了商品的信息管理，这属于一个大的模块。除了商家利用商品管理功能展示、修改或删除自己的商品信息，后台还要提供商品分类管理、商家级别控制等功能的具体实现，包括新型商品种类的添加、旧种类的淘汰、对不合格商家的处理等。

网上购物是一种交易，离不开支付，支付的方式有多种，其中使用网上银行支付需要网上银行账户的参与。由客户确认订单后将指定金额发往中介；再由中介在客户确认收货后，将金额发往商家。

网上购物当中的商品传递需要快递，系统需要快递传递商品的实时状态，供商家和客户审查。

18.1.1 系统结构

系统的功能是完成交易，参与者有商家和客户。除此之外还要有商家的仓库用于存取商品；要有快递传递商品和交易金额，并实时传递商品当前的位置和时间；网站管理员管理系统后台，维护系统正常运行。

商家仓库没有与系统直接接触，他与系统之间的交互由商家完成。网站管理员负责监管商家和用户的操作，更新维护系统，保证系统正常运行。因不同网购系统要求不同，后台管理存在很大差异，这些功能本章不作介绍。

整体来说，系统分为呈现给所有用户的页面、呈现给注册客户的页面、呈现给商家的页面和快递页面。

❑ 呈现给所有用户的首页面，作为网站的形象，提供站内部分商品展示、特价促销商品展示及商品分类搜索等功能。

❑ 呈现给注册用户的页面，供注册客户使用。注册用户主要为商品交易的买家，需要挑选商品，支付、收货和评论。

❑ 呈现给商家的页面为注册商家服务，商家是系统的主要用户，借助系统完成日常工作。商家主要需要利用系统展示自己的商品，供买家选购。在接到订单及到款通知之后发货，并跟踪商品实时位置。

❑ 呈现给快递的页面只需要提供发货通知、实时更新商品状态、位置和收货通知即可。

18.1.2 需求分析

系统是为商家和客户服务，通过快递完成商品交易的，因此分别从客户、商家、快递和交易的角度来看系统需要实现的具体功能。

对于客户来说，需要利用系统完成以下内容。

- ❑ 拥有自己的账户，以便系统识别。
- ❑ 根据不同条件，浏览选择商品。
- ❑ 查看商品的详细信息。
- ❑ 收藏商品。
- ❑ 确认订单，包括商品、数量及发货地址。
- ❑ 选择支付方式及支付。
- ❑ 查看订单快递动向。
- ❑ 确认收货、评论商品。

商家是系统的主要用户，需要借如下所示。助系统完成日常工作，系统提供商家登录进入管理系统实现交易，具体要实现的功能如下所示。

- ❑ 拥有自己的账户。
- ❑ 管理商品信息，包括商品信息的分类、添加、删除、修改等。
- ❑ 管理商品的促销、打折、包邮等。
- ❑ 接收订单。
- ❑ 接收支付方式确认支付金额。
- ❑ 确认发货、实时快递动向。
- ❑ 接收到货通知及评论。

快递是与系统接触较少，但不可忽视的，主要为商家、中介和客户提供商品的状态和位置，具体操作如下。

- ❑ 接收订单。
- ❑ 确定发货。
- ❑ 实时更新商品的状态和位置。
- ❑ 确定收货或退货。

除此之外，系统需要提供给所有用户首页面和搜索浏览页面，客户登录后可转到这些页面，即这些是共有的主页面。

除了系统使用者，系统关于信息的处理包括：商品信息管理、订单信息管理、支付信息管理和快递信息管理。

为确保交易安全进行，系统中有网上银行账户和支付中介存在，他们需要依靠系统实现如下功能。

- ❑ 查看快递（商品是否接收）动态。
- ❑ 确认金额交易条件。
- ❑ 指定金额的转入转出。

18.1.3 UML 建模步骤

在 UML 建模语言中有多种独立类型的图，包括用例图、类图、对象图、顺序图、通信图、状态图、活动图、组件图、部署图等，这些图针对不同的侧重点来描述系统，但是实际建模中并不需要创建所有类型的图，而是根据系统开发的需要选取合适的图辅助开发。

UML 建模针对系统开发过程中依次进行的分析、设计、实施几个阶段分为以下几个步骤。

（1）分析阶段建模步骤如下。

❑ **用例图**　根据需求、功能建模。

❑ **静态模型**　包括类图、对象图和包图，概括系统结构和交互。

❑ **交互图**　包括顺序图和通信图，初步分析对象的行为。

❑ **活动图**　针对控制流建模。

（2）设计阶段建模步骤：

❑ **状态图**　描述具体对象的状态变化。

❑ **组件图**　描述系统的所有物理组件及其关系。

（3）实施阶段建模步骤：

❑ **部署图**　描述系统模块的分布式部署。

18.2　用例图模型

用例图描述人们希望如何使用一个系统，包括用户希望系统实现什么功能，以及用户需要为系统提供哪些信息。用例图保证系统开发过程中实现所有功能。

首先是对系统参与者的确认，由该系统结构和需求可知，参与系统的主要有商家、客户和快递，其中客户包括注册的和未注册的，快递包括邮政和社会上的快递。

接下来是用例的确认。用例图要确保系统开发过程中实现所有功能，因此确认的用例要包含参与者的所有操作。

18.2.1　确认用例

由系统的需求可知，客户需求的操作有：注册、登录、搜索、浏览、收藏、确定商品、确认订单、选择支付方式并选择支付、查看快递动向、确认收货和评论商品。

商家需求的操作有：注册、登录、商品信息管理（商品信息的分类、添加、删除、修改、促销、打折、包邮等）、接受订单、接收支付方式确认支付金额、确认发货、实时快递动向、接收到货通知和评论。

快递需求的操作有：确认发货、实时商品信息和确认收货或退货。

另外，还要有中介作为参与者、账户作为用例存在。

得出的用例如图 18-1 所示。

18.2.2　确定用例间的关系

根据需求得到的用例并不一定适用于在用例图中出现，用例间总是有着各种关系，如泛化关系、包含关系和扩展关系。经过用例的分析找出用例间的关系，及适合在用例图中使用的用例。

图 18-1　网购系统用例

接下来总结用例间的关系。通过图 18-1 可以发现，一些用例属于同一个模块，可以合并；还有一些用例是可以删除的。

如确认发货用例、更新商品状态、查看商品状态和确认收货（退回）都属于快递，可以用一个模块来实现。

模块使用例图更简单清晰，便于理解，但合并的用例不需要丢弃，这些在后面的 UML 其他图形建模中和系统的实现过程中是很重要的。

能够包含的用例如图 18-2 所示。

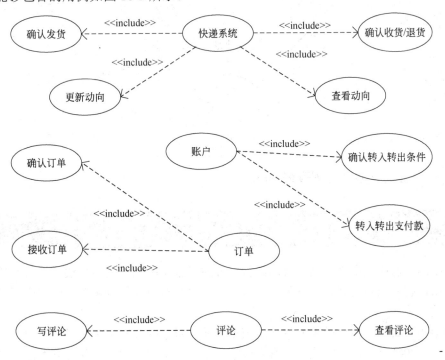

图 18-2　网购用例间的包含关系

在用例关系确定后，查看最终的用例与参与者的关系。其中，商家、客户、快递和中介都需要操作快递系统；商家、客户和中介都需要操作账户；商家、客户和快递都需要使用订单；商家和客户都需要管理评论。

结合以上两个图，网购系统的用例图如图 18-3 所示。

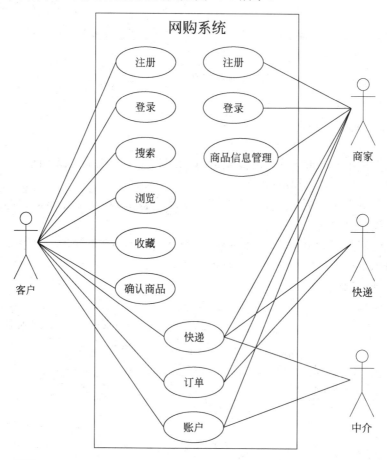

图 18-3 网购系统用例图

18.3 静态模型

系统的静态模型用来概括系统的结构，描述了系统所操纵的数据块之间持有的结构上的关系，它们描述数据如何分配到对象之中、这些对象如何分类以及它们之间可以具有什么关系等。

类图和对象图是两种最重要的静态模型，面向对象的开发免不了类和对象，如同系统中先建类和类库，再写方法，只有先概括了系统的结构，才能细化并开发出系统。静态模型总结了系统中的类和接口，以及它们间的关系，是系统开发的得力助手。

静态模型以类图为基础，需要的话在类图的基础上创建对象图和包图。首先是关于类图的创建。

18.3.1　定义系统的类

定义类需要找出系统中需要处理的数据，抽象为类，有商品信息系统、订单信息系统和快递信息系统；需要找出系统中的角色，有商家、客户、快递和中介；在定义用例时找出了包含一系列功能的模块：快递、订单和账户。

根据上述结论，可以定义为信息类型的类的有：商品类、订单类、客户信息类、商家信息类、快递类和账户类。

根据系统中的角色和功能定义的类有：中介类、快递管理类、客户页面和商家页面。

接着根据用例图和需求确定类及其关联，明确类的含义和职责，确定属性和操作。

商品类包括商品信息的属性有：商品类型、商品品牌、商品型号、商品价格、商品数量、剩余库存、是否为促销、是否有折扣、商品折扣、折扣价等。

通过分析商品类的属性，可以得出结论：商品类包含属性过多，促销和折扣信息与商品基本信息关联不大；促销和折扣在管理中与商品信息关联更小。可以将商品信息分为两个类：商品基本信息类、促销折扣类。

取消是否为促销和是否有折扣属性，两个类的属性和方法如下。

- ❏ **商品基本信息属性**　商品编号、商品类型、商品品牌、商品型号、商品价格、商品数量、剩余库存。
- ❏ **商品基本信息方法**　商品基本信息添加、修改、查询和删除。
- ❏ **促销折扣类属性**　商品编号、优惠价、商品折扣、折扣价。
- ❏ **促销折扣类属性**　添加促销商品信息、促销商品查询、修改和删除。

订单类属性有：订单编号、订单商品编号、订单费用、订单支付方式、快递公司、发货地址、送货地址、订单邮费、邮费支付方式、订单时间等。

订单类方法有：订单信息添加、查询、修改和删除。

客户信息类属性有：客户编号、用户名、密码、联系电话、常用收货地址、常用支付方式、网购累计次数、网购累计金额等。

客户信息类方法有：客户信息添加、修改、查询和删除。

商家信息类属性有：商家编号、商家店名、商家登录密码、商家负责人、联系电话、注册时间、商家总销量、商家月销量和商家信誉。

快递类属性有：订单编号、时间、位置、状态等。

快递类方法有：邮递信息添加、修改、查询和删除。

账户类属性有：账户类型、账号、密码、金额、交易类型和目标账户等。

账户类方法有：账户信息添加、修改、查询和删除。

中介类方法有：转账条件验证和转账。

客户页面方法有：注册、登录、商品查询、收藏商品、确定商品、确定订单、确认收货、评论和密码修改等。

商家页面方法有：注册、登录、商品动态查询、商品信息管理（添加、删除和修改）、修改密码和商品折扣管理等。

快递管理类有方法：订单查收，实时更新订单状态。

将已经定义的类放在 UML 模型中，如图 18-4 所示。根据需求和图中的类，找出类之间的联系。

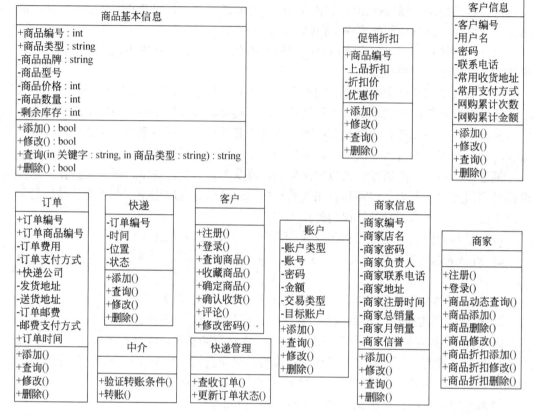

图 18-4 网购系统的类

18.3.2　完成类图

类图的完成需要了解类之间的关系。通过图 18-4 可知，客户类、商家类、中介类和快递管理类没有属性，在使用信息类型的类的方法的基础上，有自己的方法。

商家和客户都依赖商品基本信息、促销折扣、商家信息、订单信息、账户信息和快递。客户单独依赖的有客户信息。

促销折扣和商品基本信息都属于商品信息，促销折扣与商品信息有着组合关系、商品基本信息与商品信息有着聚合关系。

订房需要被商家、客户、快递管理和中介依赖。

根据上述内容有类图如图 18-5 所示。

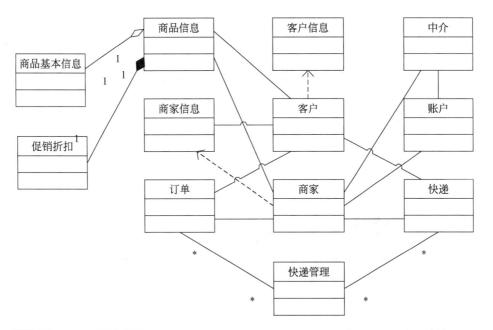

图 18–5 网购类图

18.4 交互模型

交互图描述了系统的实际运作，在确定了用例和类之后，需要交互图描述系统对象的实际运行和交互。

交互图有 3 种，顺序图、通信图和时间图。顺序图是交互图中应用最为广泛，并且最基础的。通信图和时间图根据系统的具体需要确定用不用建模，并且建立在顺序图基础上。

18.4.1 顺序图

顺序图根据具体用例或类的对象，描述对象之间的交互和交互发生的次序。首先是客户与系统的交互，与客户类交互的用例和类有：客户类、中介类、快递类、订单类、促销折扣类、商品基本信息类、商家信息类。

客户的工作流：注册、登录、查询商品信息、查询促销商品、查询商家信誉、收藏商品、确认要选购的商品、填写订单、选择支付方式、确认订单、支付金额、收货和评论。

为简化模型，将商品基本信息与促销折扣合在一起，为商品信息管理，则客户的顺序图如图 18-6 所示。

图 18-6 为客户与网购系统交互的顺序图，因书本页面有限，没有添加客户查看快递动态和客户评论。除了客户与网购系统的交互，还有商家与网购系统的交互、快递与系统的交互。

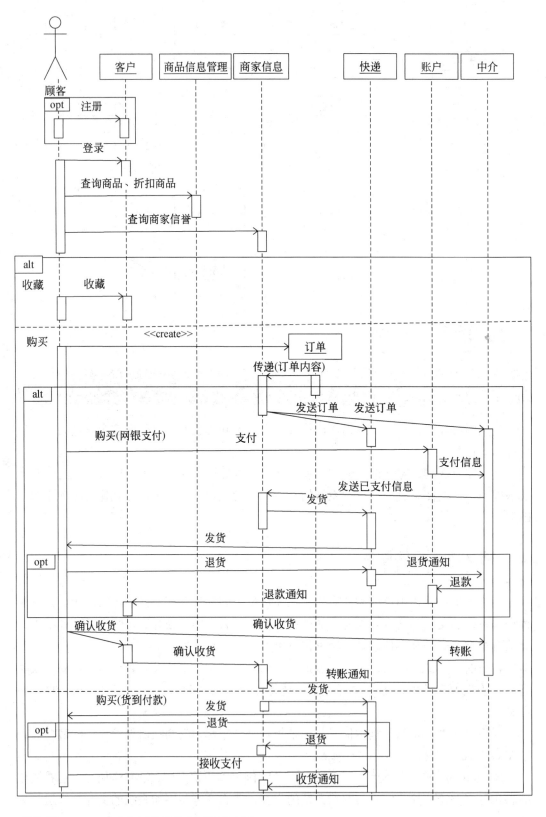

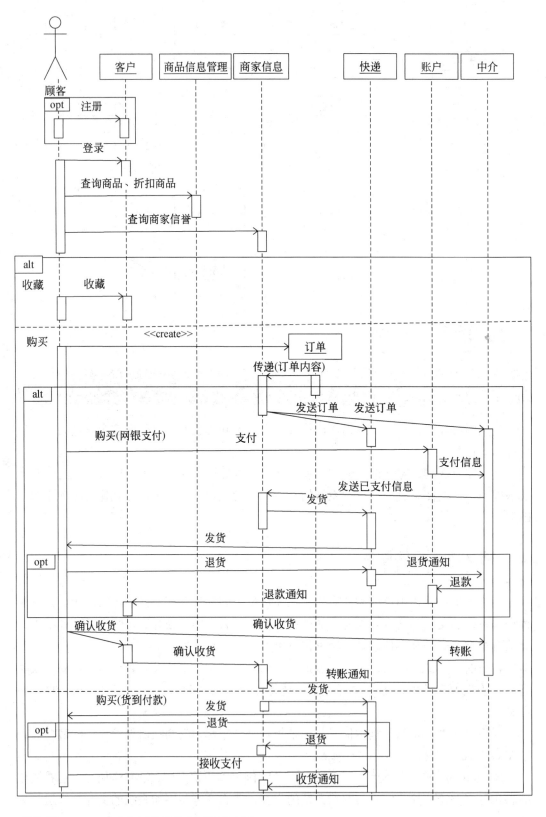

顾客

| 客户 | 商品信息管理 | 商家信息 | 快递 | 账户 | 中介 |

opt 注册
登录
查询商品、折扣商品
查询商家信誉

alt
收藏
收藏

购买
<<create>>
订单
传递(订单内容)

alt
发送订单   发送订单
购买(网银支付)   支付
支付信息
发送已支付信息
发货
发货

opt
退货   退货通知
退款
退款通知

确认收货   确认收货
确认收货   转账
转账通知
发货

购买(货到付款)   发货

opt
退货
退货
接收支付
收货通知

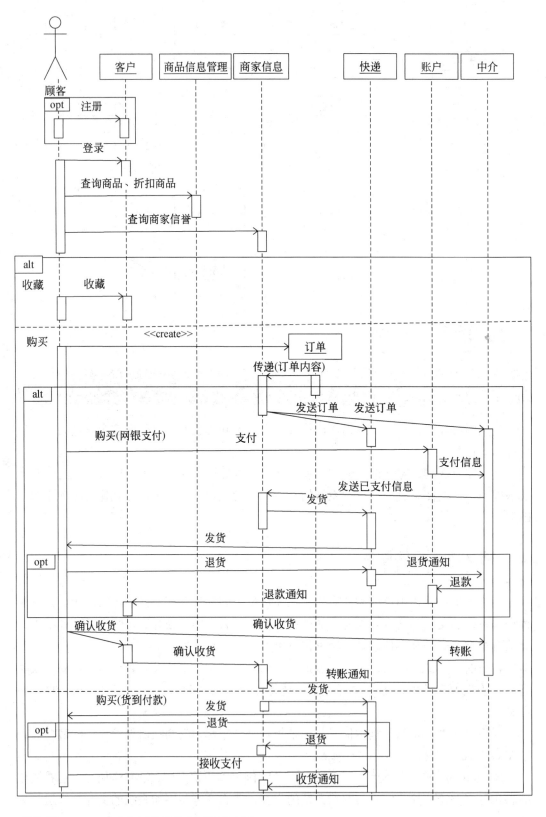

图 18-6   客户与网购系统交互的顺序图

商家的工作流为：注册、登录、管理商品信息（包括商品信息的添加、修改、删除、查找及折扣信息的添加、修改、删除、查找）、接受订单、发货、查看快递动态、接收支付金额和查看评论，如图 18-7 所示。

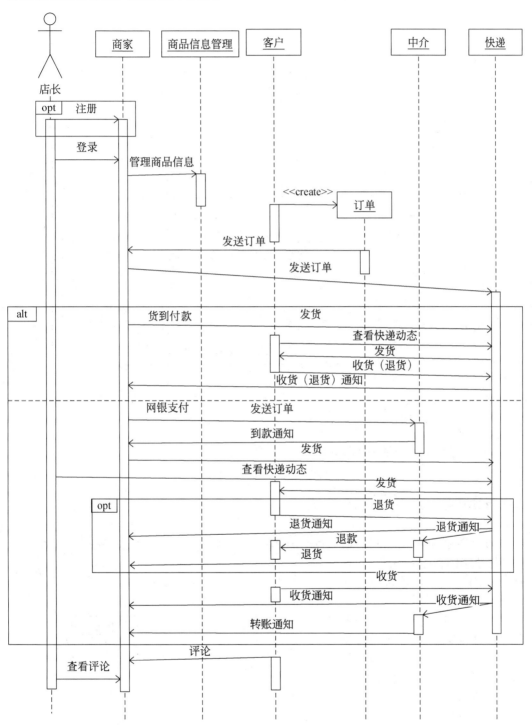

图 18-7 商家与网购系统的交互

快递与系统的交互，工作流为：接受订单、取货、更新订单动态、客户与商家查看订单动态、送货到客、更新商品接收状态、如图 18-8 所示。

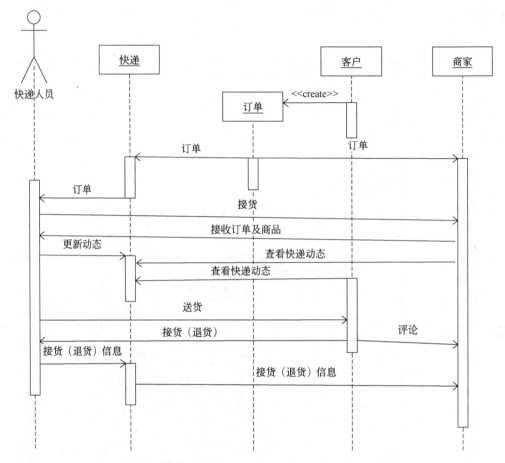

图 18-8　快递与系统间的交互

18.4.2　通信图

通信图强调对象之间的联系，与顺序图相比更系统化，描述对象间的联系使项目看起来更系统化，有逻辑性。

在顺序图确定之后，通信图创建起来相对容易。上一节分步创建了 3 个小的顺序图，首先用客户与网购系统交互的顺序图创建通信图。

与客户关联的对象有：客户、商品信息管理、商家信息、快递、账户和中介，如图 18-9 所示。

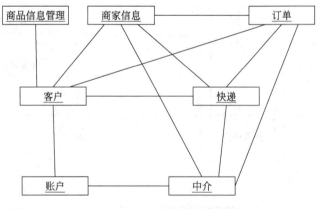

图 18-9　客户与网购系统交互中的联系

图 18-9 只是网购系统交互的一部分，并不包含对象间消息的传递。从中看得出，网购系统对象间的联系过于复杂，若创建网购系统的通信图模型，对系统的开发益处不大。因此网购系统不需要创建通信图模型。

18.5 状态机图

状态机图描述特定对象在其生命期内所经历的各种状态，以及状态之间的转移，发生转移的原因、条件和转移中所执行的活动，指定对象的行为、不同状态间的差别，以及引发类对象状态改变的事件。

对象状态这样变化的过程细化了系统的功能，是对系统不可缺少的分析。

状态机图选取需要建模的对象为建模实体，应用于复杂的实体。本节不妨将整个网购系统作为一个实体，来分析系统的状态转化。

网购系统是为网上交易服务的，本节以一次交易来分析系统的状态转移。系统的主要参与者有客户、商家和快递，从 3 个方面来创建状态机模型。

初始时，客户打开系统、登录系统，查找商品信息，接着确定选购商品、创建订单、支付货款、等待收货。状态机图如图 18-10 所示。

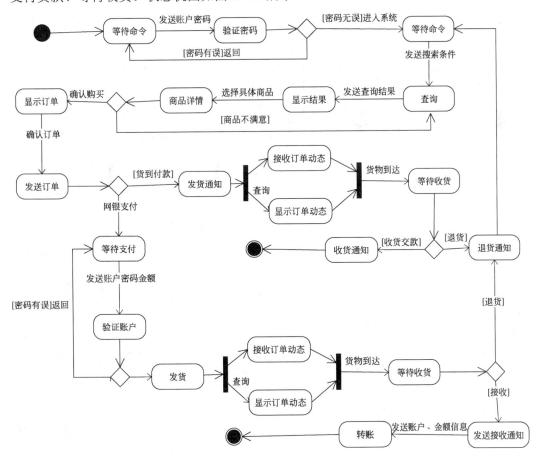

图 18-10 客户网购状态机图

接下来从商家角色出发创建状态机模型。商家在系统中不只是发货接款，还要处理商品信息，包括商品基本信息和商品折扣信息。如图 18-11 所示。

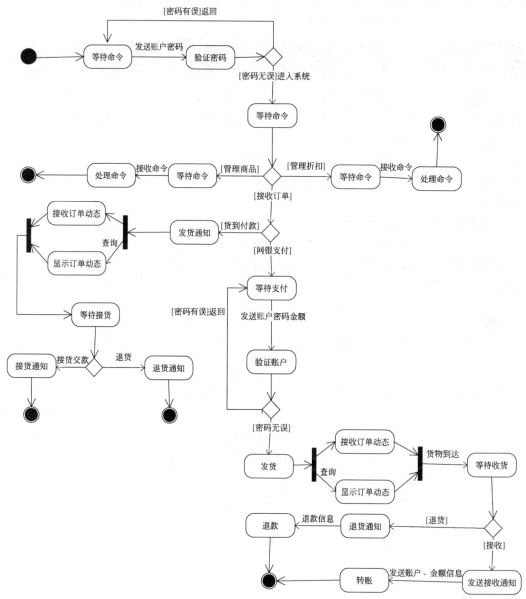

图 18-11 商家网购状态机图

最后从快递角色出发创建状态机模型。快递在系统应用中所占比例最小，但不容忽视，主要负责发货、送货及更新订单状态，如图 18-12 所示。

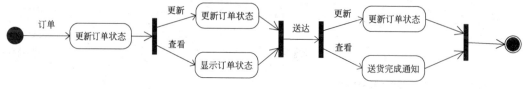

图 18-12 快递状态机图

UML 建模、设计与分析标准教程（2013—2015 版）

18.6 实现方式图

网购系统流行使用面向对象系统，面向对象系统在物理方面建模的实现方式图有两种，即组件图和部署图。

组件图表示组件类型的组织以及各种组件之间依赖关系的图，而部署图则用于描述系统硬件的物理拓扑结构以及在此结构上运行的软件。网购系统在组件和物理结构上比较简单。

18.6.1 组件图

组件图用来建模软件的组织及其相互之间的关系，建模组件图首先确定系统的组件，它可以是一个文件和产品，也可以是一个可执行的文件，还可以是脚本。

网购系统是 B/S 系统，需要有运行系统并管理大量数据，主要由首页、数据库管理、客户管理页面、商家管理页面、商品信息管理页面、订单管理页面、账户页面及快递信息页面，如图 18-13 所示。

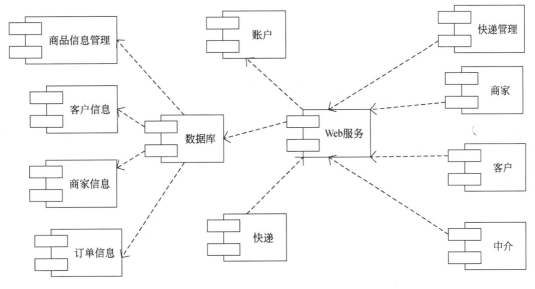

图 18-13 网购组件图

18.6.2 部署图

部署图用来建模系统的物理部署，主要涉及物理结构及他们间的关系。网购系统的使用者为商家、客户和快递，由图 18-13 即可清晰地看出网购系统的部署图。

网购系统物理结构有：数据库、Web 服务和账户。其中，Web 服务提供端口给客户、商家和快递，如图 18-14 所示。

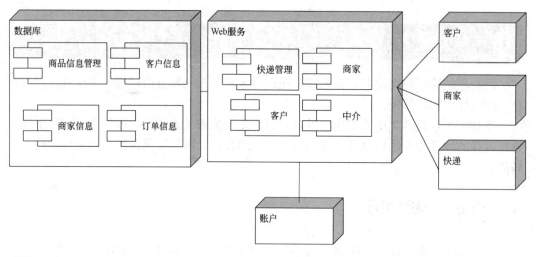

数据库
商品信息管理　客户信息
商家信息　订单信息

Web服务
快递管理　商家
客户　中介

客户
商家
快递

账户

图 18-14　网购部署图

UML 建模、设计与分析标准教程（2013—2015 版）